工业和信息化
精品系列教材

Web前端开发系列丛书

Bootstrap

响应式Web开发 第2版

黑马程序员◉编著

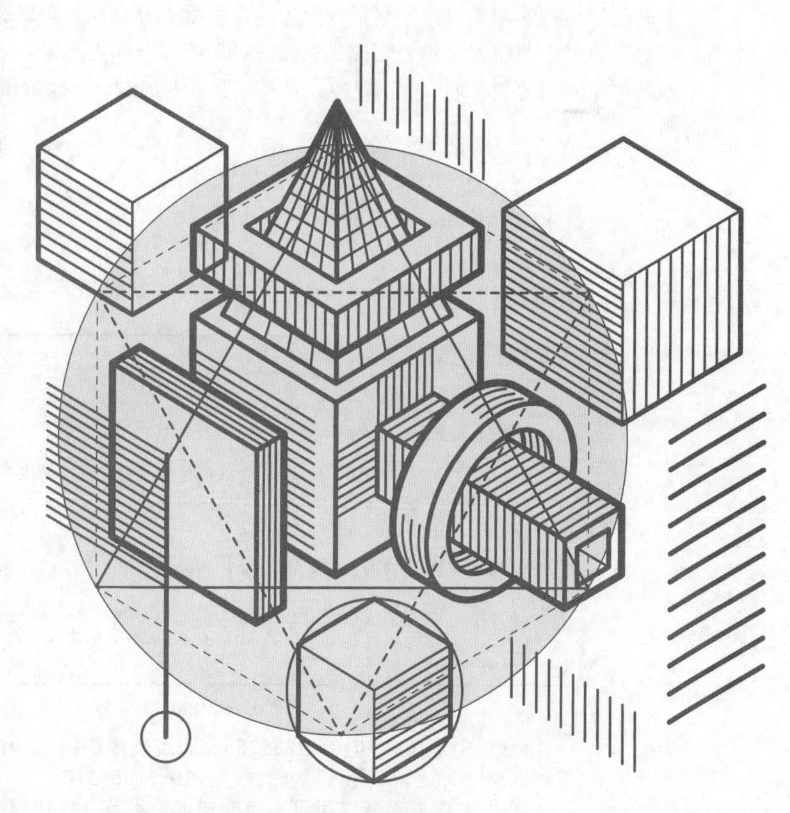

人民邮电出版社
北京

图书在版编目（CIP）数据

Bootstrap 响应式 Web 开发 / 黑马程序员编著.
2 版. -- 北京 : 人民邮电出版社, 2024. 9. -- (工业和信息化精品系列教材). -- ISBN 978-7-115-64572-2

Ⅰ. TP393.092

中国国家版本馆 CIP 数据核字第 2024R06P25 号

内 容 提 要

本书是一本面向 Web 前端开发学习者的教材，以通俗易懂的语言、丰富实用的案例，全面讲解 Bootstrap 响应式 Web 开发的相关知识。

本书共 8 章，第 1～3 章内容包括初识 Bootstrap、移动 Web 开发基础和移动 Web 屏幕适配；第 4 章讲解 Bootstrap 开发基础知识，包括下载、引入、布局容器、栅格系统和工具类等相关内容；第 5～7 章讲解 Bootstrap 常用样式、表单和常用组件的相关内容；第 8 章讲解一个项目实战——基于 Bootstrap 的在线学习平台，将全书所学知识运用到项目开发中。

本书配套丰富的教学资源，包括教学大纲、教学 PPT、源代码、课后习题及答案等，为了帮助读者更好地学习书中的内容，作者还提供在线答疑，希望帮助更多读者。

本书可作为高等教育本、专科院校计算机相关专业的教材，也可作为 Web 前端开发爱好者的自学参考书。

◆ 编　　著　黑马程序员
责任编辑　范博涛
责任印制　王　郁　焦志炜

◆ 人民邮电出版社出版发行　　北京市丰台区成寿寺路 11 号
邮编　100164　　电子邮件　315@ptpress.com.cn
网址　https://www.ptpress.com.cn
三河市祥达印刷包装有限公司印刷

◆ 开本：787×1092　1/16
印张：15.75　　2024 年 9 月第 2 版
字数：315 千字　　2025 年 1 月河北第 2 次印刷

定价：59.80 元

读者服务热线：(010)81055256　印装质量热线：(010)81055316
反盗版热线：(010)81055315
广告经营许可证：京东市监广登字 20170147 号

专家委员会

前言

本书在编写的过程中，基于党的二十大精神进教材、进课堂、进头脑的要求，将知识教育与思想政治教育相结合，通过案例讲解帮助学生加深对知识的认识与理解，注重培养学生的创新精神、实践能力和社会责任感。案例设计从现实需求出发，激发学生的学习兴趣、动手和思考的能力，充分发挥学生的主动性和积极性，增强其学习信心和学习欲望。在知识和案例中融入素质教育的相关内容，引导学生树立正确的世界观、人生观和价值观，进一步提升学生的职业素养，落实德才兼备的高素质卓越工程师和高技能人才的培养要求。此外，编者依据书中的内容提供线上学习资源，体现现代信息技术与教育教学的深度融合，进一步推动教育数字化发展。

随着移动互联网行业的高速发展，移动端页面的表现力和性能越来越被企业所重视，页面的友好性和操作的方便性是技术开发的重要方向。作为一款优秀的 Web 前端框架，Bootstrap 遵循移动优先的原则，使用其开发的页面具有响应式的特性，突出对移动端的支持。Bootstrap 的灵活性和可扩展性加速了移动端页面开发的进程，推动了相关技术的发展。

为什么要学习本书

要实现一个复杂的移动 Web 页面，开发人员往往需要使用多种移动 Web 开发技术。为帮助读者掌握相关技术，编者组织编写了本书。

本书适合具有 HTML5、CSS3 和 JavaScript 基础的读者学习。本书将重点讲解如何利用 Bootstrap 开发响应式网页。在正式讲解 Bootstrap 前，本书先介绍移动 Web 开发的相关知识，使读者能更好地理解响应式设计原理，提升学习效率。

本书通过“知识讲解+实用案例”的方式帮助读者系统地学习知识点，注重培养读者分析问题和解决问题的能力。通过对第 8 章项目实战“基于 Bootstrap 的在线学习平台”的学习，读者可以对前面所学知识进行综合运用。本书力求将抽象的概念具体化，将知识实践化，让读者深入理解相关知识，并掌握实际开发技能。

如何使用本书

本书共 8 章，各章的简要介绍如下。

- 第 1 章主要讲解与 Bootstrap 相关的基本概念和开发工具。通过学习本章内容，读者能够对移动 Web 开发和 Bootstrap 有初步的认识。
- 第 2 章主要讲解移动 Web 开发基础知识，内容包括屏幕分辨率和设备像素比、视口、CSS 样式初始化、CSS 变量、CSS 预处理器、Web Storage、视频和音频、移动端 touch 事件。通过学习本章内容，读者能够掌握移动 Web 开发的基础知识。
- 第 3 章主要讲解移动 Web 屏幕适配，内容包括媒体查询，流式布局和弹性盒布局，rem、vw 和 vh 单位，字体图标，二倍图，SVG。通过学习本章内容，读者能够掌握移动 Web

屏幕适配的相关技术。

- 第 4 章主要讲解 Bootstrap 开发基础知识，内容包括 Bootstrap 下载和引入、Bootstrap 布局容器、Bootstrap 栅格系统和 Bootstrap 工具类。通过学习本章内容，读者能够掌握 Bootstrap 响应式开发的基础知识。
- 第 5 章主要讲解 Bootstrap 常用样式，内容包括标题样式、文本样式等。通过学习本章内容，读者能够运用 Bootstrap 常用样式实现美观的页面样式。
- 第 6 章主要讲解 Bootstrap 表单，内容包括表单控件样式、表单布局方式和表单验证。通过学习本章内容，读者能够在实际开发中灵活运用表单。
- 第 7 章主要讲解 Bootstrap 常用组件，内容包括初识组件、按钮组件、导航组件等。通过学习本章内容，读者能够根据实际需要灵活运用组件实现相应的效果。
- 第 8 章是项目实战——基于 Bootstrap 的在线学习平台。通过学习本章内容，读者能够独立完成项目开发，掌握项目开发的思路和关键代码的编写，积累项目开发的经验。

在学习过程中，读者一定要亲自动手实践本书中的案例。读者学习完一个知识点后，要及时进行测试练习，以巩固学习成果。如果在实践的过程中遇到问题，建议多思考、厘清思路、认真分析问题发生的原因，并在问题解决后总结经验。

致谢

本书的编写和整理工作由传智教育完成，全体参编人员在编写过程中付出了辛勤的劳动，除此之外还有很多试读人员参与了本书的试读工作并给出了宝贵的建议，在此向大家表示由衷的感谢。

意见反馈

本书难免有不妥之处，欢迎读者提出宝贵意见。读者在阅读本书时，如发现任何问题或不认同之处，可以通过电子邮箱与编者联系。请发送电子邮件至 itcast_book@vip.sina.com。

传智教育　黑马程序员

2024 年 8 月　于北京

目录

第1章

初识Bootstrap

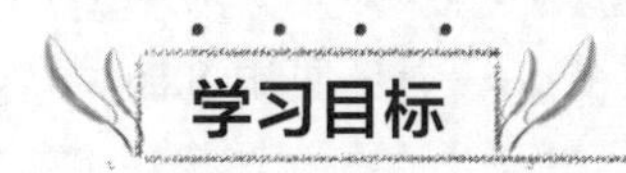

拓展阅读

◆ 了解 Bootstrap 的概念，能够说出什么是 Bootstrap

◆ 熟悉 Bootstrap 的特点，能够归纳 Bootstrap 的特点

◆ 熟悉 Bootstrap 的组成，能够归纳 Bootstrap 的组成部分

◆ 了解 PC 端浏览器，能够列举常见的 PC 端浏览器

◆ 了解移动端浏览器，能够列举常见的移动端浏览器

◆ 掌握 Visual Studio Code 编辑器的下载和安装方法，能够独立完成 Visual Studio Code 编辑器的下载和安装

◆ 掌握中文扩展包的安装方法，能够在 Visual Studio Code 编辑器中安装中文扩展包

◆ 掌握 Visual Studio Code 编辑器的使用方法，能够在项目中创建 HTML5 文档

◆ 了解移动 Web 开发的主流方案，能够说出两种主流的移动 Web 开发方案

近年来，随着移动互联网的持续发展，不断涌现出各种移动设备，这些设备的屏幕尺寸多种多样，而网页需要根据用户使用的具体设备进行适配，以确保用户具有最佳的浏览体验。为了解决网页在不同设备中的适配问题，Bootstrap 应运而生。为了使读者对 Bootstrap 有一个初步的认识，本章将对 Bootstrap、浏览器、Visual Studio Code 编辑器、移动 Web 开发的主流方案等内容进行详细讲解。

1.1 Bootstrap

1.1.1 Bootstrap 概述

Bootstrap 是一款开源的前端 UI 框架，用于构建响应式、移动设备优先的项目，因其具有学习成本低、上手容易等优势，深受开发者的欢迎。Bootstrap 提供一套 CSS 样式和 JavaScript 插件，可以帮助开发者快速搭建具有统一外观的响应式页面。这里所说的响应式页面是一种能够在不同设备中自动适应屏幕尺寸和设备特性的网页，它能够以一种优雅且一致的方式在各种设备上呈现。无论屏幕大小如何变化，响应式页面都能呈现良好的显示效果。

Bootstrap 于 2011 年 8 月在 GitHub 上首次发布，一经发布就颇受欢迎。Bootstrap 的发展经历了如下 5 个大版本。

① 1.x 版本：初始版本，具有基本的 CSS 样式，为开发者提供一些常用的组件和布局工具。

② 2.x 版本：将响应式功能添加到整个框架中。

③ 3.x 版本：重写了整个框架，并将“移动设备优先”这一理念深刻地融入整个框架中。

④ 4.x 版本：再次重写了框架，其有两个架构方面的关键改变，一个是使用 Sass 编写代码，另一个是采用弹性盒布局。

⑤ 5.x 版本：通过尽量少的代码来改进 4.x 版本。此外，5.x 版本放弃了对老旧浏览器的支持，仅支持较新的浏览器，而且不再依赖 jQuery。

截至本书成稿时，Bootstrap 的最新版本为 5.3.0。因此，本书基于 5.3.0 版本进行讲解。

1.1.2 Bootstrap 的特点

Bootstrap 主要具有如下 6 个特点。

（1）移动设备优先

Bootstrap 的默认样式针对移动设备进行了优化，使得响应式页面在移动设备上展示更好的效果，即在开发过程中，首先考虑和优化的是响应式页面在移动设备中的布局和功能。

（2）浏览器支持

Bootstrap 支持主流的浏览器，包括 PC 端浏览器和移动端浏览器，确保在不同浏览器中获得一致的显示效果。

（3）学习成本低、容易上手

只需具备超文本标记语言（HyperText Markup Language，HTML）、串联样式表（Cascading Style Sheets，CSS）和 JavaScript 的基础知识，即可学习 Bootstrap。

（4）响应式设计

Bootstrap 支持响应式设计。响应式设计是一种理念和方法，旨在使网页能够根据不同的用户设备和屏幕尺寸，自动调整和适配其布局、内容和功能。

（5）快速开发

Bootstrap 提供大量的样式和组件，可以快速构建出美观的页面。开发者无须从头开始编写 CSS 或 JavaScript，使用 Bootstrap 编写 CSS 或 JavaScript 可降低页面的开发难度和时间成本。

（6）方便定制

Bootstrap 具有高可定制性，开发者可以根据项目需求和设计要求，选择需要的组件和样式进行自定义。通过定制，开发者可以自由地调整 Bootstrap 的样式和组件，以达到更好的视觉效果。

1.1.3 Bootstrap 的组成

Bootstrap 主要由 CSS 样式、布局组件、JavaScript 插件和图标库组成，具体说明如下。

（1）CSS 样式

Bootstrap 提供包含栅格系统、布局容器等基础元素的样式，用于构建网页的基础布局。除此之外，Bootstrap 还提供大量的 CSS 样式类，用于快速设置网页的外观和样式，例如颜色、背景、尺寸等。

（2）布局组件

Bootstrap 提供一系列常用的布局组件，例如按钮、下拉菜单、分页导航、警告框等组件，这些组件可以方便地添加到网页中，使其具备常见的样式和交互功能。

（3）JavaScript 插件

Bootstrap 提供一系列能实现交互功能的 JavaScript 插件，用于实现模态框、下拉菜单、轮播图等，这些插件能够增强网页的交互性，并且可以根据需要进行定制和配置。

（4）图标库

Bootstrap 拥有开源的图标库。图标文件使用 SVG 格式，几乎可以在任何屏幕尺寸下保持清晰度和质量。开发者只需在网页中引入 CSS 文件并添加相应的类名，即可轻松地在项目中使用这些图标，并通过 CSS 设置和定制样式。

1.2 浏览器

浏览器（Browser）是一种用于检索、展示以及传递万维网信息资源的应用程序，是“互联网时代”的产物。浏览器可以用来显示网页、图像、影片及其他内容，以便用户与网页进行交互。按照设备类型划分，可以将浏览器分为 PC 端浏览器和移动端浏览器两大类。本节将对 PC 端浏览器和移动端浏览器进行详细讲解。

1.2.1 PC 端浏览器

PC 端浏览器是指运行在个人计算机（Personal Computer，PC）上的浏览器，是计算机用户通过互联网访问 Web 页面、在线应用程序和其他资源的主要方式。

常见的 PC 端浏览器包括谷歌（Google）公司的 Chrome 浏览器、微软（Microsoft）公司的 Internet Explorer（IE）浏览器和 Edge 浏览器、谋智（Mozilla）公司的 Firefox 浏览器以及苹果（Apple）公司的 Safari 浏览器等。PC 端浏览器通常支持多标签页浏览、书签管理、浏览历史记录等功能。

不同的 PC 端浏览器具有不同的特点，用户可以根据个人习惯选择使用。本书推荐使用 Google 公司的 Chrome 浏览器，其主要优势如下。

① 高速浏览：Chrome 浏览器内置强大的 JavaScript V8 引擎，使其在网页加载和执行速度方面表现出色。

② 安全性：Chrome 浏览器具有较高的安全性，提供黑名单和恶意软件防护等功能。

③ 扩展生态系统：Chrome 浏览器拥有丰富的扩展库，用户可以根据自己的需求选择并使用各种功能强大的扩展程序，添加浏览器的功能和完善个性化体验。

④ 跨平台同步：Chrome 浏览器支持跨设备的同步功能，用户可以将书签、历史记录、密码等数据在不同设备间同步。

⑤ 开发者工具：Chrome 浏览器提供强大的开发者工具，方便开发者完成调试、性能优化和网页设计等工作。

1.2.2 移动端浏览器

移动端浏览器是在移动设备上用于访问 Web 页面、在线应用程序和其他资源的浏览器。移动设备是指可以随身携带的便携式电子设备，主要用于移动通信和便捷的互联网访问，它们通常具有小尺寸和轻便的特点，方便用户携带和使用。常见的移动设备包括手机、平板电脑和可穿戴设备，如智能手表和智能眼镜等。

常见的移动端浏览器包括 Android 系统内置的 Android 浏览器、iOS 的 Safari 浏览器，以及一些国产浏览器，如 UC 浏览器、QQ 浏览器、百度浏览器等。用户可以在浏览器中进行浏览网页、搜索信息、填写表单等操作。

浏览器是获取信息的重要工具。我们应该学会正确使用浏览器，培养数字素养和信息素养，包括有效地搜索信息、评估信息的可靠性和准确性，以及运用信息解决问题。为了培养这些素养，我们应该敢于质疑、验证和分析获取的信息，以培养独立思考的能力和批判思维。

1.3 Visual Studio Code 编辑器

在使用 Bootstrap 开发项目之前，选择一个合适的编辑器是很重要的。本书基于 Visual

Studio Code 编辑器来编写代码和管理项目文件。为了帮助读者更好地了解 Visual Studio Code 编辑器，本节将对 Visual Studio Code 编辑器进行详细讲解。

1.3.1　下载并安装 Visual Studio Code 编辑器

Visual Studio Code（VS Code）编辑器是由微软公司推出的一款免费的、开源的代码编辑器，一经推出便受到开发者的欢迎。对于前端开发者来说，一个强大的编辑器可以使开发变得简单、便捷、高效。

VS Code 编辑器具有如下特点。

① 轻巧快速。VS Code 编辑器轻巧且占用系统资源较少，启动速度快，能提供高效的开发环境。

② 功能强大。VS Code 编辑器具备智能代码补全、语法高亮显示、自定义快捷键和代码匹配等功能，能帮助开发者提高编写代码的效率。

③ 支持跨平台。VS Code 编辑器可在 Windows、Linux 和 macOS 等操作系统上运行，能满足不同开发者的需求。

④ 界面的设计人性化。VS Code 编辑器人性化的界面设计，使开发者可以快速查找文件并直接进行开发，可以分屏显示代码，可以自定义主题颜色，还可以快速查看打开的项目文件和查看项目文件结构，提升开发体验。

⑤ 丰富的扩展资源。VS Code 编辑器提供丰富的官方扩展包和第三方扩展包，开发者可根据需要自行下载和安装扩展包，从而适应多种开发场景。

⑥ 多语言支持。VS Code 编辑器支持多种语言和文件格式的代码编写，如 HTML、CSS、JavaScript、JSON、TypeScript 等。

下面讲解如何下载并安装 VS Code 编辑器，具体实现步骤如下。

① 打开浏览器，登录 VS Code 编辑器的官方网站，如图 1-1 所示。

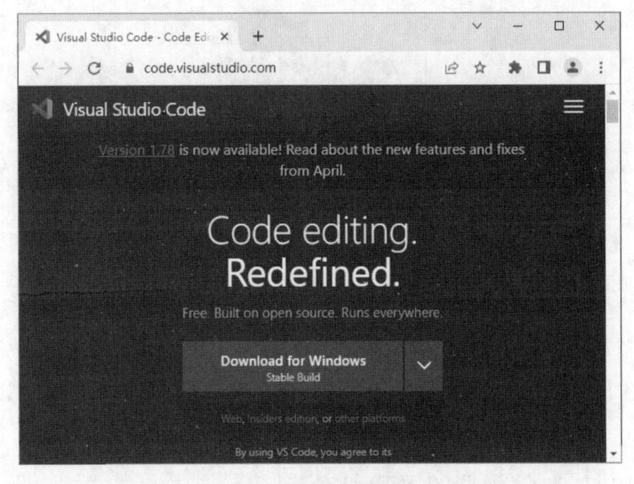

图1-1　VS Code编辑器的官方网站

② 在图 1-1 所示的界面中，单击“Download for Windows”按钮，会跳转到一个新页面，该页面会自动识别当前的操作系统并下载相应的安装包。如果需要下载其他操作系统的安装包，可以单击“Download for Windows”按钮右侧的箭头“⌄”打开下拉菜单，即可看到其他操作系统下安装包的下载选项，如图 1-2 所示。

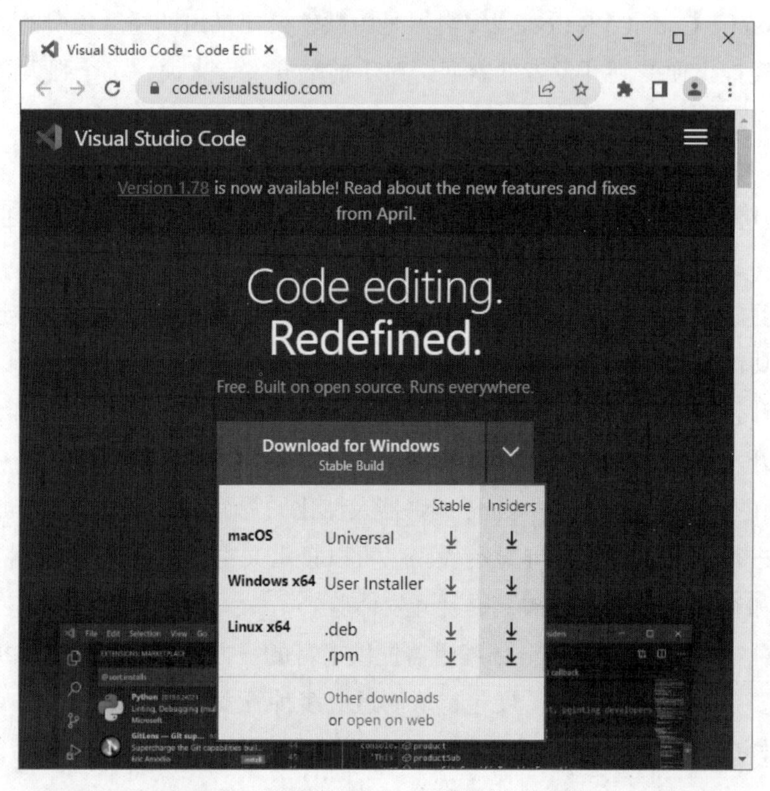

图1-2　其他操作系统下安装包的下载选项

③ 下载好 VS Code 编辑器的安装包后，在下载目录中找到该安装包，如图 1-3 所示。

图1-3　VS Code编辑器的安装包

④ 双击图 1-3 所示的图标，启动安装程序，然后按照程序的提示进行操作，直到安装完成。

至此，完成 VS Code 编辑器的下载和安装。

VS Code 编辑器安装成功后，启动该编辑器，即可进入 VS Code 编辑器的初始界面，如图 1-4 所示。

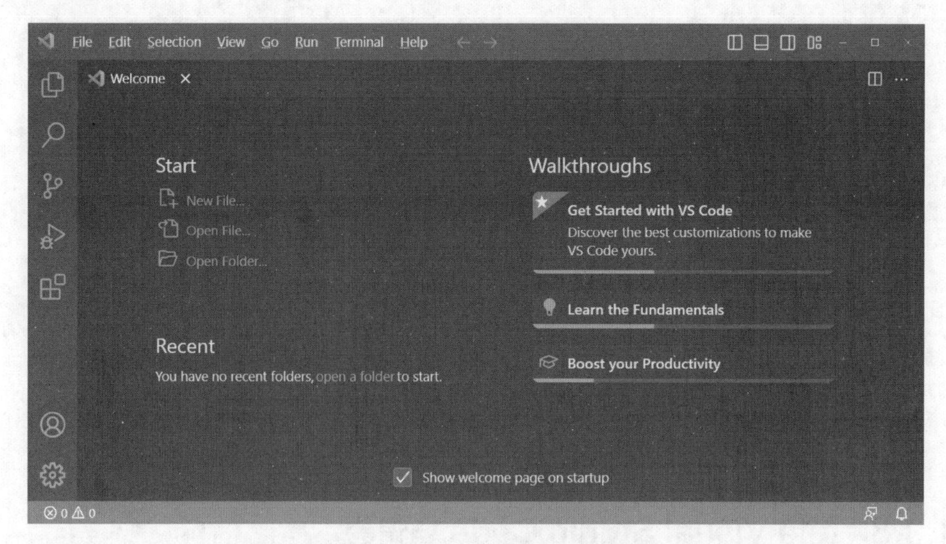

图1-4　VS Code编辑器的初始界面

需要注意的是，VS Code 编辑器的版本会不断更新。截至本书成稿时，VS Code 编辑器的最新版本是 1.78.2。当读者使用本书时，在 VS Code 编辑器的官方网站看到的版本可能会被更新，但是下载方式与 1.78.2 版本类似。

1.3.2　安装中文扩展包

VS Code 编辑器安装完成后，默认的界面语言是英文。如果要切换为中文，首先单击编辑器左侧边栏中的“![]”图标进入扩展界面，然后在搜索框中输入关键词“Chinese”找到中文扩展包[Chinese (Simplified) (简体中文) Language Pack for Visual Studio Code]，单击“Install”按钮进行安装，如图 1-5 所示。

图1-5　安装中文扩展包

安装成功后，需要重新启动 VS Code 编辑器，中文扩展包才会生效。重新启动 VS Code 编辑器后，VS Code 编辑器的中文界面如图 1-6 所示。

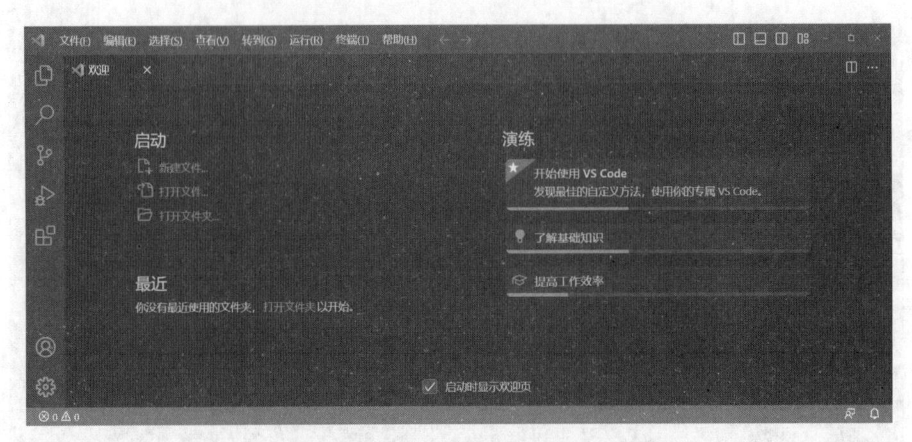

图1-6　VS Code编辑器的中文界面

1.3.3　使用 Visual Studio Code 编辑器

VS Code 编辑器安装完成后，若要使用 VS Code 编辑器开发项目，首先需要创建一个项目文件夹并打开该文件夹。然后，可以创建一个 HTML5 文件，方便练习代码的编写，具体实现步骤如下。

① 在 D:\Bootstrap 目录下创建一个项目文件夹 chapter01，该文件夹用于保存项目中的文件。

② 在 VS Code 编辑器的菜单栏中选择“文件”→“打开文件夹”，然后选择 chapter01 文件夹。打开文件夹后的界面效果如图 1-7 所示。

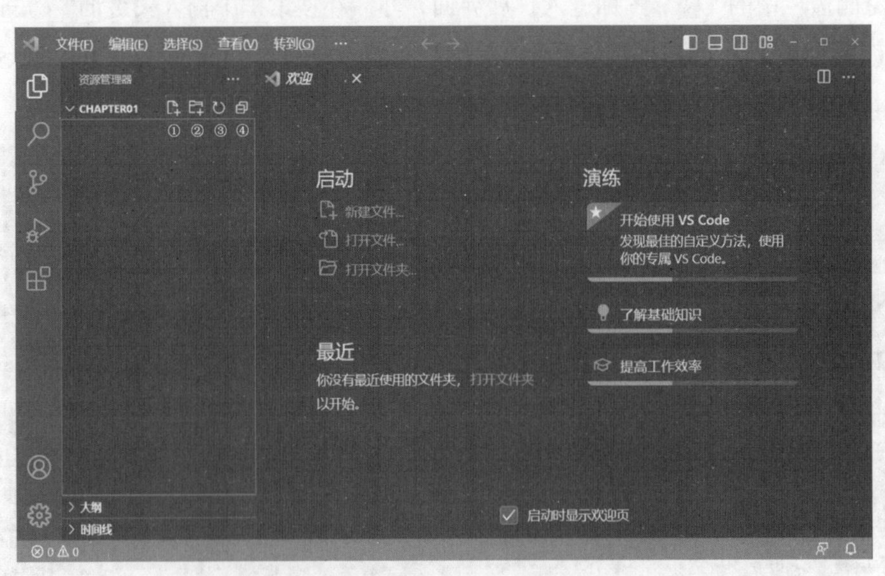

图1-7　打开文件夹后的界面效果

图 1-7 中，资源管理器用于显示项目的目录结构，当前打开的 chapter01 文件夹的名称会被显示为 CHAPTER01。该名称的右侧有 4 个快捷操作按钮，按钮①用于新建文件，按钮②用于新建文件夹，按钮③用于刷新资源管理器，按钮④用于折叠文件夹。

③ 单击按钮①，输入要创建的文件的名称 index.html，即可创建文件。此时创建的 index.html 文件是空白的，在该文件中输入“html:5”，VS Code 编辑器会给出智能提示，然后按“Enter”键会自动生成一个 HTML5 文档结构。为了方便查看页面效果，在<body>标签中填写内容“Hello World”。index.html 文件的具体代码如下。

```
<!DOCTYPE html>
<html lang="en">
<head>
  <meta charset="UTF-8">
  <meta http-equiv="X-UA-Compatible" content="IE=edge">
  <meta name="viewport" content="width=device-width, initial-scale=1.0">
  <title>Document</title>
</head>
<body>
  Hello World
</body>
</html>
```

保存上述代码后，在浏览器中打开 index.html 文件，页面效果如图 1-8 所示。

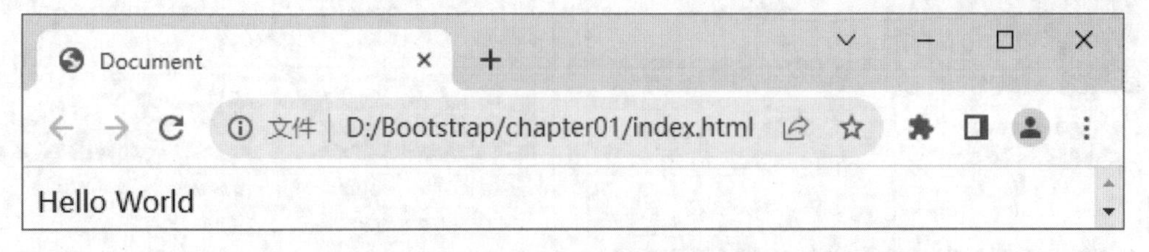

图1-8　index.html文件的页面效果

从图 1-8 可以看到，页面中成功显示了“Hello World”。

1.4　移动 Web 开发的主流方案

在学习 Bootstrap 之前，了解主流的移动 Web 开发方案很重要。市场上有两种主流方案，第一种方案是单独制作移动端页面，第二种方案是制作响应式页面来兼容 PC 设备和移动设备。Bootstrap 用于第二种方案。本节将对移动 Web 开发的主流方案进行详细讲解。

1.4.1 单独制作移动端页面

在单独制作移动端页面时，通常的做法是保持原有的 PC 端页面不变，然后单独为移动端开发一套特定的版本。在网站的域名中，常使用“m”（mobile）来表示移动端网站。有些网站还会根据当前访问设备智能地进行页面跳转：如果是移动设备，则跳转到移动端页面；如果是 PC 设备，则跳转到 PC 端页面。

下面列举 2 个比较常见的单独制作移动端页面的网站，如图 1-9 所示。

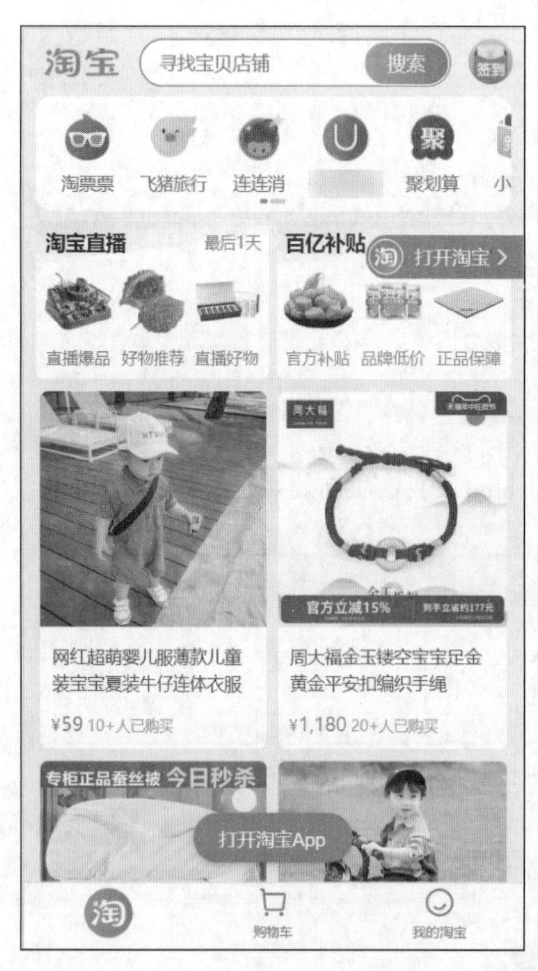

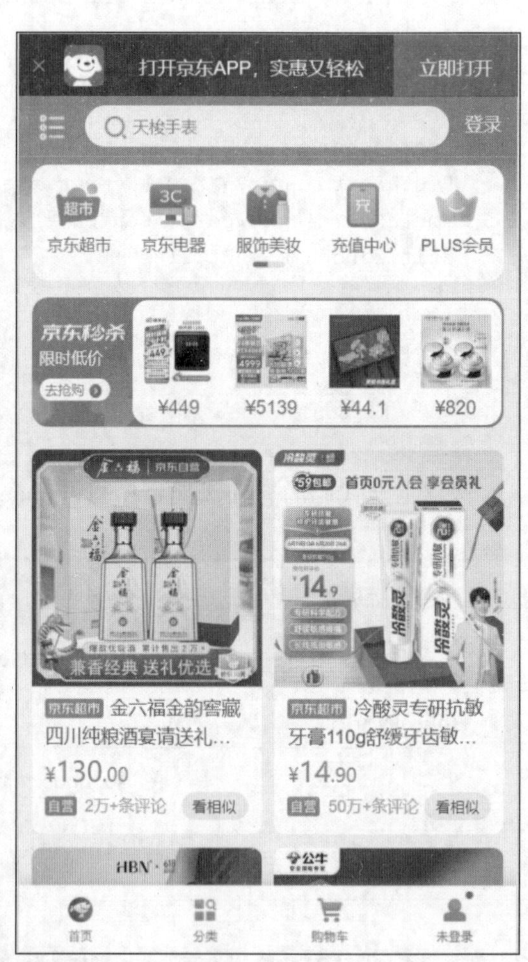

图1–9 网站首页的显示效果

图 1-9 分别展示了淘宝首页和京东首页的移动端首页的显示效果。

单独制作移动端页面的方案有如下优点。

① 充分考虑平台的优势和局限性，为移动设备用户提供良好的用户体验。

② 在移动设备上加载速度更快，提升用户体验。

然而，这种方案也存在一些缺点，具体如下。

① 由于需要维护多个统一资源定位符（Uniform Resource Locator，URL），重定向移动端网站可能需要额外的时间和复杂的处理。

② 需要对搜索引擎进行特殊处理，维护成本增加。

③ 需要针对不同的屏幕尺寸制作不同的页面，增加工作量和复杂性。

因此，在选择方案时，需要综合考虑以上因素，并根据项目的实际需求和资源预算做出决策。

1.4.2　制作响应式页面

响应式页面是指遵循响应式设计原则开发的一种网页，它可以兼容不同的设备（如 PC 设备、移动设备等），使同一个网页在不同设备上都能提供良好的浏览体验，而不必单独制作移动端页面。Bootstrap 遵循响应式设计的原则，使用它可以很方便地开发响应式页面。

用户在 PC 端浏览器中访问响应式页面时，可以通过调整浏览器窗口的大小来模拟不同屏幕尺寸设备中网页的显示效果，以观察页面的布局和样式的变化。例如，打开华为官方网站，其页面效果如图 1-10 所示。

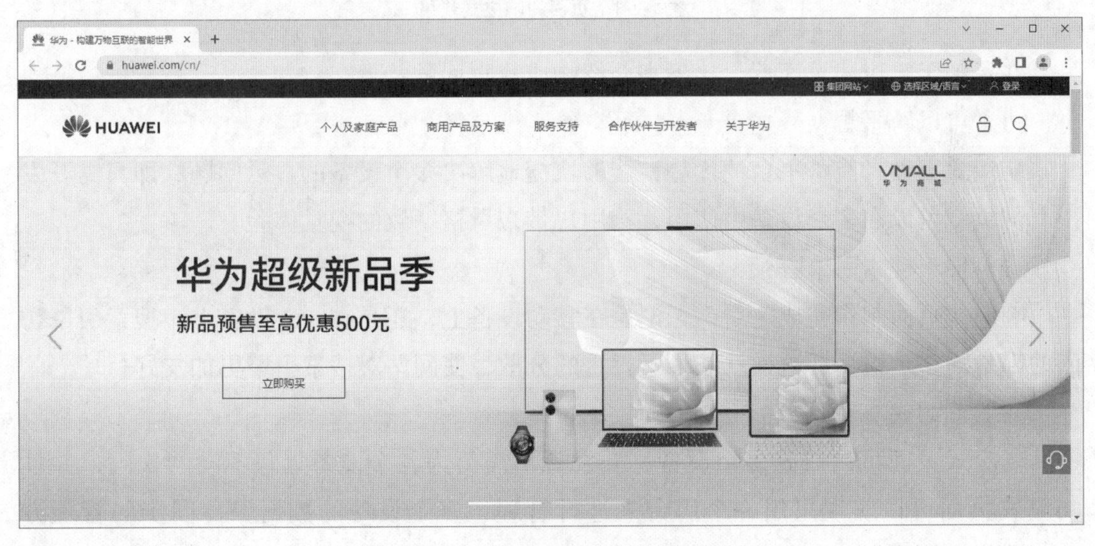

图1-10　华为官方网站的页面效果

当调整了浏览器的窗口宽度后，页面的布局和样式会发生相应的变化，以适合新的窗口宽度，效果如图 1-11 所示。由此可见，响应式页面给用户带来了友好的页面浏览体验。

图1-11　页面的响应式效果

在了解了响应式页面后，接下来介绍响应式页面的特点。

（1）可以跨平台

响应式页面具有跨平台的优势，能够快捷地解决多个设备的显示问题，即只需开发一套网页就可以在多个设备中使用，给用户带来风格一致的视觉体验。

（2）便于搜索引擎收录

响应式页面制作完成之后，无论是在移动设备上，还是在 PC 设备上，搜索引擎访问的都是同一个地址，这样就减少了权重的分散，使网站对搜索引擎更加友好。

（3）节约成本

响应式页面可以兼容多个设备，开发者不需要为各个设备编写不同的代码，并且响应式页面可以实现只用一个后台来进行管理，多个设备的数据保持同步的管理方式，这样在开发的时候就可以减少专职程序开发者的配备数量。对于开发者而言，减少了大量重复的工作，提高了工作的效率；对于公司而言，节省了人员开支，降低了开发成本。

另外，当我们在学习 Bootstrap 时，应该积极参与知识共享的活动。通过分享知识和经验，不仅能够帮助他人，还能够加深对所学内容的理解和应用。同时，与他人进行交流和互动也能够让我们从他人身上学到新的知识和技巧，不断丰富和积累经验。

本章小结

本章首先讲解了 Bootstrap，包括 Bootstrap 的概述、特点以及组成；接着讲解了浏览器，包括 PC 端浏览器和移动端浏览器；然后讲解了 VS Code 编辑器，包括下载并安装 VS Code 编辑器、安装中文扩展包和使用 VS Code 编辑器；最后讲解了移动 Web 开发的两种主流方案，一种是单独制作移动端页面，另一种是制作响应式页面。通过对本章的学习，读者能够对 Bootstrap 有一个整体的认识。

课后练习

一、填空题

1. Bootstrap 是一款开源的前端______框架。

2. Bootstrap 主要由 CSS 样式、______、JavaScript 插件和图标库等组成。

3. Bootstrap 提供了包含栅格系统、布局容器等基础元素的样式，用于构建网页的______。

4. 按照设备类型划分，可以将浏览器分为______和移动端浏览器两大类。

二、判断题

1. 移动端浏览器是指运行在 PC 上的浏览器。(　　)

2. Chrome、Firefox 等主流的浏览器支持 Bootstrap。(　　)

3. Bootstrap 提供了大量的样式和组件，可以快速构建出美观的页面。(　　)

4. Bootstrap 拥有开源的图标库，图标文件使用 SVG 格式，可以在任何屏幕尺寸下保持清晰度和质量。(　　)

5. 响应式页面是一种能够在不同设备（如平板电脑、手机等）中自动适应屏幕尺寸和设备特性的网页。(　　)

三、选择题

1. 下列选项中，不属于 Bootstrap 框架特点的是(　　)。

A. 响应式设计　　B. 方便定制

C. 移动设备优先　　D. 学习成本高

2. 下列关于 Bootstrap 的说法中，错误的是(　　)。

A. 只需具备 HTML、CSS 和 JavaScript 的基础知识，即可学习 Bootstrap

B. 自 Bootstrap 3.x 起，移动设备优先在整个 Bootstrap 框架中得到广泛应用

C. Bootstrap 拥有开源的图标库，图标文件格式是 JPG

D. Bootstrap 支持响应式设计

3. 下列关于 Chrome 浏览器优势的说法中，错误的是（　　）。
   A. Chrome 浏览器具有较高的安全性，提供了黑名单和恶意软件防护等功能
   B. Chrome 浏览器内置了强大的 JavaScript V8 引擎
   C. Chrome 浏览器拥有丰富的扩展库
   D. Chrome 浏览器不支持跨设备的同步功能
4. 下列关于 VS Code 编辑器特点的说法中，错误的是（　　）。
   A. 轻巧、快速，占用系统资源较少
   B. 具备智能代码补全、语法高亮显示、自定义快捷键和代码匹配等功能
   C. 仅支持 Windows 操作系统
   D. 支持多种语言和文件格式的代码编写，如 HTML、JSON 等

四、简答题

1. 请简述 Bootstrap 的特点。
2. 请简述响应式页面的特点。

第2章 移动Web开发基础

学习目标

拓展阅读

◆ 了解屏幕分辨率，能够说出屏幕分辨率的概念

◆ 了解设备像素比，能够说出设备像素比的计算方式

◆ 了解视口，能够说出视口的设置方式

◆ 掌握 CSS 样式初始化的使用方法，能够使用 Normalize.css 初始化默认样式

◆ 掌握 CSS 变量的使用方法，能够使用 CSS 变量减少冗余的样式代码

◆ 掌握 Less 常用语法的使用方法，能够定义 Less 变量和使用嵌套语法来简化代码

◆ 掌握 Sass 常用语法的使用方法，能够定义 Sass 变量和使用嵌套语法来简化代码

◆ 掌握 Web Storage 的使用方法，能够对数据进行存储、获取、删除等操作

◆ 掌握音频和视频的使用方法，能够实现对音频和视频的播放、暂停、进度和音量控制等操作

◆ 掌握移动端 touch 事件的使用方法，能够实现 touch 事件

随着移动设备和互联网的快速发展，移动 Web 开发技术应运而生，并成为当下非常流行的技术之一。移动 Web 开发的目标是构建适应不同设备和屏幕尺寸的 Web 应用，以提供更好的用户体验。本章将对移动 Web 开发基础知识进行详细讲解。

2.1 屏幕分辨率和设备像素比

随着移动设备的普及以及设备多样性的增加，开发者面临着一项重要的任务：为移动应用适配各种屏幕尺寸和分辨率，以确保移动应用在不同设备中都能够提供良好的用户体验。在移动 Web 开发中，深刻理解屏幕分辨率和设备像素比的概念是不可或缺的。本节将对屏幕分辨率和设备像素比进行详细讲解。

2.1.1 屏幕分辨率

屏幕分辨率是指一块屏幕上可以显示的像素数量，通常以像素（px）为单位。例如，分辨率 1920×1080 表示水平方向为 1920px、垂直方向为 1080px，两者相乘，可知屏幕上总共有 2073600px。

在屏幕尺寸相同的情况下，当屏幕分辨率较低时，屏幕上的像素数量相对较少；当屏幕分辨率较高时，屏幕上的像素数量相对较多。因此，高分辨率的屏幕能够显示更加精细的画面。图 2-1 所示为在屏幕尺寸相同的情况下，高分辨率屏幕和低分辨率屏幕显示的画面的区别。

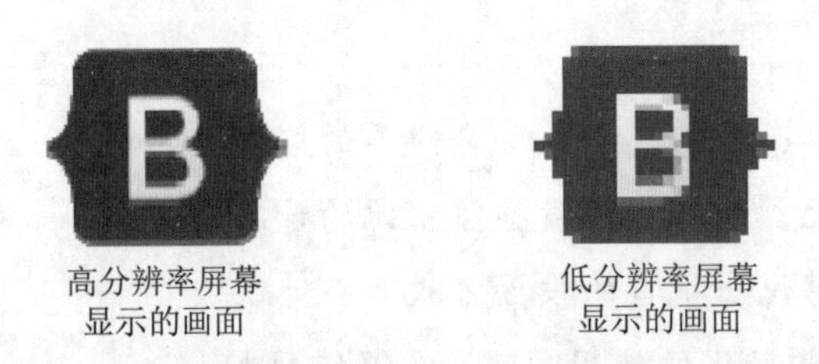

图2-1 高分辨率屏幕和低分辨率屏幕显示的画面的区别

从图 2-1 可以看出，高分辨率屏幕显示的画面比较精细，而低分辨率屏幕显示的画面有颗粒感。

随着屏幕的发展，屏幕分辨率越来越高，这导致一些早期软件的相关界面在高分辨率屏幕上显示过小的问题。之所以会出现这个问题，是因为一些早期软件的宽、高、字号都是固定的，这些软件在低分辨率屏幕上大小适中，但在高分辨率屏幕上显得非常小。为了解决这个问题，操作系统对屏幕画面进行了放大，使早期软件在高分辨率屏幕上也能以合适的大小显示。由于屏幕画面被操作系统放大，软件识别的分辨率和屏幕的实际分辨率出现了差异，为了方便区分，我们将屏幕实际的分辨率和像素称为物理分辨率和物理像素，将软件识别的分辨率和像素称为逻辑分辨率和逻辑像素。

设备的逻辑分辨率可以使用 JavaScript 代码在网页上进行查询，示例代码如下。

```
console.log('逻辑分辨率：' + screen.width + '×' + screen.height);
```

在上述示例代码中，screen.width 表示屏幕宽度的逻辑像素值，screen.height 表示屏幕高度的逻辑像素值。

2.1.2 设备像素比

当提到设备的屏幕分辨率时，一个相关的概念是设备像素比（Device Pixel Ratio）。

一个设备任意一侧的物理像素与逻辑像素之比称为设备像素比。例如，当一个设备物理像素宽度为 4px，逻辑像素宽度为 2px 时，则设备像素比为 2；当一个设备物理像素高度为 4px，逻辑像素高度为 2px 时，则设备像素比为 2。使用宽度计算设备像素比和使用高度计算设备像素比的结果是相同的。

设备像素比可以使用 JavaScript 代码在网页上进行查询，示例代码如下。

```
var devicePixelRatio = window.devicePixelRatio;
console.log('设备像素比：' + devicePixelRatio);
```

在上述示例代码中，使用 window.devicePixelRatio 属性获取当前设备像素比。

2.2 视口

在移动设备普及之前，网页主要在 PC 设备中显示。由于当时显示器的主流分辨率是 800×600 和 1024×768，网页通常也按照 800px～1024px 的宽度设计。而在移动设备出现之后，许多网页还不能适配小屏幕的移动设备，为了解决网页在移动设备中布局混乱或显示不完整的问题，移动设备的浏览器会强制以一个接近 PC 设备的宽度（通常为 980px）渲染网页，并将整个网页缩小以显示完整。用户可以放大网页，通过水平滚动条和垂直滚动条浏览页面的内容，但操作起来比较麻烦。

为了使用户在移动设备上有更好的浏览体验，浏览器允许开发者通过<meta>标签对视口（Viewport）进行配置。其中，视口是指浏览器显示网页的区域。通过配置视口可以使浏览器按照指定的大小渲染和显示网页，并可以控制网页的缩放程度以及是否允许用户缩放网页。使用<meta>标签配置视口的语法格式如下。

```
<meta name="viewport" content="参数名 1=参数值 1, 参数名 2=参数值 2">
```

在上述语法格式中，name 属性用于设置网页的视口，content 属性用于设置视口参数的具体值。

content 属性的常用参数如表 2-1 所示。

表 2-1　content 属性的常用参数

参数	说明
width	视口宽度，可以为正整数（像素）或 device-width（设备宽度）
height	视口高度，可以为正整数（像素）或 device-height（设备高度）
initial-scale	初始缩放比，取值范围为 0.0～10.0
maximum-scale	最大缩放比，取值范围为 0.0～10.0
minimum-scale	最小缩放比，取值范围为 0.0～10.0
user-scalable	用户是否可以缩放网页，其值为 yes 或 no

在 VS Code 编辑器中创建 HTML5 文档结构时，会自动生成配置视口的<meta>标签。HTML5 文档结构的示例代码如下。

```
1  <!DOCTYPE html>
2  <html lang="en">
3  <head>
4    <meta charset="UTF-8">
5    <meta name="viewport" content="width=device-width, initial-scale=1.0">
6    <title>Document</title>
7  </head>
8  <body>
9  
10 </body>
11 </html>
```

在上述示例代码中，第 5 行代码用于配置视口，content 属性中的 width=device-width 表示将视口宽度设置为设备宽度，initial-scale=1.0 表示将初始缩放比设置为 1.0，即网页按照原始比例显示，不进行缩放。

下面通过案例讲解如何使用<meta>标签设置视口，并对比网页设置视口前后的区别。本案例需要使用 Chrome 浏览器的开发者工具，在移动设备调试模式中模拟移动设备的屏幕，测试视口的配置是否生效。具体实现步骤如下。

① 创建 D:\Bootstrap\chapter02 目录，并使用 VS Code 编辑器打开该目录。

② 创建 viewport.html 文件，在该文件中编写页面结构，具体代码如下。

```
1  <!DOCTYPE html>
2  <html lang="en">
3  <head>
4    <meta charset="UTF-8">
5    <title>Document</title>
6  </head>
7  <body>
8    <h1>设置视口</h1>
9  </body>
10 </html>
```

保存上述代码，在浏览器中打开 viewport.html，PC 端浏览器的页面效果如图 2-2 所示。

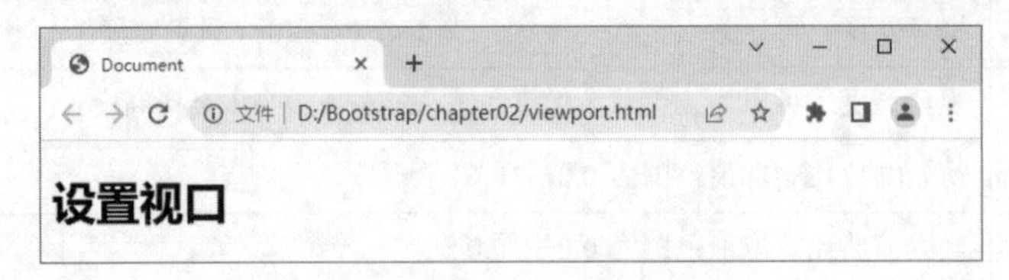

图2-2　PC端浏览器的页面效果

按“F12”键启动开发者工具，如图 2-3 所示。

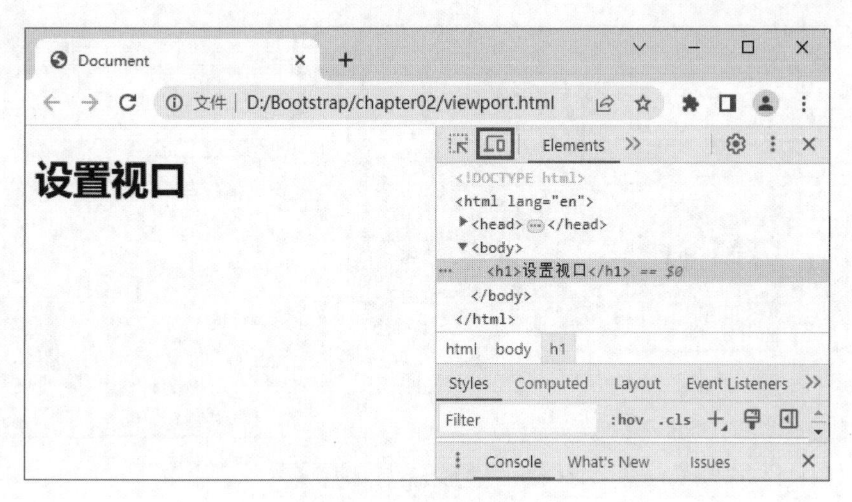

图2-3　启动开发者工具

在图 2-3 中，页面的右侧是开发者工具的面板，当前位于 Elements（元素）选项卡，在该选项卡内可以查看网页的源代码。

单击面板中的“▭”按钮，进入移动设备调试功能页面。将移动设备的视口宽度设置为 375（视口高度不需要特意设置，因为这里只观察视口宽度的变化），并将鼠标指针移到 Elements 选项卡中的<html>标签上，查看浏览器显示的页面宽度。移动设备显示效果如图 2-4 所示。

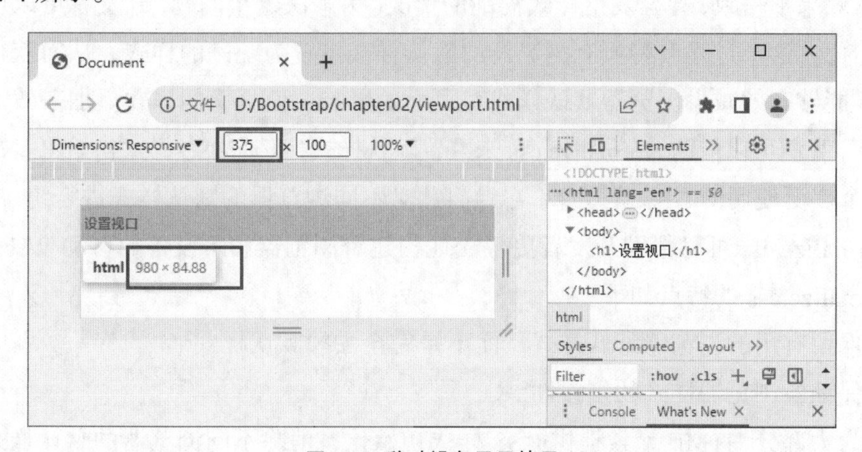

图2-4　移动设备显示效果

从图 2-4 可以看出，当前页面宽度为 980px。由于屏幕比较小，为了将网页显示完整（不出现滚动条），浏览器对网页整体进行了缩小，所以网页中的内容变小了。

③ 通过设置视口使网页在移动设备中显示合适的宽度。修改 viewport.html 文件，在步骤②的第 4 行代码下编写代码，具体如下。

```
<meta name="viewport" content="width=device-width, initial-scale=1.0">
```

保存上述代码，将移动设备的视口宽度设置为 375px，在浏览器中查看设置视口之后的页面效果，如图 2-5 所示。

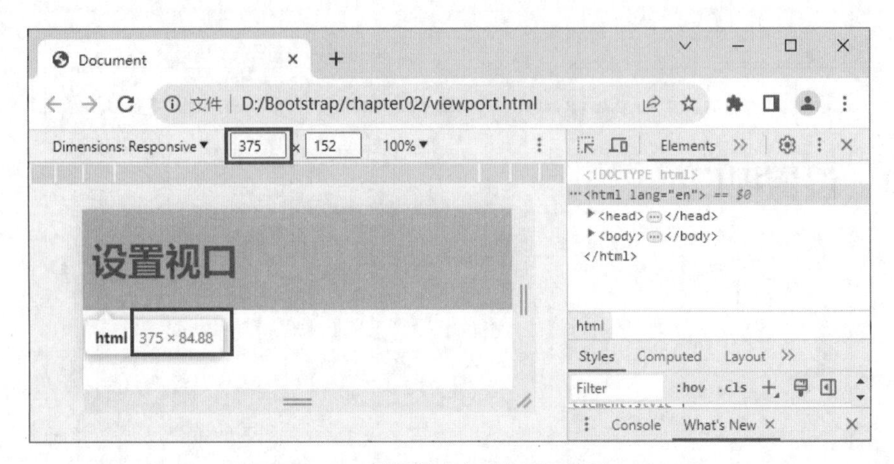

图2-5　设置视口之后的页面效果

从图 2-5 可以看出，当前页面宽度为 375px，说明视口的配置已生效。与设置视口前相比，设置视口后的网页并没有被缩小，也没有出现滚动条。

2.3　CSS 样式初始化

不同浏览器对 HTML 元素的默认样式存在差异，这可能导致同一个页面在不同浏览器的显示效果不一致，甚至发生样式混乱的情况。为解决这个问题，开发者可以进行 CSS 样式初始化，这个过程会将所有浏览器的默认样式重置为统一的样式，从而获得初始状态，这样能够有效减少浏览器默认样式对页面的影响，使页面的样式更加一致。

通常，我们可以借助 Normalize.css 来重置默认样式，实现 CSS 样式初始化。Normalize.css 是一个广泛使用的 CSS 样式库，它专门针对不同浏览器的默认样式进行统一化处理。使用 Normalize.css 可以帮助开发者更轻松地构建跨浏览器和跨设备的移动 Web 页面。

Normalize.css 的特点如下。

① 保留有用的浏览器默认样式，而不是完全去掉默认样式。

② 保证各浏览器样式的一致性。

③ 为大部分 HTML 元素提供 CSS 样式初始化，消除不同浏览器的默认样式差异。

在熟悉了 Normalize.css 的概念和特点之后，下面讲解如何下载和使用 Normalize.css。

1. 下载 Normalize.css

打开 Normalize.css 官方网站，如图 2-6 所示。

从图 2-6 可以看出，页面使用英文展示了 Normalize.css 的一些信息。

单击“Download v8.0.1”按钮，即可获取 Normalize.css 源代码，如图 2-7 所示。

在图 2-7 所示页面中右击，然后在弹出的快捷菜单中选择“另存为”选项，即可将 Normalize.css 保存到本地。

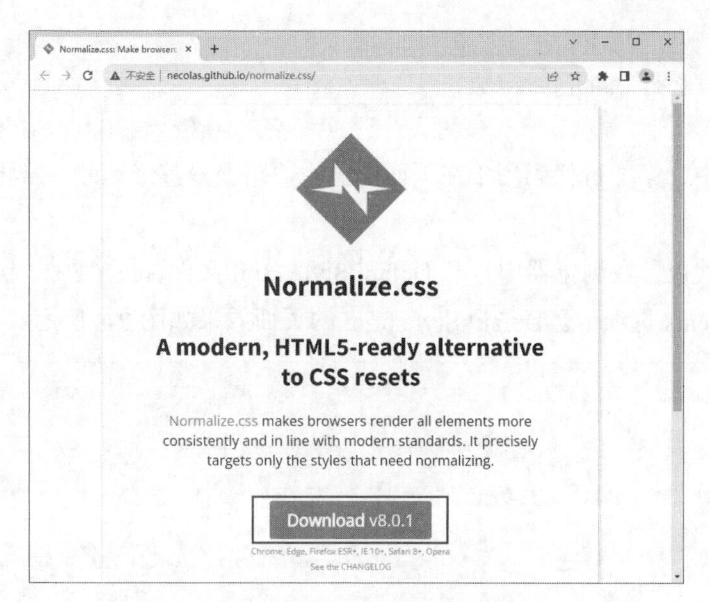

图2-6　Normalize.css官方网站

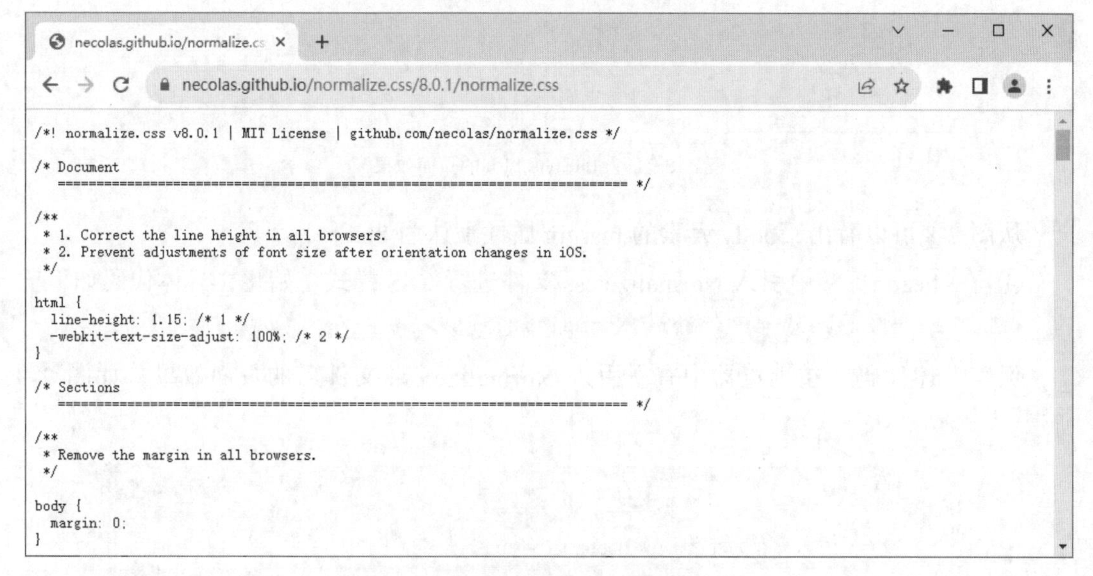

图2-7　Normalize.css源代码

2. 使用 Normalize.css

Normalize.css 文件下载完成后，在 HTML 文件的<head>标签中，使用<link>标签引入 Normalize.css 文件，即可初始化页面的默认样式。

下面通过案例讲解如何使用 Normalize.css 进行 CSS 样式初始化，具体实现步骤如下。

① 将 Normalize.css 文件放入 chapter02 目录中。

② 创建 DefaultStyle.html 文件，在该文件中创建基础 HTML5 文档结构，观察浏览器的初始样式。

③ 编写页面结构，具体代码如下。

```
1  <body>
2    路漫漫其修远兮，吾将上下而求索。
3  </body>
```

上述代码中，第 2 行代码用于在页面中显示“路漫漫其修远兮，吾将上下而求索。”的信息。

保存上述代码，在浏览器中打开 DefaultStyle.html 文件，按“F12”键启动开发者工具，查看 Elements 选项卡。DefaultStyle.html 的页面效果如图 2-8 所示。

图2-8 DefaultStyle.html的页面效果

从图 2-8 可以看出，body 元素的 margin 属性默认为 8px。

④ 在<head>标签中引入 Normalize.css 文件进行 CSS 样式初始化，具体代码如下。

```
<link rel="stylesheet" href="Normalize.css">
```

保存上述代码，在浏览器中查看引入 Normalize.css 文件后的页面效果，如图 2-9 所示。

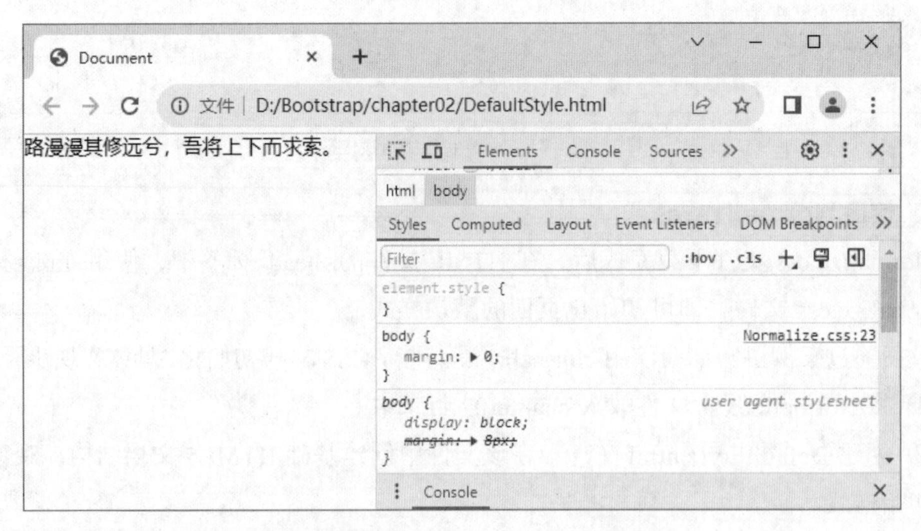

图2-9 引入Normalize.css文件后的页面效果

从图 2-9 可以看出，在引入 Normalize.css 后，body 元素的 margin 属性为 0，说明 Normalize.css 已经引入成功并生效了。

2.4　CSS 变量

当 CSS 样式在多个地方重复使用时，需要被多次定义，这样会增加样式的维护难度。为了解决这个问题，CSS 引入了 CSS 变量。CSS 变量允许开发者在 CSS 中声明并使用自定义的变量。使用 CSS 变量可以将样式中重复的值抽象出来，并在需要的地方使用这些变量。这样可以减少冗余代码，提高样式的可维护性和可重用性。当需要进行样式调整时，只需修改变量的值，而不需要逐个修改使用变量的值的样式规则，大大减小了样式的维护难度。本节将对 CSS 变量进行详细讲解。

2.4.1　定义 CSS 变量

在 CSS 中定义变量时，需要使用以“--”开头的变量名，“--”后面可以跟字母、数字、下划线或连字符，且字母须区分大小写。例如，--primary-color 就是一个合法的变量名。变量值可以是任何有效的 CSS 值，比如颜色、字号、字体等。采用这种命名方式，能够清晰地区分 CSS 变量和其他 CSS 属性，使其易于辨识和使用。

定义 CSS 变量的示例代码如下。

```
--primary-color: #f00;
```

上述代码定义了一个变量名为--primary-color、变量值为#f00 的 CSS 变量。

另外，由于 CSS 变量与 CSS 的内置样式（如 font-size、color）属性类似，且 CSS 变量的变量名是自定义的，所以 CSS 变量又被称为自定义样式属性。

CSS 变量分为全局 CSS 变量和局部 CSS 变量，下面分别进行讲解。

1. 全局 CSS 变量

在:root 伪类选择器的规则中定义的 CSS 变量是全局 CSS 变量。定义全局 CSS 变量的示例代码如下。

```
:root {
  --primary-color: #f00;
}
```

在上述示例代码中，定义了一个变量名为--primary-color 的全局 CSS 变量，并将其变量值设置为#f00。

2. 局部 CSS 变量

在非根元素选择器的规则中定义的 CSS 变量是局部 CSS 变量。局部 CSS 变量的作用域取决于它所在的选择器。以.box 选择器为例，定义局部 CSS 变量的示例代码如下。

```
.box {
  --primary-color: #f00;
}
```

上述示例代码中，定义了一个变量名为--primary-color 的局部 CSS 变量，并将其变量值设置为#f00。

2.4.2 读取 CSS 变量的值

定义 CSS 变量后，使用 var()函数可以读取 CSS 变量的值。var()函数的语法格式如下。

```
var(custom-property-name, value)
```

在 var()函数的语法格式中，custom-property-name 为必选参数，表示 CSS 变量的名称，必须以"--"开头；value 为可选参数，表示 CSS 变量不存在时使用的默认值。

var()函数在读取 CSS 变量时，首先会查找当前选择器内是否有相应的 CSS 变量，如果没有，则会在上级选择器中查找，一直查找到根元素选择器为止。

如果 var()函数没有查找到 CSS 变量，并且没有提供默认值，那么 var()函数将返回初始值。初始值取决于 CSS 属性的类型和规范定义。例如，对于 font-size 属性来说，如果无法查找到指定的 CSS 变量并且没有提供默认值，那么将返回 font-size 属性的初始值，通常是浏览器的默认字号。在 Chrome 浏览器中，默认字号为 16px。

然而，对于某些 CSS 属性，如果无法查找到指定的 CSS 变量且没有提供默认值，这些 CSS 属性可能会使用其他规则来确定初始值。这些规则通常是根据具体的 CSS 规范定义的。

使用 var()函数读取 CSS 变量的值的示例代码如下。

```
.main {
  color: var(--primary-color, #ccc);
}
```

上述示例代码表示为具有.main 类的元素设置颜色，属性值为 CSS 变量--primary-color 的值，默认值为#ccc。

下面通过案例演示如何读取 CSS 变量的值，具体实现步骤如下。

① 创建 CSSVariable.html 文件，在该文件中创建基础 HTML5 文档结构。

② 编写页面结构，具体代码如下。

```
1  <body>
2    <p>为中华之崛起而读书</p>
3  </body>
```

在上述代码中，第 2 行代码用于通过 p 元素在页面中显示"为中华之崛起而读书"的信息。

③ 编写页面样式，具体代码如下。

```
1  <style>
2    :root {
3      --p-fontsize: 30px;
4    }
5    p {
6      --p-fontweight: bold;
7      font-weight: var(--p-fontweight);
8      font-size: var(--p-fontsize);
9      border: var(--p-border, 1px solid black);
10   }
11 </style>
```

在上述代码中，第 2～4 行代码使用:root 伪类选择器定义了一个名为--p-fontsize 的 CSS 变量，并将其值设置为 30px；第 5～10 行代码使用 CSS 变量设置 p 元素的样式。

在第 6～9 行代码中，第 6 行代码声明了一个名为--p-fontweight 的 CSS 变量，并将其值设置为 bold（加粗）；第 7 行代码将 font-weight 属性的值设置为 CSS 变量--p-fontweight 的值；第 8 行代码将 font-size 属性的值设置为 CSS 变量--p-fontsize 的值；第 9 行代码将 border 属性的值设置为 CSS 变量--p-border 的值，还指定了一个默认值 1px solid black。由于没有定义 CSS 变量--p-border，所以 border 属性会返回默认值 1px solid black。

保存上述代码，在浏览器中打开 CSSVariable.html 文件，页面效果如图 2-10 所示。

图2-10　CSSVariable.html文件的页面效果

从图 2-10 可以看出，使用 CSS 变量设置 CSS 样式成功。

2.4.3　CSS 变量值的类型

CSS 变量值有多种类型，常见的类型有字符串、数字、颜色，示例代码如下。

```
--primary-content: 'Hello, world!';
--primary-fontSize: 30;
--primary-color: #ff0000;
```

在上述示例代码中，CSS 变量--primary-content 的值为字符串，CSS 变量--primary-fontSize 的值为数字，CSS 变量--primary-color 的值为颜色。

如果 CSS 变量的值是字符串，则该变量可以与其他字符串进行拼接，示例代码如下。

```
<head>
  <style>
    :root {
      --greeting: 'hello';
      --a-greeting: var(--greeting)' world';
    }
    div:after {
      content: var(--a-greeting);
    }
  </style>
</head>
<body>
  <div>打个招呼吧！</div>
</body>
```

运行上述代码，CSS 变量的值拼接字符串的页面效果如图 2-11 所示。

打个招呼吧！hello world

图2-11　CSS变量的值拼接字符串的页面效果

从图 2-11 可以看出，--greeting 变量的值'hello'成功与字符串' world'拼接。

如果变量的值是数字，则不能与数字单位（如 px）直接连用，示例代码如下。

```
.main {
  --gap: 20;
  margin-top: var(--gap)px;    /* 无效 */
}
```

如果变量的值是数字且需要和数字单位连用，则必须使用 calc()函数将它们连接起来，示例代码如下。

```
<head>
  <style>
    .main {
      --gap: 20;
      margin-top: calc(var(--gap) * 1px);
    }
  </style>
</head>
<body>
  <div class="main">上外边距设置为 20px</div>
</body>
```

运行上述代码，通过开发者工具查看 div 元素的样式，变量的值与数字单位连用的页面效果如图 2-12 所示。

从图 2-12 可以看出，通过 CSS 变量成功设置元素的上外边距。

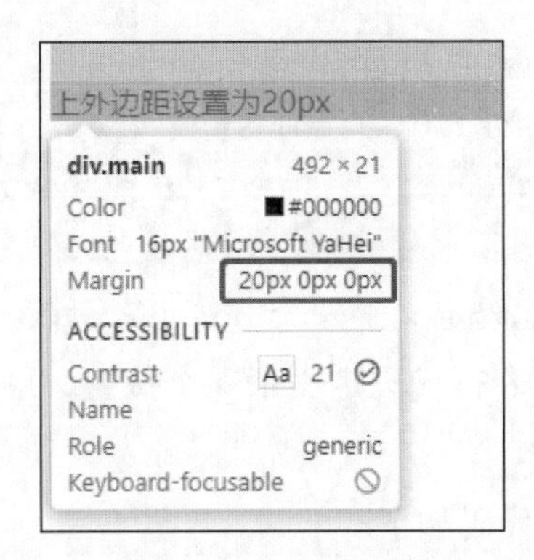

图2-12 变量值与数字单位连用的页面效果

2.4.4 在JavaScript中设置CSS变量

在JavaScript中，若需要设置CSS变量，可以通过样式属性方法setProperty()、getPropertyValue()和removeProperty()来实现。这3个方法的样式属性包括CSS内置样式属性和自定义样式属性（即CSS变量）。

setProperty()方法用于设置样式属性的值，当样式属性不存在时会添加样式属性；当样式属性已存在时会修改样式属性的值，其语法格式如下。

```
setProperty(custom-property-name, value, priority)
```

在setProperty()方法的语法格式中，custom-property-name为必选参数，表示样式属性名称；value为可选参数，表示样式属性值；priority为可选参数，用于设置样式属性的优先级，设为'important'表示该样式属性的优先级最高，将覆盖其他具有相同名称的样式属性，若省略该参数或将该参数设为空字符串，则表示不设置优先级。

getPropertyValue()方法用于访问样式属性的值，其语法格式如下。

```
getPropertyValue(custom-property-name)
```

在getPropertyValue()方法的语法格式中，custom-property-name为必选参数，表示需要获取的样式属性的名称。

removeProperty()方法用于删除样式属性，其语法格式如下。

```
removeProperty(custom-property-name)
```

在removeProperty()方法的语法格式中，custom-property-name为必选参数，表示需要移除的样式属性的名称。

下面通过案例来演示如何在JavaScript中设置CSS变量，具体实现步骤如下。

① 创建editCSSVariable.html文件，在该文件中创建基础HTML5文档结构。

② 编写页面结构，具体代码如下。

```
1  <body>
2    <div class="main">读书不觉已春深，一寸光阴一寸金。</div>
3    <button onclick="addBorder()">新增边框</button>
```

```
4    <button onclick="editBorder()">修改边框</button>
5    <button onclick="getBorder()">获取变量值</button>
6    <button onclick="removeBorder()">移除边框</button>
7  </body>
```

在上述代码中，第 2 行代码定义了一个 div 元素，该元素的内容为“读书不觉已春深，一寸光阴一寸金。”第 3～6 行代码定义了 4 个按钮，并为 4 个按钮绑定了单击事件，用于设置 div 元素的样式。

③ 编写页面样式，具体代码如下。

```
1  <style>
2    .main {
3      border: var(--border);
4    }
5  </style>
```

在上述代码中，第 2～4 行代码用于为具有.main 类的元素添加边框样式，并将 border 属性的值设为 CSS 变量--border 的值。

④ 编写页面逻辑，具体代码如下。

```
1  <script>
2    function addBorder() {
3      var main = document.querySelector('.main');
4      main.style.setProperty('--border', '1px solid black');
5    }
6    function editBorder() {
7      var main = document.querySelector('.main');
8      main.style.setProperty('--border', '2px solid black');
9    }
10   function getBorder() {
11     var main = document.querySelector('.main');
12     var borderValue = main.style.getPropertyValue('--border');
13     console.log(borderValue);
14   }
15   function removeBorder() {
16     var main = document.querySelector('.main');
17     main.style.removeProperty('--border');
18   }
19 </script>
```

在上述代码中，第 2～5 行代码定义了 addBorder()方法，用于添加边框样式。其中，第 3 行代码用于通过 document.querySelector('.main')选择器获取具有.main 类的元素；第 4 行代码调用 setProperty()方法设置一个名为--border 的 CSS 变量，并将其值设置为 1px solid black。

第 6～9 行代码定义了 editBorder()方法，用于修改边框样式。其中，第 8 行代码调用 setProperty()方法将名为--border 的 CSS 变量的值修改为 2px solid black。

第 10～14 行代码定义了 getBorder()方法，用于获取变量值。其中，第 12 行代码调用 getPropertyValue()方法获取名为--border 的 CSS 变量的值。

第 15～18 行代码定义了 removeBorder()方法，用于移除边框样式。其中，第 17 行代码调用 removeProperty()方法移除名为--border 的 CSS 变量。

保存上述代码后，在浏览器中打开 editCSSVariable.html 文件，初始页面效果如图 2-13 所示。

图2-13　初始页面效果

单击“新增边框”按钮的页面效果如图 2-14 所示。

图2-14　单击“新增边框”按钮的页面效果

单击“修改边框”按钮的页面效果如图 2-15 所示。

图2-15　单击“修改边框”按钮的页面效果

单击“获取变量值”按钮的页面效果和控制台如图 2-16 所示。

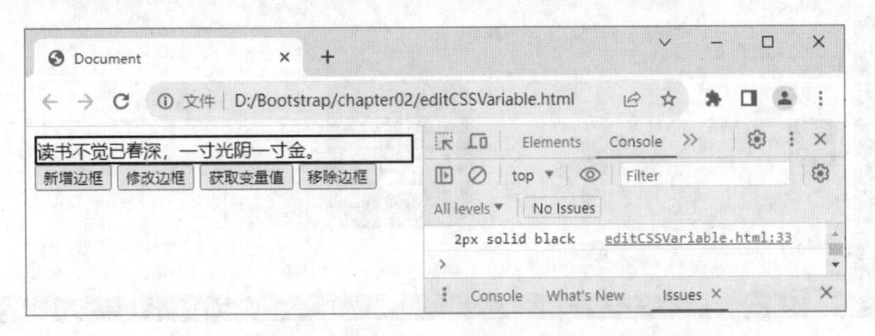

图2-16　单击“获取变量值”按钮的页面效果和控制台

单击“移除边框”按钮的页面效果参考图 2-13。

2.5 CSS 预处理器

CSS 作为一种样式语言，尽管功能强大，但仍存在一些不足。例如，CSS 不支持嵌套规则，这可能导致选择器过于冗长，从而降低代码的可读性。为了弥补 CSS 的不足，市面上出现了一些 CSS 预处理器，如 Less 和 Sass，它们为 CSS 引入了额外的语法和特性，使得编写 CSS 更加灵活和高效。本节将对常见的 CSS 预处理器 Less 和 Sass 分别进行详细讲解。

2.5.1 Less

Less 是常用的 CSS 预处理器之一，它提供 Less 语法，并通过 Less 语法增强 CSS 的语法。与 CSS 相比，Less 具有以下特点。

① Less 不仅支持变量，其变量语法也比 CSS 变量语法更灵活，这样可以更方便地管理样式属性。

② Less 支持嵌套规则，这样可以通过减少重复的选择器名称来简化样式表的书写。

③ Less 支持混入（Mixins）功能，可以定义一组样式属性，并在需要时通过引用混入来重用这些属性。这样可以减少冗余代码，使得样式的修改更加方便。

为了与 CSS 文件区分，通常将使用 Less 语法编写的代码（简称 Less 代码）保存在扩展名为.less 的文件中。

由于浏览器无法直接解析 Less 代码，因此需要将 Less 代码先编译成 CSS 代码，然后将编译后的 CSS 代码引入网页。

在 VS Code 编辑器中，借助 Easy LESS 扩展可以编译 Less 代码。安装该扩展后，每当保存 Less 文件时，Easy LESS 扩展会自动将 Less 代码编译成对应的 CSS 代码。

在 VS Code 编辑器中搜索“Easy LESS”即可找到 Easy LESS 扩展，如图 2-17 所示。

图2-17 Easy LESS扩展

找到 Easy LESS 扩展后，单击“安装”按钮进行安装即可。

Less 的常用语法包括 Less 变量和 Less 嵌套规则，下面分别进行讲解。

1. Less 变量

Less 变量的作用与 CSS 变量的类似，但不需要定义在选择器的规则中。定义 Less 变量的语法格式如下。

```
@变量名: 变量值;
```

在定义 Less 变量时，需要以@开头，后跟变量名，变量名可以包含字母、数字、下划线和连字符，但不能以数字开头。变量值可以是任意的 CSS 属性值，如颜色、尺寸、字符串等。例如，@color 为合法的 Less 变量名。

下面通过案例来演示如何定义 Less 变量，具体实现步骤如下。

① 创建 myLess.less 文件，定义 Less 变量，具体代码如下。

```
1  @color: pink;
2  @font14: 14px;
3  body {
4    background-color: @color;
5  }
6  div {
7    color: @color;
8    font-size: @font14;
9  }
```

在上述代码中，第 1 行代码定义了一个@color 变量，并将其值设置为 pink；第 2 行代码定义了一个@font14 变量，并将其值设置为 14px。

第 3～5 行代码设置 body 元素的样式，其中，第 4 行代码将 background-color 属性设置为变量@color 的值。

第 6～9 行代码设置 div 元素的样式，其中，第 7 行代码将 color 属性值设置为变量@color 的值，第 8 行代码将 font-size 属性值设置为变量@font14 的值。

② 保存 myLess.less 文件，VS Code 编辑器会自动生成 myLess.css 文件。myLess.css 文件的代码如下。

```
1  body {
2   background-color: pink;
3  }
4  div {
5   color: pink;
6   font-size: 14px;
7  }
```

从上述代码可以看出，VS Code 编辑器成功将 myLess.less 文件中的 background-color 属性和 color 属性的值设置为 pink，将 font-size 属性的值设置为 14px。

2. Less 嵌套规则

在一个选择器的规则内部嵌套另一个规则，称为嵌套规则。使用嵌套规则，可以显著减少代码量，并使代码结构更加清晰和易读。

Less 嵌套规则的示例代码如下。

```
#content {
  article {
    h1 {
      color: blue;
    }
    p {
      padding: 10px;
    }
  }
  aside {
    background-color: #ccc;
  }
}
```

编译后的代码如下。

```
#content article h1 {
  color: blue;
}
#content article p {
  padding: 10px;
}
#content aside {
  background-color: #ccc;
}
```

从编译后的代码可以看出，VS Code 编辑器成功将 Less 嵌套规则的写法转换成普通的 CSS 写法。

2.5.2 Sass

Sass 也是一款常用的 CSS 预处理器。Sass 与 Less 的主要区别如下。

① Sass 变量名以$开头，Less 变量名以@开头。

② Sass 支持输出设置，并提供 4 种输出选项，分别是 nested（嵌套）、compact（紧凑）、compressed（压缩）和 expanded（展开），而 Less 不支持输出设置。

③ Sass 支持流程控制语法，可以使用 if{}else{}、for{}等流程控制语法，而 Less 不支持流程控制语法。

Sass 有两种语法，一种是最早的 Sass 语法，被称为缩进 Sass（Indented Sass），它是一种简化格式，以“.sass”作为扩展名；另一种语法是 SCSS（Sassy CSS），这种语法仅在 CSS 语法的基础上进行拓展，所有 CSS 语法在 SCSS 中都是通用的，同时加入 Sass 的特色功能，如变量、嵌套规则等。本书主要基于 SCSS 进行讲解，并将使用 SCSS 语法编写的代码（简称 Sass 代码）保存在扩展名为“.scss”的文件中。

由于浏览器无法直接解析 Sass 代码，因此需要将 Sass 代码先编译成 CSS 代码，然后将编译后的 CSS 代码引入网页。

在 VS Code 编辑器中，借助 Easy Sass 扩展可以编译 Sass 代码。安装该扩展后，每当保存 Sass 文件时，Easy Sass 扩展会自动将 Sass 代码编译成对应的 CSS 代码。

在 VS Code 编辑器中搜索“Easy Sass”即可找到 Easy Sass 扩展，如图 2-18 所示。

图2-18　Easy Sass扩展

找到 Easy Sass 扩展后，单击“安装”按钮进行安装即可。

Sass 的常用语法包括 Sass 变量和 Sass 嵌套规则，下面分别进行讲解。

1. Sass 变量

Sass 变量的作用与 Less 变量的类似，定义 Sass 变量的语法格式如下。

```
$变量名: 变量值;
```

在 Sass 变量的语法格式中，定义变量时需要以“$”开头，后跟变量名，变量名可以包含字母、数字、下划线和连字符，但不能以数字开头。例如，$primary-color、$primary-border 为合法的变量名。

下面通过案例来演示如何定义 Sass 变量，具体实现步骤如下。

① 创建 mysass.scss 文件，定义 Sass 变量，具体代码如下。

```
1  $basic-border: 1px solid black;
2  $primary-color: #ccc;
3  div{
4   border: $basic-border;
5   color: $primary-color;
6  }
```

在上述代码中，第 1 行代码定义了一个$basic-border 变量，并将其值设置为 1px solid black；第 2 行代码定义了一个$primary-color 变量，并将其值设置为#ccc。

第 3～6 行代码设置 div 元素的样式，其中，第 4 行代码将 border 属性值设置为变量 $basic-border 的值，第 5 行代码将 color 属性值设置为变量$primary-color 的值。

② 保存 mysass.scss 文件，VS Code 编辑器会自动生成 mysass.css 文件。mysass.css 文件的代码如下。

```
1  div {
2    border: 1px solid black;
3    color: #ccc;
4  }
```

从上述代码可以看出，VS Code 编辑器成功将 mysass.scss 文件中的 border 属性值设置为 1px solid black，将 color 属性值设置为#ccc。

2. Sass 嵌套规则

Sass 也有嵌套规则，使用 Sass 嵌套规则的示例代码如下。

```
$nav-color:#333;
.navbar {
  background-color: $nav-color;
  .nav-menu {
    list-style: none;
    li {
      display: inline-block;
      margin-right: 10px;
      a {
        color: #fff;
        text-decoration: none;
        &:hover {
          text-decoration: underline;
        }
      }
    }
  }
}
```

编译后的代码如下。

```
.navbar {
  background-color: #333;
}
.navbar .nav-menu {
  list-style: none;
}
.navbar .nav-menu li {
  display: inline-block;
  margin-right: 10px;
}
```

```
.navbar .nav-menu li a {
  color: #fff;
  text-decoration: none;
}
.navbar .nav-menu li a:hover {
  text-decoration: underline;
}
```

从编译后的代码可以看出，VS Code 编辑器成功将 Sass 嵌套规则的写法转换成普通的 CSS 写法。

2.6 Web Storage

在 HTML5 之前，通常使用 Cookie 进行数据存储。例如，在本地设备中存储历史活动的信息。但是，由于 Cookie 存储空间（大约 4KB）有限，并且存储的数据解析比较复杂，所以 HTML5 提供了网络存储的相关解决的方案，即 Web Storage（Web 存储）。本节将对 Web Storage 进行详细讲解。

2.6.1 Web Storage 概述

Web Storage 是 HTML5 引入的一个重要功能，它可以将数据存储在本地。例如，可以使用 Web Storage 存储用户的偏好设置、复选框的选中状态、文本框填写过的内容等。当用户在浏览器中刷新网页时，网页可以通过 Web Storage 得知用户之前所做的一些修改，而无须将这些修改存储在服务器。

Web Storage 类似 Cookie，但相比之下，Web Storage 可以减少网络流量，因为存储在 Web Storage 中的数据不会自动发送给服务器，而存储在 Cookie 中的数据会由浏览器自动通过超文本传送协议（HyperText Transfer Protocol，HTTP）请求发送给服务器。将数据存储在 Web Storage 中，可以减少数据在浏览器和服务器之间不必要的传输。

Web Storage 中包含两个关键的对象，分别是 localStorage 和 sessionStorage，前者用于本地存储，后者用于会话存储。Chrome 浏览器中的开发者工具提供了 Application 选项卡，通过这个选项卡，可以方便地查看通过 localStorage 和 sessionStorage 存储的数据。两者的区别和使用方法将在后文详细讲解。

Web Storage 具有以下特点。

① 数据的设置和读取比较方便。

② 容量较大，可以存储大约 5MB 数据。

③ 性能高。因为从本地读数据比通过网络从服务器获得数据的速度快很多，所以可以即时获得本地数据；又因为网页本身也可以有缓存，如果整个页面和数据都存储在

本地，则可以立即显示页面和数据。

④ 数据可以临时存储。在很多时候，数据只需要在用户浏览单个页面期间使用，而关闭窗口后数据就可以丢弃。这种情况使用 sessionStorage 非常方便。

目前，主流的 Web 浏览器都在一定的程度上支持 HTML5 的 Web Storage，且 Android 和 iOS 两大系统对 Web Storage 都具有很好的支持。因此，在实际开发中，不需要担心移动设备的 Web 浏览器对 Web Storage 的支持情况。

2.6.2 localStorage

localStorage 主要用于本地存储，它以键值对的形式将数据保存在浏览器中，这些数据在用户或脚本（如 JavaScript 代码段）主动清除之前会一直存在。换句话说，使用 localStorage 存储的数据能够持久保存，并且可以在同一个网站的多个页面中进行数据共享。

localStorage 中常见的方法，如表 2-2 所示。

表 2-2 localStorage 中常见的方法

方法	描述
setItem(key, value)	该方法接收一个键名和值作为参数，并把键值对添加到存储中，如果键名存在，则更新其对应的值
getItem(key)	该方法接收一个键名作为参数，并返回键名对应的值
removeItem(key)	该方法删除键名为 key 的存储内容
clear()	该方法清空所有存储内容

当要存储的数据为简单数据类型时，可以使用 setItem()方法直接设置数据；当要存储的数据为复杂数据类型时，需要将复杂数据类型转换成 JSON 字符串，再使用 setItem()方法来设置数据。使用 JSON.stringify()方法和 JSON.parse()方法可以实现 JSON 字符串的转换。下面讲解这两种方法的使用方法。

（1）JSON.stringify()方法

JSON.stringify()方法用于将复杂数据类型转换为 JSON 字符串，其语法格式如下。

```
JSON.stringify(value[, replacer][, space])
```

上述语法格式中，value 表示将要转换成 JSON 字符串的值；replacer 是可选参数，用于决定 value 中哪部分被转换为 JSON 字符串；space 是可选参数，用于指定缩进用的空白字符串，从而美化输出格式。

（2）JSON.parse()方法

JSON.parse()方法用于解析 JSON 字符串，返回原始值，其语法格式如下。

```
JSON.parse(text[, reviver])
```

上述语法格式中，text 表示 JSON 字符串，reviver 为可选参数，用于传入一个函数来修改解析生成的原始值。

下面演示如何使用 localStorage 存储简单数据类型的数据，示例代码如下。

```
1 <script>
2   localStorage.setItem('username', '小明');
3   localStorage.setItem('age', 1);
4 </script>
```

在上述示例代码中，使用 localStorage 的 setItem()方法设置数据。

运行上述代码后，按“F12”键启动开发者工具，并切换到 Application 选项卡。然后，在侧边栏中单击 Storage，展开其中的 Local Storage 选项，单击 http://127.0.0.1:5500 选项，以查看存储的数据，如图 2-19 所示。

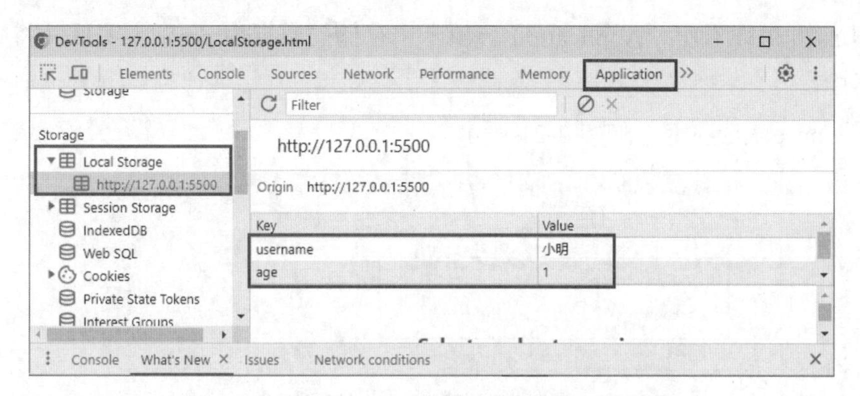

图2-19　使用localStorage存储简单数据类型的数据

从图 2-19 可以看出，http://127.0.0.1:5500 选项中存储的数据为 username 和 age，说明成功将数据存储到浏览器中。

下面演示如何使用 localStorage 存储复杂数据类型的数据，示例代码如下。

```
1 <script>
2   // 存储复杂数据类型的数据
3   let obj = {
4     username: '小明',
5     age: 17,
6     address: '北京市'
7   };
8   // 设置数据
9   localStorage.setItem('obj', JSON.stringify(obj));
10  // 获取数据
11  console.log(JSON.parse(localStorage.getItem('obj')));
12 </script>
```

在上述示例代码中，第 9 行代码使用 localStorage 的 setItem()方法设置数据，并将 obj 转换为 JSON 字符串进行存储；第 11 行代码使用 localStorage 的 getItem()方法获取数据，并使用 JSON.parse()方法将 JSON 字符串解析为 obj。

运行上述代码后，按“F12”键启动开发者工具，查看 Application 选项卡，如图 2-20 所示。

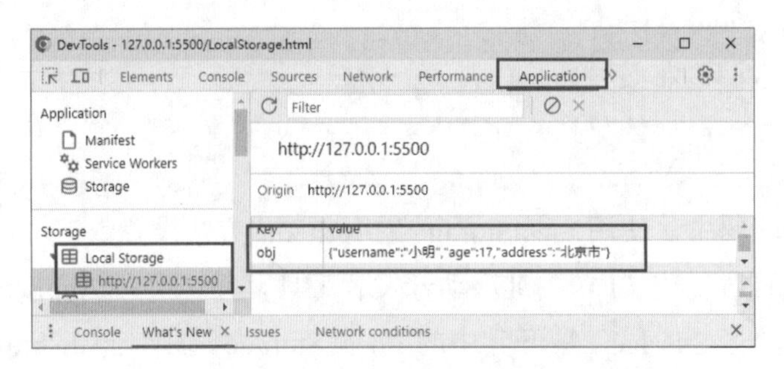

图2-20　使用localStorage存储复杂数据类型的数据

从图 2-20 可以看出，Application 选项卡中存储的数据为 obj，说明成功将数据存储到浏览器中。

查看 Console 选项卡，如图 2-21 所示。

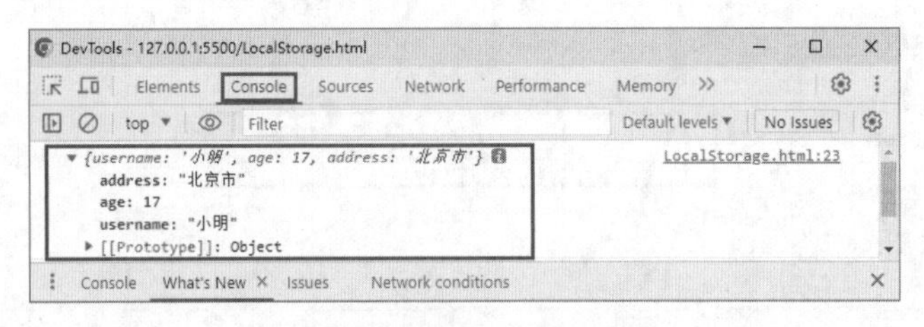

图2-21　查看Console选项卡

从图 2-21 可以看出，在控制台中成功输出 obj 的值，说明成功获取数据。

2.6.3　sessionStorage

sessionStorage 主要用于会话存储，即存储的数据只在当前浏览器标签页有效。其中，会话是指从浏览器标签页打开到关闭的过程。一旦关闭浏览器标签页，会话就会结束，sessionStorage 中的数据将自动清除。

sessionStorage 也提供了一些方法，它们与 localStorage 的方法类似。在使用 sessionStorage 提供的方法时，可以参考表 2-2 中的内容。

localStorage 与 sessionStorage 唯一的区别就是存储数据的生命周期不同。localStorage 是永久性存储，而 sessionStorage 的生命周期与会话保持一致，会话结束时数据消失。

下面通过案例讲解如何使用 sessionStorage，具体实现步骤如下。

① 创建 sessionStorage.html 文件，在该文件中创建基础 HTML5 文档结构。

② 编写页面结构，具体代码如下。

```
1  <body>
2    <input type="text" id="username">
3    <button id="setData">设置数据</button>
4    <button id="getData">获取数据</button>
5    <button id="delData">删除数据</button>
6  </body>
```

在上述代码中，第 2 行代码定义了一个文本框，用于用户输入信息；第 3～5 行代码定义了 3 个按钮，并分别添加了不同的 id 属性值，以便在单击按钮后触发相应的事件。

③ 在步骤②的第 5 行代码的下方编写逻辑代码，实现对数据的处理，具体代码如下。

```
1  <script>
2    var username = document.querySelector('#username');
3    // 单击“设置数据”按钮，设置数据
4    document.querySelector('#setData').onclick = function () {
5      var val = username.value;
6      sessionStorage.setItem('username', val);
7    };
8    // 单击“获取数据”按钮，获取数据
9    document.querySelector('#getData').onclick = function () {
10     alert(sessionStorage.getItem('username'));
11   };
12   // 单击“删除数据”按钮，删除数据
13   document.querySelector('#delData').onclick = function () {
14     sessionStorage.removeItem('username');
15   };
16 </script>
```

在上述代码中，第 6、10、14 行代码分别使用了 sessionStorage 的 setItem()方法、getItem()方法和 removeItem()方法实现设置数据、获取数据和删除数据。

保存上述代码后，在浏览器中打开 sessionStorage.html 文件，初始页面效果如图 2-22 所示。

图2-22　sessionStorage.html文件初始页面效果

在文本框中输入“admin”，然后单击“设置数据”按钮，这时数据将被存储到 sessionStorage 中，按“F12”键启动开发者工具，查看 Application 选项卡，如图 2-23 所示。

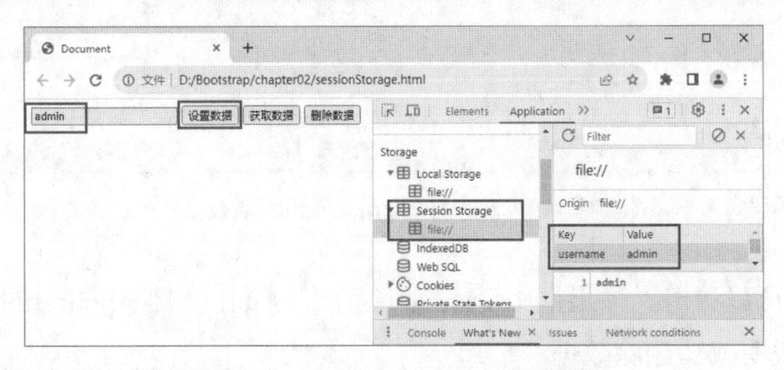

图2-23　sessionStorage.html设置数据

从图 2-23 可以看出，Application 选项卡中存储的数据为 username，说明成功将数据存储在浏览器中。

单击“获取数据”按钮，可以查看数据是否设置成功。如果成功会显示在弹出框中，如图 2-24 所示。

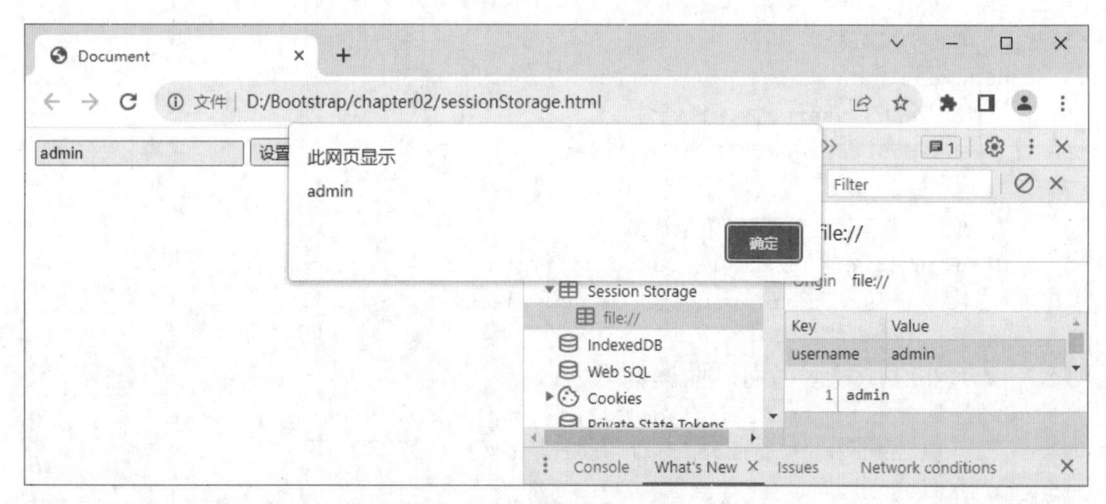

图2-24 sessionStorage.html获取数据

从图 2-24 可以看出，弹出框中 username 的值为 admin，说明成功获取数据。

单击“删除数据”按钮，可以删除该数据。删除后再次单击“获取数据”按钮，弹出框中显示为 null，表示删除成功，如图 2-25 所示。

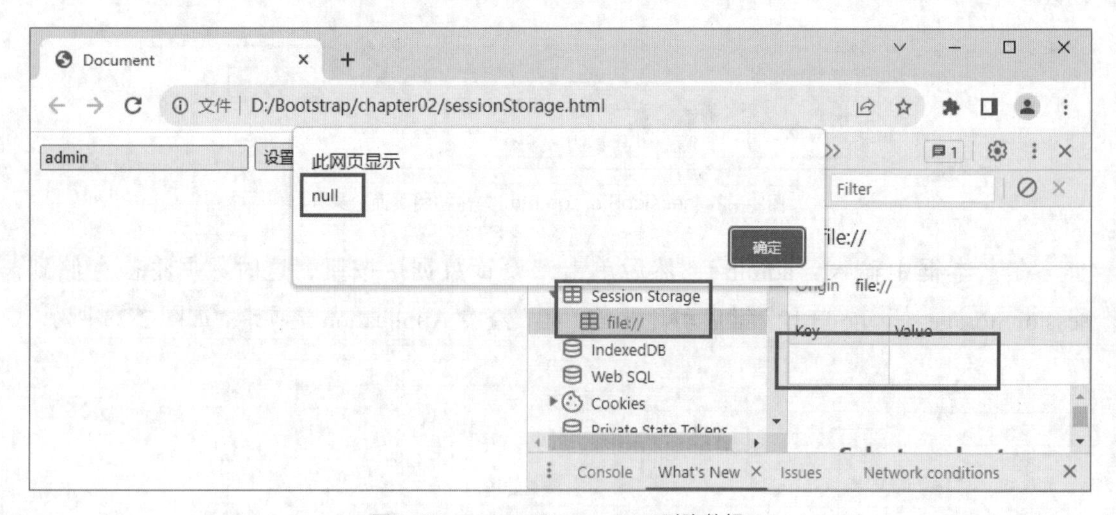

图2-25 sessionStorage.html删除数据

从图 2-25 可以看出，弹出框中 username 的值为 null，且 Application 选项卡中存储的数据为空，说明成功删除数据。

2.7 视频和音频

HTML5 为网页提供了处理视频和音频的能力。视频可以通过<video>标签来定义；音频可以通过<audio>标签来定义。本节将对 HTML5 提供的<video>标签、<audio>标签、video 对象和 audio 对象进行详细讲解。

2.7.1 <video>标签

<video>标签用于定义网页中的视频，它不仅可以播放视频，还提供控制栏，用于实现播放、暂停、进度控制、音量控制、全屏切换等功能。

<video>标签的语法格式如下。

```
<video src="视频文件路径" controls>
  浏览器不支持 video
</video>
```

在上述语法格式中，src 和 controls 是<video>标签的两个基本属性。其中，src 属性用于设置视频文件的路径；controls 属性用于为视频提供播放控件。<video>标签也可以通过 width 属性和 height 属性设置视频宽度和高度。<video>和</video>之间可以插入文字，用于在浏览器不能支持 video 时显示。

在使用<video>标签时，需要注意视频文件的格式问题。<video>标签支持以下 3 种视频文件格式。

① 带有 H.264 视频编码和 AAC 音频编码的 MPEG4 格式。

② 带有 Theora 视频编码和 Vorbis 音频编码的 Ogg 格式。

③ 带有 VP8 视频编码和 Vorbis 音频编码的 WebM 格式。

为了避免遇到浏览器不支持视频文件的格式导致视频无法播放的情况，HTML5 提供了<source>标签，用于指定多个备用的不同格式的文件路径，语法格式如下。

```
<video controls>
  <source src="视频文件地址" type="video/格式">
  <source src="视频文件地址" type="video/格式">
</video>
```

在上述语法格式中，type 属性用于指定视频文件的格式。MPEG4 格式对应的 type 属性值为 video/mp4，Ogg 格式对应的 type 属性值为 video/ogg， WebM 格式对应的 type 属性值为 video/webm。

下面通过案例讲解如何使用<video>标签，具体实现步骤如下。

① 创建 video.html 文件，在该文件中创建基础 HTML5 文档结构。

② 复制本章配套源代码中的 video 文件夹并放在 chapter02 目录下，该文件夹保存

了本章所有的视频素材。

③ 编写页面结构，具体代码如下。

```
<body>
  <video controls width="300" src="./video/01.mp4"></video>
</body>
```

在上述代码中，第 2 行代码的 controls 属性用于显示视频控制栏，实现播放、暂停、进度控制、音量控制和全屏切换等功能；width 属性用于设置视频宽度；src 属性用于设置视频文件的路径。

保存上述代码后，在浏览器中打开 video.html 文件，页面效果如图 2-26 所示。

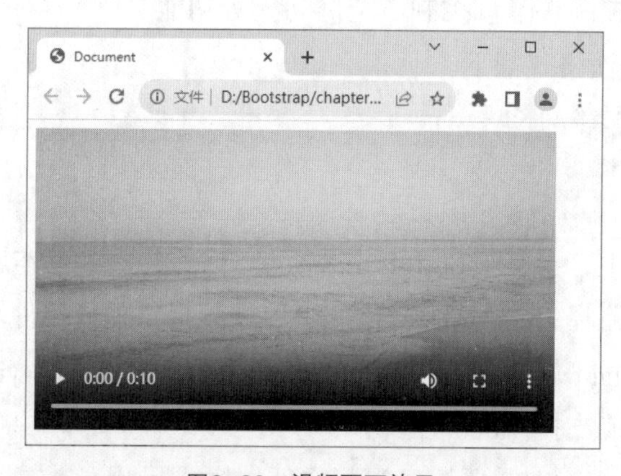

图2-26 视频页面效果

单击图 2-26 中的视频控制栏中的按钮，可对该视频进行暂停、播放等操作。

2.7.2 <audio>标签

<audio>标签用于定义网页中的音频，其使用方法与<video>标签的基本相同，语法格式如下。

```
<audio src="音频文件路径" controls>
  您的浏览器不支持 audio 标签
</audio>
```

<audio>标签支持以下 3 种格式。

① MP3 格式：一种数字音频压缩格式，其全称是动态影像专家压缩标准音频层面 3（Moving Picture Experts Group Audio Layer III，MP3），被用来大幅度地降低音频数据量。

② Ogg 格式：Ogg 格式类似 MP3 格式。同等条件下，Ogg 格式音频文件的音质、文件大小优于 MP3 格式的。

③ WAV 格式：录音时用的标准的 Windows 文件格式，其文件的扩展名为.wav，数据本身的格式为脉冲编码调制（Pulse Code Modulation，PCM）或压缩型，属于无损格式。

<audio>标签同样支持引入多个音频源，其语法格式如下。

```
<audio controls>
  <source src="音频文件地址" type="audio/格式">
  <source src="音频文件地址" type="audio/格式">
</audio>
```

在上述语法格式中，type属性用于指定音频文件的格式。MP3格式对应的type属性值为audio/mp3，Ogg格式对应的type属性值为audio/ogg，WAV格式对应的type属性值为audio/wav。

下面通过案例来讲解如何使用<audio>标签，具体实现步骤如下。

① 创建audio.html文件，在该文件中创建基础HTML5文档结构。

② 复制本章配套源代码中的audio文件夹并放在chapter02目录下，该文件夹保存了本章所有的音频素材。

③ 编写页面结构，具体代码如下。

```
1  <body>
2    <audio src="./audio/1.mp3" controls></audio>
3  </body>
```

在上述代码中，第2行代码的src属性用于设置音频文件的路径；controls属性用于显示音频控制栏，并提供播放、暂停、进度控制等功能。

保存上述代码后，在浏览器中打开audio.html文件，页面效果如图2-27所示。

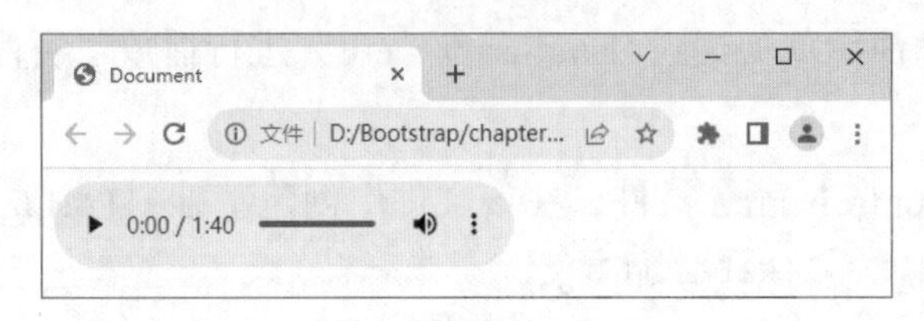

图2-27　音频页面效果

单击图2-27所示的音频控制栏中的按钮，可对音频进行暂停、播放等操作。

2.7.3　video对象和audio对象

在实际开发中，有时需要通过JavaScript控制视频或音频的播放、暂停或者更改播放进度。因此，HTML5提供了video对象和audio对象，这两个对象的方法和属性基本相同。

video对象和audio对象的常用属性如表2-3所示。

表2-3　video对象和audio对象的常用属性

属性	说明
currentSrc	返回当前视频或音频的URL
currentTime	设置或返回视频或音频中的当前播放位置（以秒为单位）

续表

属性	说明
duration	返回当前视频或音频的长度（以秒为单位）
ended	返回视频或音频是否已结束播放
error	返回表示视频或音频错误状态的 MediaError 对象
paused	设置或返回视频或音频是否暂停
muted	设置或返回视频或音频是否静音
loop	设置或返回视频或音频是否应在结束时重新播放
volume	设置或返回视频或音频的音量

video 对象和 audio 对象的常用方法如表 2-4 所示。

表 2-4 video 对象和 audio 对象的常用方法

方法	说明
play()	开始播放视频或音频
pause()	暂停当前播放的视频或音频
load()	重新加载视频或音频

下面通过案例来演示如何通过 JavaScript 对视频进行播放、暂停和静音控制，具体实现步骤如下。

① 创建 videoControls.html 文件，在该文件中创建基础 HTML5 文档结构。

② 编写页面结构，具体代码如下。

```
1  <body>
2    <video controls width="300" src="./video/02.mp4"></video>
3    <button>播放</button>
4    <button>暂停</button>
5    <button>静音</button>
6  </body>
```

③ 在步骤②的第 5 行代码下编写逻辑代码，实现对视频的控制，具体代码如下。

```
1  <script>
2    var video = document.getElementsByTagName('video')[0];
3    var btn = document.getElementsByTagName('button');
4    btn[0].onclick = function () {
5      video.play();
6    };
7    btn[1].onclick = function () {
8      video.pause();
9    };
```

```
10  btn[2].onclick = function () {
11    video.muted = !video.muted;
12  };
13 </script>
```

在上述代码中，第 2 行代码用于获取 video 对象；第 3 行代码用于获取 button 元素；第 4～6 行代码用于实现单击“播放”按钮时使视频播放；第 7～9 行代码用于实现单击“暂停”按钮时使视频暂停；第 10～12 行代码用于实现单击“静音”按钮时使视频静音或者取消静音。

保存上述代码后，在浏览器中打开 videoControls.html 文件，页面效果如图 2-28 所示。

图2-28　videoControls.html文件的页面效果

从图 2-28 可以看出，页面中显示了 1 个视频播放器和 3 个按钮。单击“播放”按钮后视频开始播放，单击“暂停”按钮可以使视频暂停，单击“静音”按钮可以使视频静音，再次单击“静音”按钮可以取消静音。

2.8　移动端 touch 事件

在前端开发中，经常使用事件来为元素添加交互效果。常见的事件包括鼠标事件、键盘事件和其他类型的事件等。然而，有一些事件是专为移动端设计的，只在移动设备中触发，例如与触摸操作相关的 touch 事件。本节将对移动端 touch 事件进行详细讲解。

2.8.1　touch 事件概述

touch 事件又称为触摸事件，是一组事件的统称，这组事件会在用户手指触摸屏幕的时候、手指在屏幕上滑动的时候或者手指从屏幕上离开的时候触发。其中主流的移动端浏览器支持 4 种最基本的 touch 事件，如表 2-5 所示。

表 2-5 touch 事件

事件	事件描述
touchstart	当手指触摸屏幕时触发
touchmove	当手指在屏幕上滑动时触发
touchend	当手指离开屏幕时触发
touchcancel	当系统取消 touch 事件时触发（如来电、弹出信息等）

在使用表 2-5 中的 touch 事件时，需要通过 addEventListener()方法为指定元素添加监听事件，示例代码如下。

```
1  <head>
2    <style>
3      .box {
4        width: 50px;
5        height: 50px;
6        background-color: red;
7      }
8    </style>
9  </head>
10 <body>
11   <div class="box"></div>
12   <script>
13     window.onload = function () {
14       var box = document.querySelector('.box');
15       // 触摸开始
16       box.addEventListener('touchstart', function () {
17         console.log('touchstart');
18       });
19       // 手指滑动
20       box.addEventListener('touchmove', function () {
21         console.log('touchmove');
22       });
23       // 触摸结束
24       box.addEventListener('touchend', function () {
25         console.log('touchend');
26       });
27     };
28   </script>
29 </body>
```

在上述示例代码中，addEventListener()方法的第 1 个参数表示事件名称，如'touchstart'，第 2 个参数 function()用于指定事件触发时执行的函数。需要注意的是，touchstart 事件和 touchend 事件只会触发一次，而 touchmove 事件是会持续触发的。

运行上述代码后，按“F12”键启动开发者工具，进入移动设备调试界面，查看 Console 选项卡，初始页面效果如图 2-29 所示。

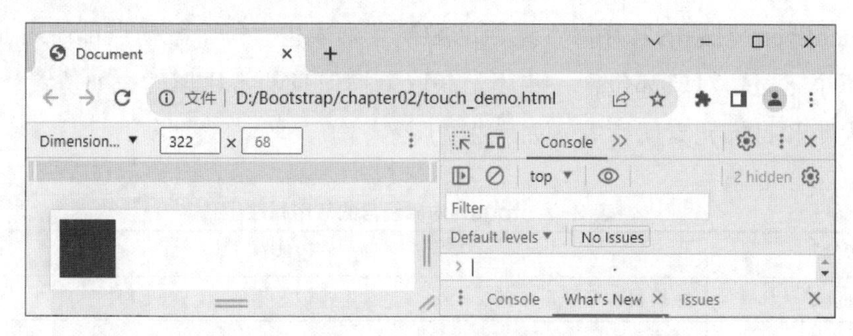

图2-29　初始页面效果

接下来通过鼠标指针对 div 元素的操作，来模拟用户手指在屏幕上对 div 元素的操作。首先将鼠标指针移到 div 元素上方，然后按住鼠标左键进行移动，最后松开鼠标左键，查看 Console 选项卡，如图 2-30 所示。

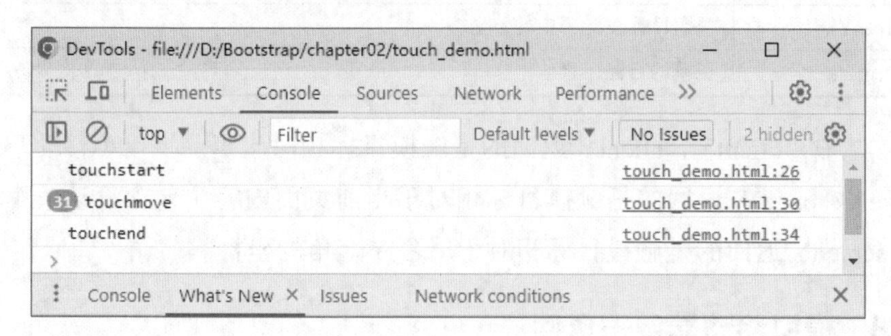

图2-30　Console选项卡

从图 2-30 可以看出，通过调用 addEventListener()方法，成功为 div 元素添加了监听事件，并在事件发生时执行相应的操作。

2.8.2　TouchEvent 对象

在 JavaScript 中，当一个事件发生后，与事件相关的一系列数据的集合都会放到一个对象里面，这个对象称为事件对象。touch 事件发生后产生的事件对象称为 TouchEvent 对象。TouchEvent 对象包含多个属性，用于获取 touch 事件的相关信息。TouchEvent 对象的常用属性如表 2-6 所示。

表 2-6　TouchEvent 对象的常用属性

属性	说明
touches	返回当前屏幕上所有触摸点的列表
targetTouches	返回当前元素上所有触摸点的列表
changedTouches	返回触发当前事件的触摸点的列表

需要注意的是，touches 属性和 targetTouches 属性只存储接触屏幕的触摸点，而想要获取触摸点最后离开的状态要使用 changedTouches 属性。

在 TouchEvent 对象的常用属性返回的触摸点列表中，每个触摸点都使用 touch 对象来表示。每个 touch 对象都包含一些用于获取触摸信息的常用属性，如位置、大小、形状、压力大小和目标元素属性等，如表 2-7 所示。

表 2-7 touch 对象包含的常用属性

属性	说明
clientX	触摸目标在视口中的 x 坐标
clientY	触摸目标在视口中的 y 坐标
identifier	标识触摸的唯一 ID
pageX	触摸目标在页面中的 x 坐标
pageY	触摸目标在页面中的 y 坐标
screenX	触摸目标在屏幕中的 x 坐标
screenY	触摸目标在屏幕中的 y 坐标
target	触摸的目标元素

在表 2-7 中，clientX、clientY 返回的是触摸目标相对于当前视口（移动端屏幕）的坐标，pageX、pageY 返回的是触摸目标相对于当前页面内容（包含滚动条）的坐标，screenX、screenY 返回的是触摸目标相对于屏幕左上角的坐标。

2.8.3 模拟移动端单击事件

在移动端使用单击事件（click 事件）时，会出现 300ms 左右的延迟，这是因为移动设备需要判断用户的操作属于单击还是双击，所以在用户第一次单击屏幕时，浏览器无法立刻判断用户的操作，因此浏览器会等待 300ms。如果在 300ms 内用户再次单击屏幕，浏览器就会认为这是一个双击操作，否则就会认为这是一个单击操作。

为了避免在移动端使用 click 事件时出现延迟，通常有两种解决方案。

第一种解决方案是禁用缩放功能。移动端浏览器通常包含缩放功能，直接在视口内禁用缩放功能可以解决 click 事件延迟的问题。

如果不想禁用缩放功能，可以选择第二种解决方案：利用 touchstart 事件和 touchend 事件模拟移动端的 click 事件。模拟的 click 事件必须满足以下要求。

① 当前只有一根手指触摸屏幕。

② 触摸屏幕的时长必须在 100ms 以内。

③ 确保没有滑动操作，如果有抖动必须保证抖动的距离在合理范围内。

下面通过案例来演示如何模拟移动端的 click 事件，具体实现步骤如下。

① 创建 touch_demo.html 文件，在该文件中创建基础 HTML5 文档结构。

② 编写页面结构和样式，具体代码如下。

```
1  <head>
2    <style>
3      div {
4        width: 100px;
5        height: 100px;
6        background-color: red;
7        border-radius: 50px 50px;
8      }
9    </style>
10 </head>
11 <body>
12   <div></div>
13 </body>
```

保存上述代码，此时页面中会显示一个红色的圆形盒子。

③ 在步骤②的第 12 行代码下编写页面逻辑，为元素添加 touchstart 事件，具体代码如下。

```
1  <script>
2    var div = document.querySelector('div');
3    var startTime, startX, startY;
4    div.addEventListener('touchstart', function(e) {
5      if (e.targetTouches.length > 1) {
6        return;
7      }
8      startTime = Date.now();
9      startX = e.targetTouches[0].clientX;
10     startY = e.targetTouches[0].clientY;
11     // 在这里可以进行一些与事件相关的初始化操作
12   });
13 </script>
```

在上述代码中，第 2 行代码用于获取 div 元素；第 3 行代码用于定义全局变量，startTime 变量用于记录手指开始触摸的时间，startX 变量和 startY 变量用于记录当前手指的坐标(x, y)。第 4～12 行代码用于为 div 元素添加 touchstart 事件，其中，第 5～7 行代码用于判断当前屏幕上有几个触摸点，如果有多个触摸点则通过 return 退出函数，第 8 行代码用于记录手指开始触摸的时间；第 9～10 行代码用于记录当前手指的坐标。

④ 在步骤③的第 12 行代码下编写代码，为元素添加 touchend 事件，具体代码如下。

```
1  div.addEventListener('touchend', function(e) {
2    if (e.changedTouches.length > 1) {
3      return;
```

```
4     }
5     // 判断触摸时长
6     console.log(Date.now() - startTime);
7     if (Date.now() - startTime > 100) {
8       return;
9     }
10    var endX = e.changedTouches[0].clientX;
11    var endY = e.changedTouches[0].clientY;
12    if (Math.abs(endX - startX) < 5 && Math.abs(endY - startY) < 5) {
13      console.log('此操作为单击');
14      // 执行事件响应后的操作
15    }
16  });
```

在上述代码中，第 7～9 行代码用于判断当前系统时间与手指开始触摸屏幕时间的时间差，该时间差不能超过 100ms，如果大于 100ms，就退出程序；第 12～15 行代码用于判断松开手指时的坐标与触摸开始时的坐标的距离差，该距离差不能小于 5px，如果小于 5px，就可以得出此操作是单击操作。

移动端触摸技术的发展体现了科技的进步和创新。在设计和开发移动端触摸技术的过程中，持续创新是取得重大突破和成就的关键。同时，我们也要确保科技的发展符合道德和社会责任。

本章小结

本章讲解了移动 Web 开发基础，主要包含屏幕分辨率和设备像素比、视口、CSS 样式初始化、CSS 变量、CSS 预处理器、Web Storage、视频和音频、移动端 touch 事件。通过对本章的学习，读者能够掌握移动 Web 开发的基础知识，并将所学的知识运用到实际项目开发中。

课后练习

一、填空题

1. 浏览器允许开发者通过________标签对视口进行配置。
2. 屏幕分辨率通常以________为单位。
3. 将屏幕实际的分辨率称为________。
4. 视口是指浏览器________的区域。
5. 通常可以使用________来重置默认样式，实现 CSS 样式初始化。

二、判断题

1. 屏幕分辨率是指一个屏幕上可以显示的像素数量。(　　)

2. 当<meta>标签中name属性值为viewport时，content属性用于设置视口参数的具体值，如视口宽度、视口高度、缩放比等。(　　)

3. Less文件的扩展名为.scss。(　　)

4. @1color是合法的Less变量名。(　　)

5. Web Storage中包含两个关键的对象，分别是localStorage和sessionStorage。(　　)

三、选择题

1. 下列选项中，关于Web Storage说法错误的是（　　）。

A. sessionStorage用于会话存储

B. localStorage用于本地存储

C. localStorage提供了clear(key)方法，用于删除键名为key的存储内容

D. 使用sessionStorage存储的数据，一旦关闭浏览器标签页，数据将自动清除

2. 下列选项中，关于touch事件说法错误的是（　　）。

A. touch事件是一组事件的统称

B. 当手指触摸屏幕时触发touchstart事件

C. 当手指在屏幕上滑动时触发touchcancel事件

D. 当手指离开屏幕时触发touchend事件

3. 下列选项中，用于设置视口初始缩放比的参数是（　　）。

A. initial-scale　　B. maximum-scale

C. minimum-scale　　D. user-scalable

4. 下列选项中，关于localStorage说法错误的是（　　）。

A. localStorage以键值对的形式将数据保存在浏览器中

B. localStorage可以在同一网站的多个页面中进行数据共享

C. 使用getItem()方法可以设置数据

D. 使用removeItem()可以删除对应键名的数据

5. 下列选项中，用于返回当前视频的URL的属性是（　　）。

A. currentSrc　　B. ended　　C. paused　　D. loop

四、简答题

1. 请简述Web Storage的特点。

2. 请简述sessionStorage和localStorage的区别。

五、操作题

编写JavaScript代码实现对音频的操作，具体要求如下。

① 单击“播放”按钮后音频开始播放。

② 单击“暂停”按钮可以使音频暂停。

③ 单击“静音”按钮可以使音频静音，再次单击“静音”按钮可以取消静音。

通过 JavaScript 代码实现对音频的操作的页面效果，如图 2-31 所示。

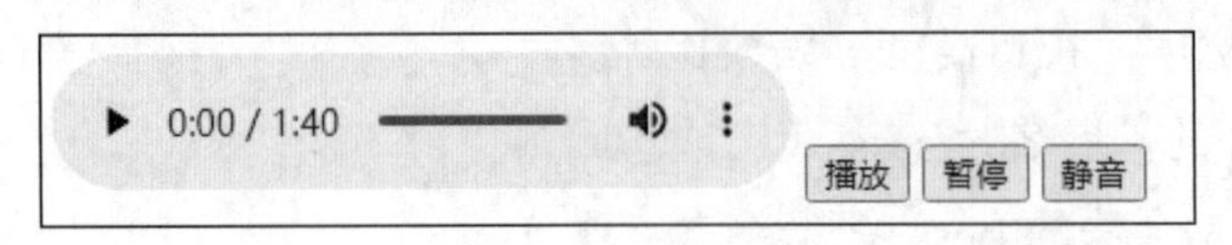

图2-31 通过JavaScript代码实现对音频的操作的页面效果

第3章

移动Web屏幕适配

学习目标

◆　掌握媒体查询的使用方法，能够根据视口宽度等条件调整页面的布局和样式

◆　掌握流式布局的使用方法，能够使用流式布局实现网页宽度自适应

拓展阅读

◆　掌握弹性盒布局的使用方法，能够使用弹性盒布局的相关属性创建响应式布局

◆　掌握 rem 单位的使用方法，能够根据根元素的字号使用 rem 单位设置元素的大小

◆　掌握 vw 单位和 vh 单位的使用方法，能够根据视口的变化使用 vw 单位和 vh 单位自动设置元素的大小

◆　掌握字体图标的使用方法，能够在网页中使用各种字体图标

◆　掌握二倍图的使用方法，能够灵活使用二倍图在高分辨率的设备中实现更清晰的图像

◆　掌握 SVG 的使用方法，能够完成 SVG 图像的定义和显示

在移动 Web 开发中，屏幕适配的目的是在不同设备的屏幕中展现最佳布局，提供更好的用户体验。开发者需要综合考虑页面在不同屏幕中的布局。其中常用的移动 Web 屏幕适配技术包括媒体查询、流式布局、弹性盒布局、rem 单位、vw 单位、vh 单位、字体图标、二倍图和 SVG。本章将对移动 Web 屏幕适配技术进行详细讲解。

3.1　媒体查询

媒体查询（Media Queries）是 CSS3 中的一项技术，它可以根据不同的媒体类型或视口大小应用不同的样式。例如，当视口宽度大于 1200px 时，增加页面的边距和字号。使用媒体查询可以创建响应式布局，还可以根据视口宽度等条件调整页面的样式，使页面在不同设备中呈现不同的效果。

在 CSS 中，媒体查询的代码与其他 CSS 代码的书写位置相同，既可以写在<style>标签中，也可以写在单独的 CSS 文件中，然后通过<link>标签引入 CSS 文件。

定义媒体查询的语法格式如下。

```
@media 媒体类型 逻辑操作符 (媒体特性) {
  选择器 {
    CSS 代码
  }
}
```

下面对上述语法格式中的每个组成部分进行讲解。

① @media：用于声明媒体查询。

② 媒体类型：用于指定媒体查询的媒体类型，常见的媒体类型包括 screen（屏幕设备）、print（打印机）、speech（屏幕阅读器）。若未指定媒体类型，则默认值为 all，表示所有设备。

③ 逻辑操作符：用于连接多个媒体特性以构建复杂的媒体查询，常见的逻辑操作符有 and（将多个媒体特性联合在一起）、only（指定特定的媒体特性）、not（排除某个媒体特性）。若未指定逻辑操作符，则默认值为 and。

④ 媒体特性：用于指定媒体查询的条件，由“属性:值”的形式组成。常用的媒体特性的属性包括 width（视口宽度）、min-width（视口最小宽度）、max-width（视口最大宽度）等。若未指定媒体特性，则媒体查询会被应用于所有设备和视口大小。

⑤ 选择器：用于设置在指定设备中满足媒体特性的选择器，以确定哪些元素将受到媒体查询的影响。

⑥ CSS 代码：用于设置在指定设备中满足媒体特性时，对应选择器所应用的 CSS 代码。

媒体查询的示例代码如下。

```
@media (max-width: 768px) {
  body {
    background-color: #ccc;
  }
}
```

在上述示例代码中，max-width: 768px 表示视口最大宽度为 768px，即当视口宽度小于等于 768px 时符合媒体查询条件，此时将 body 元素的背景颜色设为#ccc。

下面通过案例来讲解如何使用媒体查询实现对网页左侧列表区域隐藏的效果。假设网页分为左右两个区域，分别是左侧列表区域和右侧内容区域，当视口宽度小于等于

768px时隐藏左侧列表区域。隐藏左侧列表区域的具体实现步骤如下。

① 创建D:\Bootstrap\chapter03目录，并使用VS Code编辑器打开该目录。

② 创建media.html文件，在该文件中创建基础HTML5文档结构。

③ 编写页面结构，具体代码如下。

```
1  <body>
2    <div class="list">
3      <h4>岳飞-主要作品</h4>
4      <ul>
5        <li>《满江红·写怀》</li>
6        <li>《小重山·昨夜寒蛩不住鸣》</li>
7        <li>《满江红·登黄鹤楼有感》</li>
8      </ul>
9    </div>
10   <div class="content">
11     <h4>满江红·写怀</h4>
12     <h5>【宋】岳飞</h5>
13     <p> 怒发冲冠，凭栏处、潇潇雨歇。抬望眼、仰天长啸，壮怀激烈。三十功名尘与土，八千里路云和月。莫等闲、白了少年头，空悲切。</p>
14     <p> 靖康耻，犹未雪。臣子恨，何时灭。驾长车，踏破贺兰山缺。壮志饥餐胡虏肉，笑谈渴饮匈奴血。待从头、收拾旧山河，朝天阙。</p>
15   </div>
16 </body>
```

在上述代码中，第2～9行代码用于实现左侧列表区域的页面结构，第10～15行代码用于实现右侧内容区域的页面结构。

④ 编写页面样式，具体代码如下。

```
1  <style>
2    .list {
3      float: left;
4      width: 250px;
5      height: 200px;
6      border-right: 1px dashed black;
7    }
8    .content {
9      text-align: center;
10   }
11   @media (max-width: 768px) {
12     .list {
13       display: none;
14     }
15   }
16 </style>
```

在上述代码中，第2～7行代码用于设置具有.list类的元素的样式，包括让元素向左浮动、宽度为 250px、高度为 200px、右边框为 1px 的黑色虚线。第 8～10 行代码用于设置具有.content 类的元素的样式，使文本内容水平居中对齐。

第 11～15 行代码是媒体查询，这段代码在视口宽度小于等于 768px 时应用内部的样式规则，即隐藏具有.list 类的元素。

保存上述代码，在浏览器中打开 media.html 文件，按“F12”键启动开发者工具，进入移动设备调试模式，然后将移动设备的视口宽度设置为 983px，media.html 文件的页面效果如图 3-1 所示。

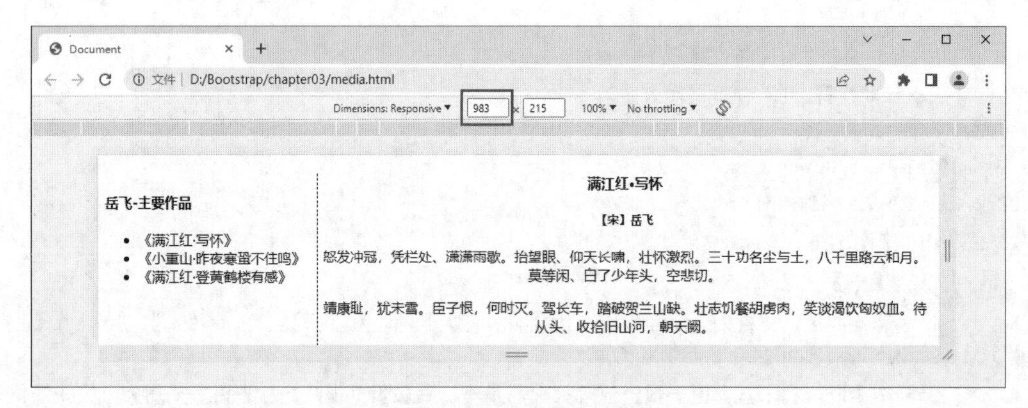

图3-1　media.html文件的页面效果（1）

从图 3-1 可以看出，当视口宽度为 983px 时，左侧列表区域和右侧内容区域均显示。将移动设备的视口宽度设置为 730px，media.html 文件的页面效果如图 3-2 所示。

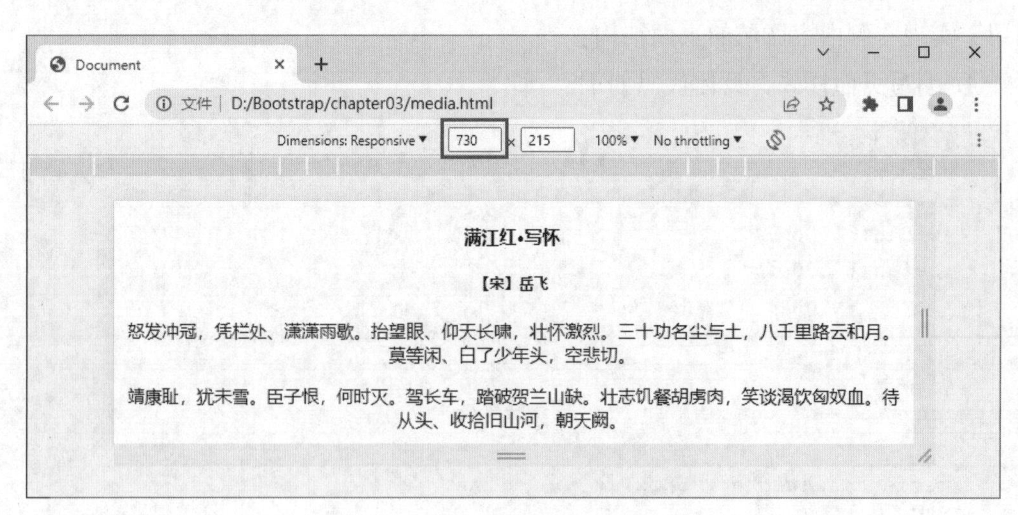

图3-2　media.html文件的页面效果（2）

从图 3-2 可以看出，当视口宽度为 730px 时，左侧列表区域被隐藏，右侧内容区域仍然显示。

通过媒体查询，可以根据不同设备的屏幕尺寸为用户提供最佳的体验。在开发中，我们应该考虑不同用户的需求，以确保所有用户都能获得良好的访问体验。

多学一招：<link>标签的 media 属性

如果需要为一个外联的 CSS 文件应用媒体查询，可以在使用<link>标签引入 CSS 文件之后，为<link>标签设置 media 属性，语法格式如下。

```
<link rel="stylesheet" ref="样式文件" media="媒体类型 逻辑操作符 (媒体特性)">
```

下面通过案例来演示<link>标签的 media 属性的使用方法，具体实现步骤如下。

① 创建一个名称为 style.css 的 CSS 文件，示例代码如下。

```
.main {
  border: 1px solid black;
}
```

在上述示例代码中，为具有.main 类的元素设置一个 1px 的黑色实线边框。

② 使用<link>标签引入 style.css 文件，示例代码如下。

```
<link href="style.css" media="(min-width: 768px)" rel="stylesheet">
```

在上述示例代码中，外联式媒体查询的 CSS 文件 style.css 仅在视口宽度大于等于 768px 时生效。

3.2 流式布局和弹性盒布局

在实现响应式布局时，为确保网页在不同屏幕尺寸的设备中都能给用户带来最佳的体验，往往采用宽度适配方案，即通过设置网页的宽度来适应不同屏幕尺寸的设备。这种方案通常使用流式布局和弹性盒布局来实现。本节将对流式布局和弹性盒布局进行详细讲解。

3.2.1 流式布局

流式布局，也称为百分比布局，是一种用于网页设计的布局方式，它使用百分比为单位来实现页面在不同设备中的自适应性，以确保内容能够合理显示。

实现流式布局的方法是将 CSS 中的固定像素宽度换算为百分比宽度。这样，目标元素宽度会按照相对于父容器宽度的比例来计算，从而实现宽度自适应，使得元素能够在不同屏幕尺寸的设备中自动调整大小。百分比宽度的换算公式如下。

```
百分比宽度 = 目标元素宽度 / 父容器宽度
```

将元素设置为流式布局的示例代码如下。

```
.item {
  width: 100%;
}
```

在上述示例代码中，将具有.item 类的元素的宽度设置为 100%，用于实现流式布局，这意味着该元素将占据其父容器的整个宽度。

下面通过案例来讲解如何使用流式布局实现一个底部标签栏，具体实现步骤如下。

① 创建 TabBar.html 文件，在该文件中创建基础 HTML5 文档结构。

② 复制本章配套源代码中的 images 文件夹并放在 chapter03 目录下，该文件夹保存了本章所有的图像素材。

③ 编写页面结构，具体代码如下。

```
1  <body>
2    <footer class="nav">
3      <ul>
4        <li>
5          <img src="images/home.png" alt="">
6          <span>首页</span>
7        </li>
8        <li>
9          <img src="images/compass.png" alt="">
10         <span>发现</span>
11       </li>
12       <li>
13         <img src="images/message.png" alt="">
14         <span>消息</span>
15       </li>
16       <li>
17         <img src="images/setting.png" alt="">
18         <span>设置</span>
19       </li>
20     </ul>
21   </footer>
22 </body>
```

在上述代码中：第 2～21 行代码用于设置页面的页脚部分，其中包含 ul 元素；第 4～19 行代码用于定义底部标签栏，其中包含多个 li 元素，每个 li 元素表示一个列表项，每个列表项中有一个 img 元素，用于设置标签栏的相关图标，列表项中还包含文本内容。

④ 编写页面样式，具体代码如下。

```
1  <style>
2    .nav {
3      width: 100%;
4      height: 60px;
5      padding: 10px 0;
6      border-top: 1px solid #ccc;
7      position: fixed;
```

```
8      left: 0;
9      bottom: 0;
10   }
11   .nav ul {
12     margin: 0;
13     padding: 0;
14   }
15   .nav li {
16     float: left;
17     width: 25%;
18     height: 60px;
19     list-style: none;
20     text-align: center;
21     position: relative;
22   }
23   .nav li img {
24     position: absolute;
25     top: 50%;
26     left: 50%;
27     transform: translate(-50%, -80%);
28   }
29   .nav li span {
30     position: absolute;
31     top: 50%;
32     left: 50%;
33     transform: translate(-50%, 35%);
34   }
35 </style>
```

在上述代码中，第 2～10 行代码用于设置具有.nav 类的元素的样式，包括宽度为 100%、高度为 60px、上下内边距为 10px、左右内边距为 0、上边框为 1px、颜色为#ccc 的实线，并将其固定定位在页面的底部。

第 11～14 行代码用于设置具有.nav 类的元素中的 ul 元素的样式，包括内、外边距均为 0。

第 15～22 行代码用于设置具有.nav 类的元素中的 li 元素的样式，包括使列表项浮动到左侧、宽度为 25%、高度为 60px、移除默认列表样式、文本居中对齐，以及将样式设置为相对定位。

第 23～28 行代码用于设置具有.nav 类的元素中的 li 元素中的 img 元素的样式，包括固定定位到页面中心（上边距、左边距均为 50%）、将图像向左移动 50%自身宽度的距离并向上移动 80%自身高度的距离。

第 29～34 行代码用于设置具有.nav 类的元素中的 li 元素中的 span 元素的样式，包括固定定位到页面中心（上边距、左边距均为 50%）、将图像向左移动 50%自身宽度的距离并向下移动 35%自身高度的距离。

保存上述代码，在浏览器中打开 TabBar.html 文件，按“F12”键启动开发者工具，进入移动设备调试模式，然后将移动设备的视口宽度设置为 576px，TabBar.html 文件的页面效果如图 3-3 所示。

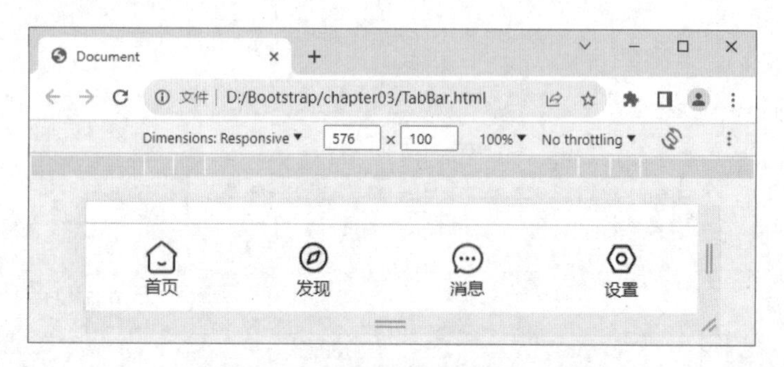

图3-3　TabBar.html文件的页面效果

从图 3-3 可以看出，使用流式布局成功设置底部标签栏。读者可以尝试对移动设备的视口宽度进行调整，调整后页面宽度会按照一定的比例进行缩放。

3.2.2　弹性盒布局

弹性盒（Flexible Box）布局又称为 Flex 布局，是一种增加了盒子模型灵活性的布局方式。使用弹性盒布局，可以轻松实现响应式布局，使元素的排列和对齐更加灵活。弹性盒布局主要由 Flex 容器和 Flex 元素组成。Flex 容器是指应用弹性盒布局的容器，该容器中的所有子元素称为 Flex 元素。

Flex 容器内有两根轴：主轴（Main Axis）和交叉轴（Cross Axis）。默认情况下主轴为水平方向，交叉轴为垂直方向。Flex 元素默认沿主轴排列，根据实际需要可以更改 Flex 元素的排列方式。

若要使用弹性盒布局，首先要设置父元素的 display 属性为 flex，表示将父元素设置为 Flex 容器，然后使用 Flex 容器和 Flex 元素的属性控制元素的排列和对齐。使用弹性盒布局的示例代码如下。

```
1  <style>
2    .container {
3      display: flex;
4      /* 在此使用 Flex 容器的属性 */
5    }
6    .box {
7      /* 在此使用 Flex 元素的属性 */
8    }
9  </style>
```

```
10 <body>
11   <div class="container">
12     <div class="box"></div>
13   </div>
14 </body>
```

下面对 Flex 容器和 Flex 元素的常用属性分别进行讲解，并进行案例演示。

1. Flex 容器的常用属性

Flex 容器的常用属性如下。

（1）flex-direction 属性

flex-direction 属性用于设置主轴的方向，即 Flex 元素的排列方向，可选值如下。

① row：默认值，主轴为从左到右的水平方向。

② row-reverse：主轴为从右到左的水平方向。

③ column：主轴为从上到下的垂直方向。

④ column-reverse：主轴为从下到上的垂直方向。

（2）flex-wrap 属性

flex-wrap 属性用于设置是否允许 Flex 元素换行，可选值如下。

① nowrap：默认值，表示不换行，Flex 容器为单行，该情况下 Flex 元素可能会溢出 Flex 容器。

② wrap：换行，Flex 容器为多行，Flex 元素溢出的部分会被放置到新的一行，第一行显示在上方。

③ wrap-reverse：反向换行，第一行显示在下方。

（3）justify-content 属性

justify-content 属性用于设置 Flex 元素在主轴上的对齐方式，可选值如下。

① flex-start：默认值，Flex 元素与主轴起点对齐。

② flex-end：Flex 元素与主轴终点对齐。

③ center：Flex 元素在主轴上居中排列。

④ space-between：Flex 元素两端分别对齐主轴的起点与终点，两端的 Flex 元素分别靠向 Flex 容器的两端，Flex 元素的间隔相等。

⑤ space-around：每个 Flex 元素两侧的距离相等，第一个 Flex 元素离主轴起点的距离和最后一个 Flex 元素离主轴终点的距离为中间 Flex 元素间距的一半。

（4）align-items 属性

align-items 属性用于设置 Flex 元素在交叉轴上的对齐方式，常用的可选值如下。

① normal：默认值，表示如果 Flex 元素未设置高度则 Flex 元素将占满整个 Flex 容器的高度；如果 Flex 元素设置高度则 normal 与 stretch 相同。

② stretch：Flex 元素将被拉伸以填充交叉轴方向上的剩余空间。

③ flex-start：Flex 元素顶部与交叉轴起点对齐。

④ flex-end：Flex 元素底部与交叉轴终点对齐。

⑤ center：Flex 元素在交叉轴上居中对齐。

2. Flex 元素的常用属性

Flex 元素的常用属性如下。

（1）order 属性

order 属性用于设置 Flex 元素的排列顺序。order 属性越小，排列越靠前，默认值为 0。

（2）flex-grow 属性

flex-grow 属性用于设置 Flex 元素的放大比例，默认值为 0，表示即使存在剩余空间，也不放大 Flex 元素。

（3）flex-shrink 属性

flex-shrink 属性用于设置 Flex 元素的缩小比例，默认值为 1，表示如果空间不足，就将 Flex 元素缩小。如果 flex-shrink 属性值为 0，表示 Flex 元素不缩小。

（4）flex-basis 属性

flex-basis 属性用于设置在分配多余空间之前，Flex 元素占据的主轴空间，默认值为 auto，表示 Flex 元素为本来的大小。

（5）flex 属性

flex 属性是 flex-grow 属性、flex-shrink 属性和 flex-basis 属性的组合属性，默认值为 0 1 auto。

3. 案例演示

下面通过案例来讲解如何使用弹性盒布局实现一个顶部导航栏，具体实现步骤如下。

① 创建 NavBar.html 文件，在该文件中创建基础 HTML5 文档结构。

② 编写页面结构，具体代码如下。

```
1  <body>
2    <nav class="navbar">
3      <div class="navbar-brand">
4        温馨小窝
5      </div>
6      <ul class="navbar-nav">
7        <li><a href="#">首页</a></li>
8        <li><a href="#">新闻资讯</a></li>
9        <li><a href="#">政策文件</a></li>
10       <li><a href="#">通知公告</a></li>
11       <li><a href="#">关于我们</a></li>
12     </ul>
13   </nav>
14 </body>
```

在上述代码中，第 3～5 行代码用于为顶部导航栏设置品牌标识，品牌名称为“温馨小窝”；第 6～12 行代码用于设置顶部导航栏的菜单，其中，第 7～11 行代码用于定义多个菜单项，包括首页、新闻资讯、政策文件、通知公告、关于我们。

③ 编写页面样式，具体代码如下。

```
1  <style>
2    .navbar {
3      display: flex;
4      justify-content: space-between;
5      align-items: center;
6      padding: 5px 20px;
7      border-bottom: 1px solid black;
8    }
9    .navbar-brand {
10     font-size: 24px;
11     font-weight: bold;
12   }
13   .navbar-nav {
14     display: flex;
15     list-style-type: none;
16   }
17   .navbar-nav li {
18     margin-left: 20px;
19   }
20   .navbar-nav li a {
21     text-decoration: none;
22     color: #333;
23   }
24 </style>
```

在上述代码中，第 2～8 行代码用于设置具有.navbar 类的元素的样式，包括设置弹性盒布局、Flex 元素在主轴上的对齐方式为两端对齐、Flex 元素在交叉轴上的对齐方式为居中对齐、上下内边距为 5px、左右内边距为 20px、下边框为 1px 的黑色实线。

第 9～12 代码用于设置具有.navbar-brand 类的元素的样式，包括字号为 24px，字体加粗显示。第 13～16 行代码用于设置具有.navbar-nav 类的元素的样式，包括设置弹性盒布局、隐藏列表的默认样式。

第 17～19 行代码用于设置具有.navbar-nav 类的 li 元素的样式，包括将左外边距设为 20px。第 20～23 行代码用于设置具有.navbar-nav 类的 li 元素中的 a 元素的样式，包括去除下划线、文字颜色为#333。

保存上述代码，在浏览器中打开 NavBar.html 文件，按“F12”键启动开发者工具，进入移动设备调试模式，然后将移动设备的视口宽度设置为 768px，NavBar.html 文件的页面效果如图 3-4 所示。

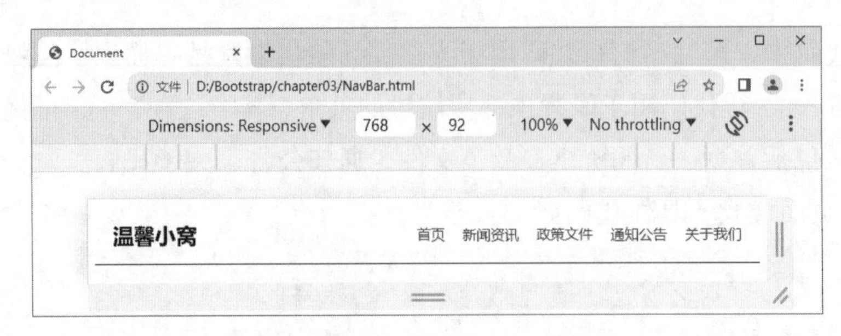

图3-4　NavBar.html文件的页面效果

从图 3-4 可以看出，使用弹性盒布局成功设置顶部导航栏。

3.3　rem 单位、vw 单位和 vh 单位

在进行屏幕适配时，除了宽度适配方案外，宽高等比适配方案也是一种常用的方法。宽高等比适配方案通过保持元素的宽高比例来适应不同屏幕尺寸的设备。这种方案使用 CSS 技术实现，通过使用相对单位（如 rem 单位、vw 单位、vh 单位）来设置元素的宽度，并根据宽度计算相应的高度，以保持元素的宽高比例不变。宽高等比方案可以确保在不同设备中的元素不会变形或失真，从而给用户提供一致的视觉体验。本节将对 rem 单位、vw 单位和 vh 单位进行详细讲解。

3.3.1　rem 单位

rem 单位是 CSS3 中引入的一种相对单位。当使用 rem 单位时，rem 单位的大小取决于根元素的字号（font-size），换算方式为 1rem 等于 1 倍根元素的字号。使用 rem 单位的优势在于，只需调整根元素的字号，就能同时改变整个页面中所有使用 rem 单位的元素的大小。

rem 单位的基本使用步骤如下。

① 设置根元素的字号，示例代码如下。

```
:root {
  font-size: 14px;
}
```

上述示例代码设置根元素的字号为 14px。

② 使用 rem 单位设置 div 元素的宽高，示例代码如下。

```
1  div {
2    width: 10rem;      /* 结果为 140px */
3    height: 10rem;     /* 结果为 140px */
4  }
```

在上述示例代码中，第 2～3 行代码用于设置 div 元素的宽度和高度分别为 10rem。由于 10rem 等于 10 倍根元素的字号，所以 div 元素的宽度和高度都为 140px。

下面通过案例来演示利用媒体查询，根据不同视口宽度动态改变根元素的字号，使其等于视口宽度的 1/10，然后使用 rem 单位设置页面中的元素的宽度和高度，从而实现等比例缩放效果。具体实现步骤如下。

① 创建 changeFontSize.html 文件，在该文件中创建基础 HTML5 文档结构。

② 编写页面结构，具体代码如下。

```
1  <body>
2    <div class="box"></div>
3  </body>
```

③ 编写页面样式，使用媒体查询检测不同的视口，并更改根元素的字号，具体代码如下。

```
1  <style>
2    @media (min-width: 375px) {
3      :root {
4        font-size: 37.5px;
5      }
6    }
7    @media (min-width: 414px) {
8      :root {
9        font-size: 41.4px;
10     }
11   }
12 </style>
```

在上述代码中：第 2～6 行代码用于设置当视口宽度大于等于 375px 时，根元素的字号为 37.5px；第 7～11 行代码用于设置当视口宽度大于等于 414px 时，根元素的字号为 41.4px。

④ 在<style>标签中使用 rem 单位，具体代码如下。

```
1  <style>
2    ……（原有代码）
3    .box {
4      width: 5rem;
5      height: 3rem;
6      background-color: #ccc;
7    }
8  </style>
```

在上述代码中，第 3～7 行代码用于设置具有.box 类的元素的样式，包括宽度为 5rem、高度为 3rem、背景颜色为#ccc。

保存上述代码，在浏览器中打开 changeFontSize.html 文件，按“F12”键启动开发者工具，进入移动设备调试模式，然后将移动设备的视口宽度设置为 375px，changeFontSize.html 文件的页面效果如图 3-5 所示。

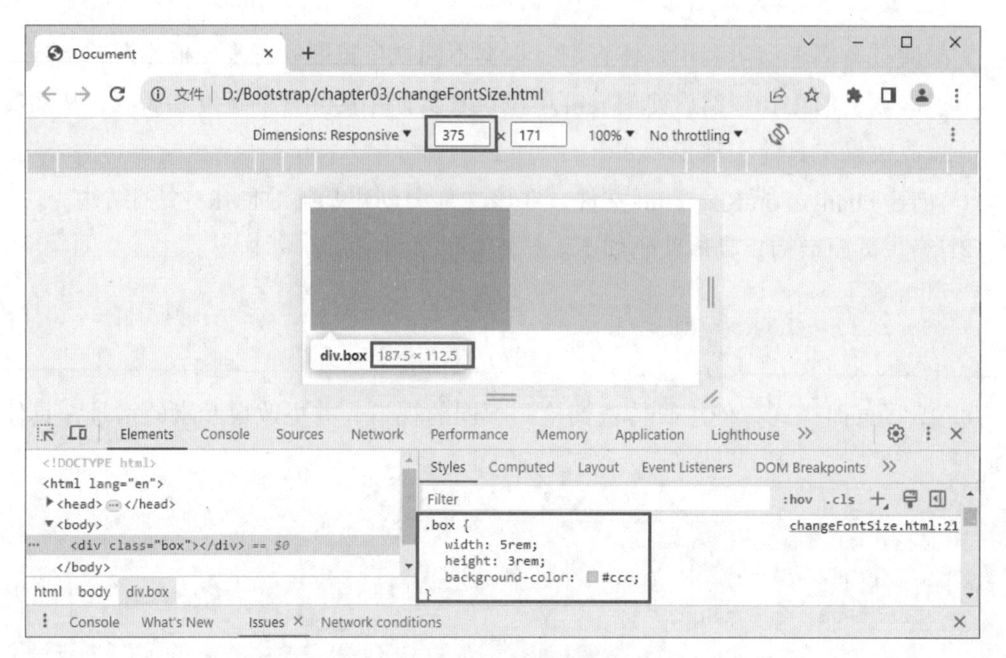

图3-5　changeFontSize.html文件的页面效果（1）

从图 3-5 可以看出，具有.box 类的元素的宽度为 187.5px，高度为 112.5px。

将移动设备的视口宽度设置为 414px，changeFontSize.html 文件的页面效果如图 3-6 所示。

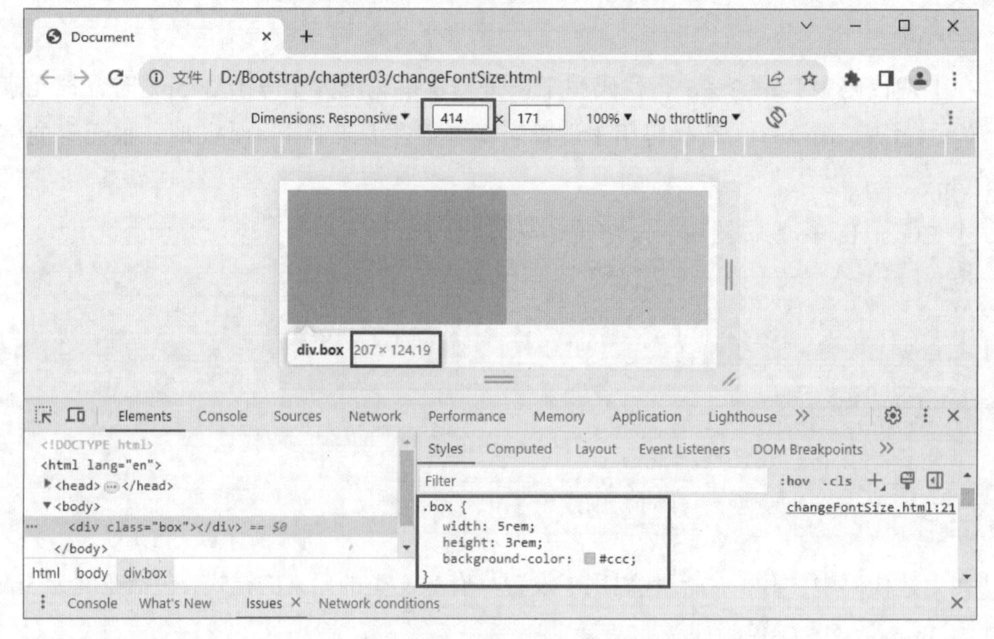

图3-6　changeFontSize.html文件的页面效果（2）

从图 3-6 可以看出，具有.box 类的元素的宽度为 207px，高度为 124.19px。

需要说明的是，在图 3-6 中，当根元素的字号为 41.4px 时，div 元素的高度为 124.19px。

如果手动计算 3rem 的大小，则 3×41.4px = 124.2px，该结果与 124.19px 略有差异，这是因为浏览器在进行浮点数运算时产生了精度损失。这个微小的差异通常对大多数网页设计没有影响。

3.3.2 vw 单位和 vh 单位

vw 单位和 vh 单位是以视口的宽度和高度作为参考的相对单位。当使用 vw 单位和 vh 单位时，浏览器会将视口的宽度和高度各分成 100 份，1vw 占据视口宽度的百分之一，1vh 占据视口高度的百分之一。例如，如果视口宽度为 375px，那么 1vw = 375px÷100 = 3.75px。这意味着使用 1vw 作为单位时，元素的大小为视口宽度的百分之一。同理，1vh 的大小为视口高度的百分之一。

通过使用 vw 单位和 vh 单位，可以使元素的大小和位置能够根据视口的变化而自动调整，以适应不同屏幕尺寸的设备。

在设置元素的宽度和高度时，不建议同时使用 vw 单位和 vh 单位。如果同时使用 vw 单位和 vh 单位来定义元素的宽度和高度，可能会导致元素在不同屏幕宽高比下显示不正确的比例或出现变形。

下面通过案例来讲解如何使用 vw 单位设置元素的宽度和高度，具体实现步骤如下。

① 创建 viewportunits.html 文件，在该文件中创建基础 HTML5 文档结构。

② 编写页面结构，具体代码如下。

```
1 <body>
2   <div class="box"></div>
3 </body>
```

③ 添加<style>标签，使用 vw 单位定义 div 元素的宽度和高度，具体代码如下。

```
1 <style>
2   .box {
3     width: 50vw;
4     height: 15vw;
5     background-color: pink;
6   }
7 </style>
```

在上述代码中，第 2～6 行代码用于设置具有.box 类的元素的样式，包括宽度为 50vw、高度为 15vw、背景颜色为 pink（粉色）。

保存上述代码，在浏览器中打开 viewportunits.html 文件，按“F12”键启动开发者工具，进入移动设备调试模式，将移动设备的视口宽度设置为 375px，viewportunits.html 文件的页面效果如图 3-7 所示。

从图 3-7 可以看出，div 元素的宽度为 187.5 px，高度为 56.25 px，说明使用 vw 单位设置元素的宽度和高度成功。

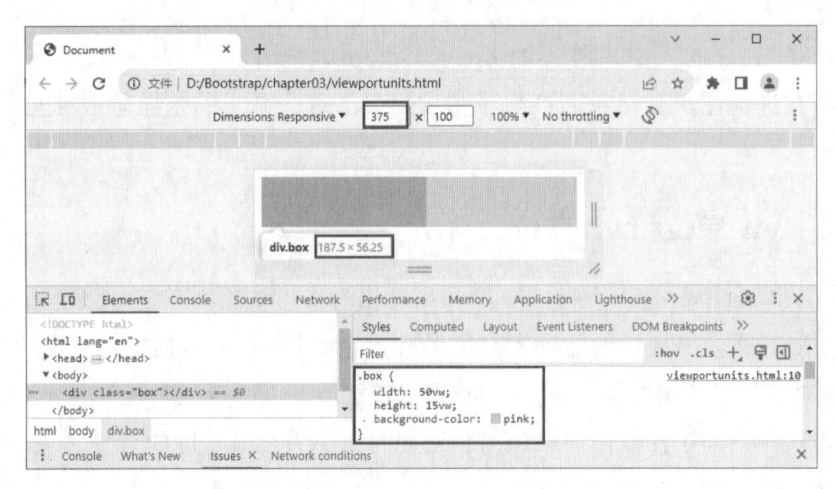

图3-7　viewportunits.html文件的页面效果

3.4　字体图标

在网页制作过程中，经常需要在网页中添加许多图标，以增加页面的美观性。由于网页在移动设备的屏幕中会因设备像素比而产生缩放，如果使用 PNG、JPG 等格式的图标，在网页缩放时图标可能会变得模糊，此时可以使用字体图标，因为字体图标属于矢量图，在网页缩放时不会变模糊。本节将对字体图标进行详细讲解。

3.4.1　什么是字体图标

字体图标是使用字体来呈现的图标，其本质上是一种字体。字体图标的每个图标都有对应的字符，当把网页中的某个元素的字体设置为字体图标后，该元素中的字体就会显示成对应的字符。在网页开发中，如果需要添加简单的小图标，则可以使用字体图标。

使用字体图标的优点如下。

（1）简单易用

使用字体图标时，只需提前下载好字体图标，并在网页中添加相应的标签和类即可将图标插入网页，无须使用图像文件。

（2）灵活性高

使用字体图标时，可以通过修改 CSS 字体属性来灵活地修改样式，例如调整图标的大小、颜色以及其他字体属性。因为字体图标都是矢量图，所以可以随意对图标进行缩放且图标不会失真，开发者能够自由地定制字体图标的外观。

（3）轻量级

使用字体图标时，只需要加载一种字体图标，而不是多个图像文件，从而减少页面请求的数量，提高页面加载速度。

（4）兼容性

几乎所有主流的浏览器都支持字体图标，例如 Chrome、Firefox、Safari 等。

3.4.2　下载字体图标

由于开发字体图标比较复杂，为了降低开发成本，在项目中通常使用网络上的各种图标库提供的字体图标。本书以 iconfont 图标库为例进行讲解，该图标库提供了丰富的常用图标集合，通过下载指定的字体图标即可使用。

通过 iconfont 图标库下载字体图标的具体步骤如下。

① 在浏览器中访问 iconfont 图标库的官方网站。若读者第 1 次访问该网站，则首先需要注册；若读者已经注册过该网站，则可直接登录。

② 将鼠标指针移到顶部导航栏的“素材库”，单击“官方图标库”进入官方图标库列表页面，如图 3-8 所示。

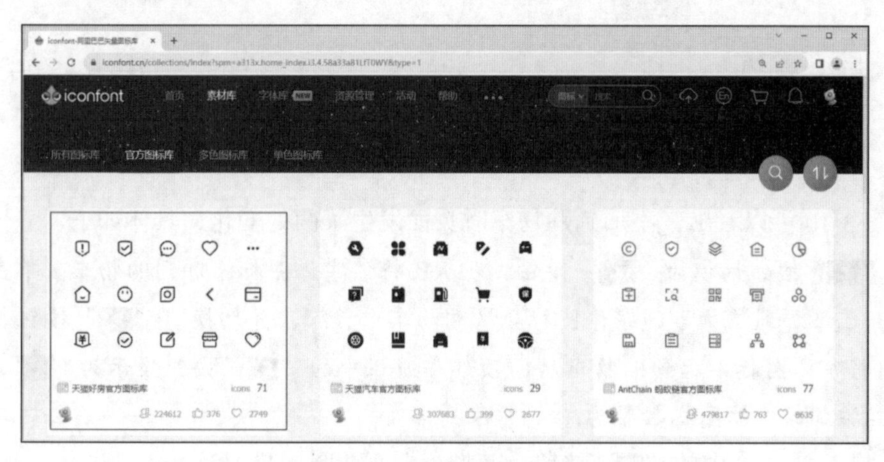

图3-8　官方图标库列表页面

③ 单击图 3-8 所示的官方图标库列表中的第 1 个图标库，打开一个新页面，当鼠标指针移到第 1 行第 3 列的字体图标时，图标库页面如图 3-9 所示。

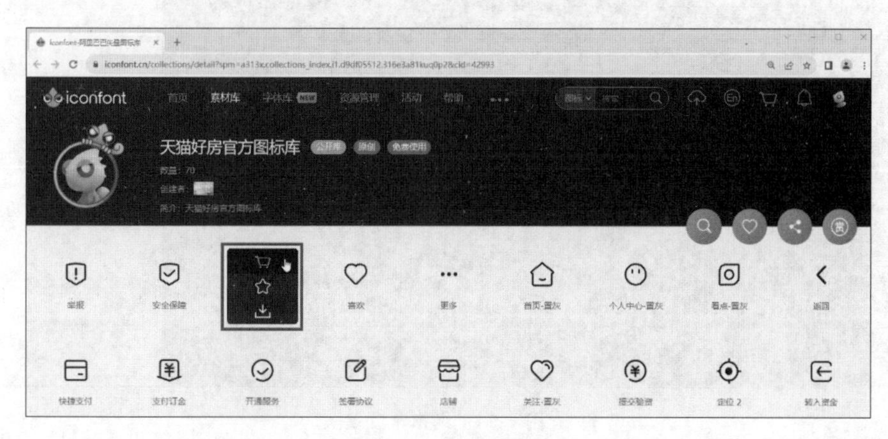

图3-9　图标库页面

从图 3-9 可以看出，当鼠标指针移到字体图标上时，该字体图标会被一个遮罩覆盖，从上到下依次显示“”“”“”3 个按钮，分别表示购物车、收藏和下载，用于对字体图标进行操作。

④ 单击图 3-9 中的“”按钮，将字体图标添加到购物车，添加到购物车页面如图 3-10 所示。

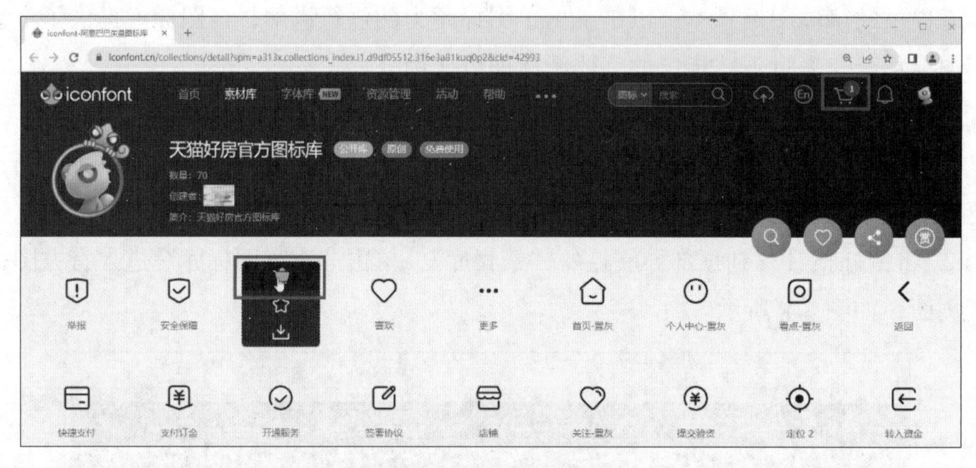

图3-10　添加到购物车页面

从图 3-10 可以看出，添加到购物车时页面发生了两处变化，具体如下。

- “”按钮切换为“”按钮，表示已将该字体图标添加到购物车。单击“”按钮后，已添加到购物车的字体图标会从购物车中移除，并切换回“”按钮。
- 将字体图标添加到购物车后，顶部导航栏中的“”按钮显示为“”按钮，表示已经添加的字体图标数量为 1。

⑤ 单击图 3-10 中的“”按钮，购物车页面如图 3-11 所示。

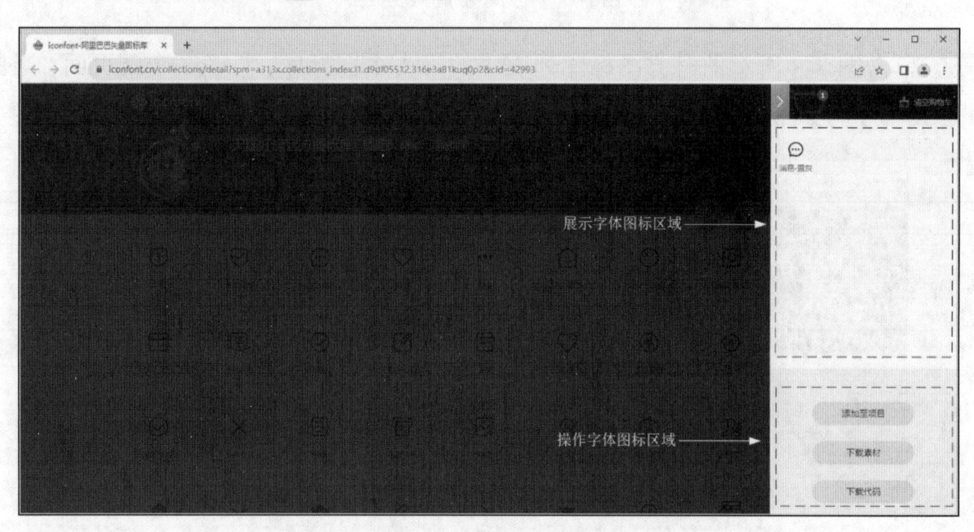

图3-11　购物车页面

从图3-11可以看出，购物车页面包含两个区域，分别为展示字体图标区域和操作字体图标区域，具体介绍如下。

- 展示字体图标区域用于字体图标的展示和删除。当鼠标指针移到展示字体图标区域中的某个字体图标时，该字体图标会被一个遮罩覆盖，并出现“”按钮，如图3-12所示。

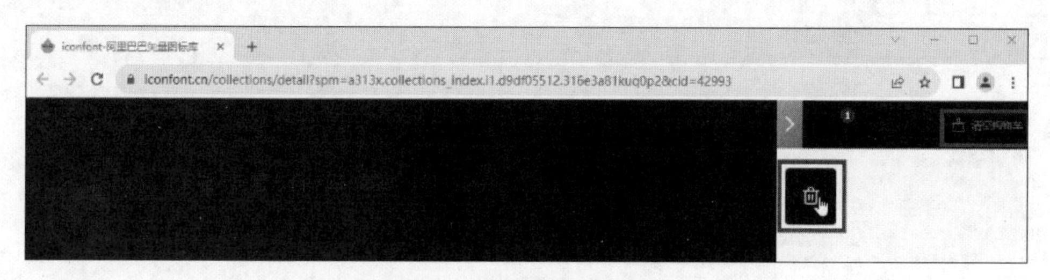

图3-12　删除字体图标页面

单击图3-12中的“”按钮，可以删除字体图标。单击图3-12所示页面中右上角的“清空购物车”按钮时，会删除购物车中所有的字体图标。

- 操作字体图标区域包含“添加至项目”“下载素材”“下载代码”3个按钮，分别用于将字体图标添加至项目、下载相关素材和获取相应的代码。这里推荐单击“添加至项目”按钮进行下载，因为这样可以获取较全的字体图标资源。

⑥ 单击图3-11中的“添加至项目”按钮，“加入项目”区域如图3-13所示。

图3-13　“加入项目”页面

⑦ 单击图3-13中的“”按钮，创建一个新项目并命名为“IconFont”。单击“确定”按钮后，跳转到IconFont项目中，IconFont项目页面如图3-14所示。

⑧ 单击图3-14中的“下载至本地”按钮，将字体图标下载至本地。下载完成后，会得到一个文件名为download.zip的压缩包文件，如图3-15所示。

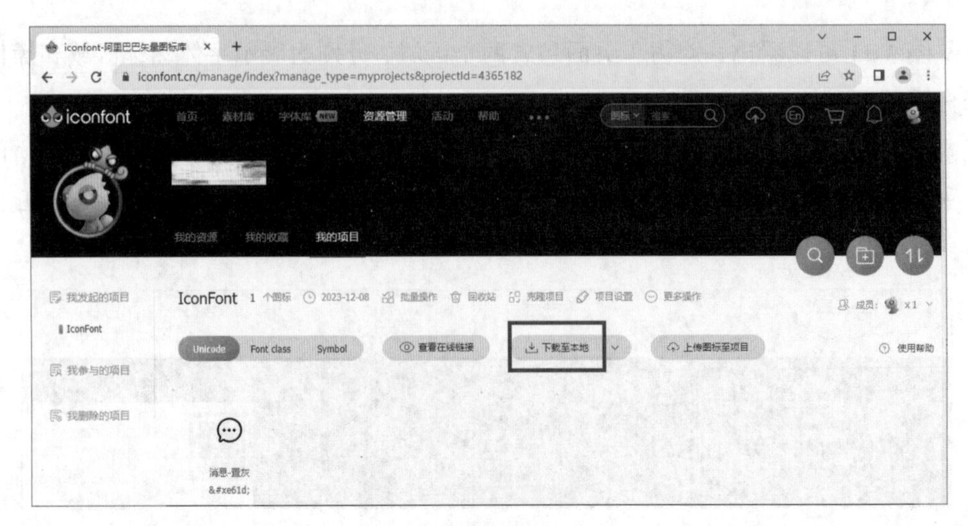

图3-14　IconFont项目页面

图3-15　压缩包文件

该压缩包文件中包含所有字体图标的素材。读者可以通过解压缩这个文件来访问其中的字体图标文件。

将图 3-15 所示的压缩包文件进行解压缩，解压缩后的文件目录如图 3-16 所示。

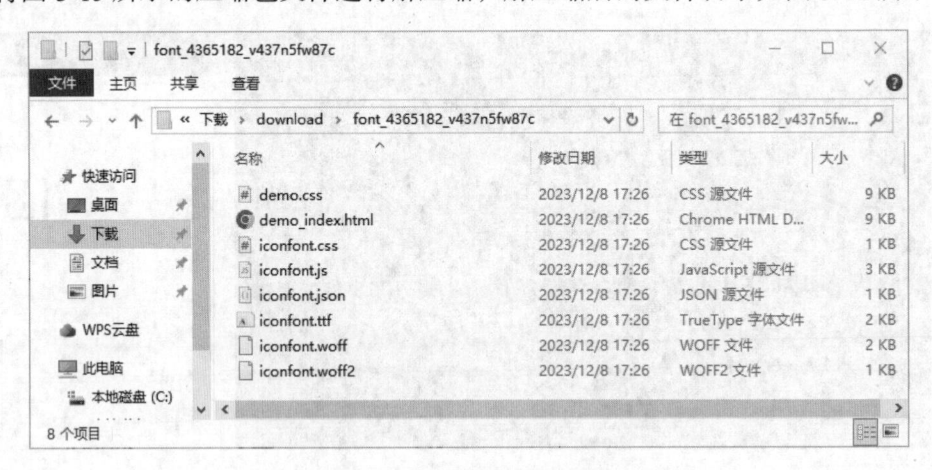

图3-16　解压缩后的文件目录

下面对图 3-16 中的文件进行简单介绍。

- demo.css：CSS 样式表文件，用于定义 demo_index.html 文件中元素的样式。
- demo_index.html：示例文件，用于演示如何使用字体图标。
- iconfont.css：字体图标的样式表文件，包含用于展示字体图标的样式代码。

- iconfont.js：字体图标的 JavaScript 文件，包含一些处理字体图标的逻辑代码。
- iconfont.json：字体图标的 JSON 文件，包含字体图标的相关配置信息。
- iconfont.ttf、iconfont.woff、iconfont.woff2：均为字体文件，用于存储字体图标的数据，它们分别对应不同的字体格式。

3.4.3　使用字体图标

在下载完字体图标后，若要在网页中使用字体图标，需要在网页的<head>标签中，使用<link>标签引入字体图标的样式表文件 iconfont.css。引入 iconfont.css 文件后，在页面中定义一个用于显示图标的容器，通常使用<span>、<i>、<div>等标签作为图标的容器。

图标容器需要设置两个类：第一个类是.iconfont 类，它被预先定义在 iconfont.css 文件中，用于应用图标的基础样式；第二个类是.icon-*图标类，表示使用某个具体图标。为了查询当前图标库中有哪些图标，可以在浏览器中打开 demo_index.html 文件，选择 Font class 选项卡，查看已经下载完成的字体图标的类名，如图 3-17 所示。

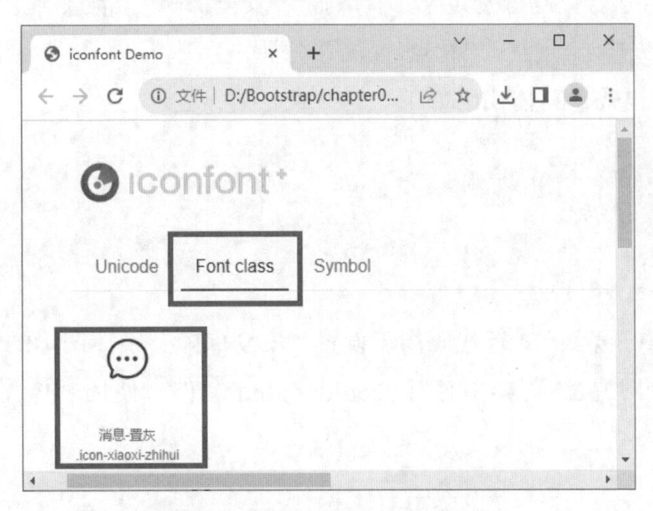

图3-17　demo_index.html文件页面

从图 3-17 可以看出，“消息-置灰”字体图标的类名为“.icon-xiaoxi-zhihui”。

利用<span>标签显示“消息-置灰”字体图标的示例代码如下。

```
<span class="iconfont icon-xiaoxi-zhihui"></span>
```

下面通过案例来讲解如何使用字体图标，具体实现步骤如下。

① 下载所需的字体图标。例如，下载图 3-9 所示的图标库页面中的第 1 行的 9 个字体图标，下载后解压缩，并将解压缩后的文件夹重命名为 iconfont，保存在 D:\Bootstrap\chapter03 目录。

② 创建 iconfont.html 文件，在该文件中创建基础 HTML5 文档结构。

③ 在<head>标签中，引入字体图标的样式文件 iconfont.css，具体代码如下。

```
<link rel="stylesheet" href="iconfont/iconfont.css">
```

④ 编写页面结构，具体代码如下。

```
1  <body>
2    <span class="iconfont icon-jubao"></span>
3    <span class="iconfont icon-anquanbaozhang"></span>
4    <span class="iconfont icon-xiaoxi-zhihui"></span>
5    <span class="iconfont icon-xihuan"></span>
6    <span class="iconfont icon-gengduo"></span>
7    <span class="iconfont icon-shouye-zhihui"></span>
8    <span class="iconfont icon-gerenzhongxin-zhihui"></span>
9    <span class="iconfont icon-kandian-zhihui"></span>
10   <span class="iconfont icon-fanhui"></span>
11 </body>
```

在上述代码中，<body>标签内包含 9 个<span>标签，每个<span>标签都应用了.iconfont 类，用于设置基本的字体图标样式，以及不同的.icon-*类，用于设置对应的字体图标。第 2～10 行代码分别定义了“举报”“安全保障”“消息-置灰”“喜欢”“更多”“首页-置灰”“个人中心-置灰”“看点-置灰”“返回”字体图标。

⑤ 编写页面样式，具体代码如下。

```
1  <style>
2    .icon-anquanbaozhang {
3      font-size: 24px;
4    }
5  </style>
```

在上述代码中，第 2～4 行代码用于设置“安全保障”字体图标的字号为 24px。

保存上述代码，在浏览器中打开 iconfont.html 文件，使用字体图标的页面效果如图 3-18 所示。

图3-18　使用字体图标的页面效果

从图 3-18 看出，字体图标在网页中成功显示，且第 2 个字体图标变大，说明设置字体图标的 CSS 样式成功。

3.5　二倍图

在移动 Web 开发中，为了确保网页中的图像在不同屏幕尺寸的设备中都能够完美呈现，需要解决设备像素比大于1带来的图像模糊问题。当设备像素比大于1时，网页在设备的屏幕上会被放大显示，如果网页中图像的分辨率过低，会导致图像模糊。

为了提高图像的清晰度和品质，我们可以使用二倍图。二倍图是一种图像宽度、高度皆为网页中设置的宽度、高度二倍的图像，它在设备像素比为2的设备中不会被放大。例如，网页中设置的图像分辨率为50px×50px，则二倍图的分辨率为100px×100px。因为设备像素比为2的设备会将50px×50px的图像放大为100px×100px的图像显示，所以二倍图会以原本的分辨率显示。

另外，移动端设备的屏幕像素比多种多样，为每一种设备都制作相应的图像是不现实的。因此，在实际开发中，二倍图是使用十分普遍的。

在网页中实现<img>标签图像的二倍图和背景图像的二倍图时，设置方法是不同的，下面分别进行讲解。

（1）实现<img>标签图像的二倍图

对于<img>标签，可以通过设置 width 和 height 属性来实现二倍图。具体做法是将 width 和 height 属性设置为实际图像分辨率的一半。例如，如果原始图像的分辨率是200px×200px，则应将width和height属性都设置为100px。

（2）实现背景图像的二倍图

对于使用背景图像的元素，可以通过设置background-size属性来实现背景图像的二倍图。具体操作是将background-size属性设置为实际图像分辨率的一半。例如，如果原始图像的分辨率是200px×200px，则应将background-size属性设置为“100px 100px”。

下面通过案例来演示如何使用二倍图，具体实现步骤如下。

① 复制本章配套源代码中的images文件夹并放在chapter03目录下，该文件夹保存了本章所有的图像素材。images文件夹中的bootstrap-logo@2x.png为二倍图，宽度、高度分别为100px、82px。bootstrap-logo.png为原始图像，宽度、高度分别为50px、41px。

② 创建picture.html文件，在该文件中创建基础HTML5文档结构。

③ 编写页面结构，具体代码如下。

```
1  <body>
2    <!-- 原图 -->
3    <img src="images/bootstrap-logo.png" alt="">
4    <!-- 二倍图 -->
5    <img src="images/bootstrap-logo@2x.png" alt="">
6    <!-- 背景图像二倍图 -->
7    <div></div>
8  </body>
```

在上述代码中，第3行代码用于展示原图；第5行代码用于展示二倍图；第7行代码用于展示背景图像二倍图。

④ 编写页面样式，具体代码如下。

```
1  <style>
2    img:nth-child(2) {
3      width: 50px;
4      height: 41px;
5    }
6    div {
7      width: 50px;
8      height: 41px;
9      border: 1px solid red;
10     background: url('images/bootstrap-logo@2x.png') no-repeat;
11     background-size: 50px 41px;
12   }
13 </style>
```

在上述代码中，第 2～5 行代码用于使用 CSS 选择器选择第 2 个 img 元素，设置元素的宽度、高度分别为 50px、41px；第 6～12 行代码用于使用元素选择器 div 设置元素的样式，包括设置宽度为 50px、高度为 41px、边框为 1px 的红色实线，指定图像的路径并使图像不重复显示，设置背景图像的宽度、高度分别为 50px、41px。

保存上述代码，在浏览器中打开 picture.html 文件，按“F12”键启动开发者工具，进入移动设备调试模式，将移动设备的视口宽度设置为 375px，picture.html 文件的页面效果如图 3-19 所示。

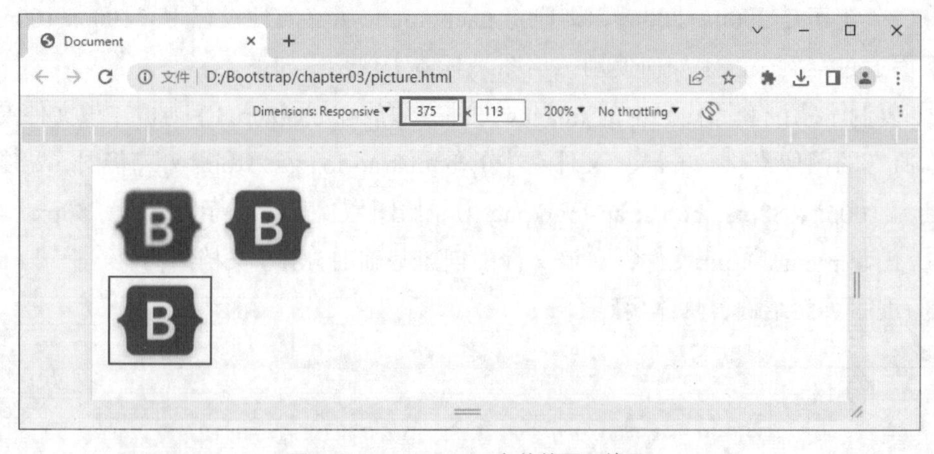

图3-19　picture.html文件的页面效果

在图 3-19 所示页面中，第 1 行左侧图像是原图，右侧图像是二倍图，第 2 行图像是二倍图。由此可见，二倍图在页面中显示得更清晰。

在开发项目时，合理使用图像可以增加页面的吸引力，吸引用户的注意，提高网页的点击率和用户的参与度。但是，在使用和传播图像时，我们必须时刻具备版权意识。随着互联网的发展，出现了许多图像素材网站，我们要确保不侵犯他人的著作权和肖像权等，不随意在网络上传播未经授权的图像。作为开发者，我们应该自律自德，承担社会责任，维护良好的网络环境。

3.6　SVG

在编写响应式页面时，开发者需要确保图像能够适应不同设备的屏幕尺寸，同时不会因为放大或缩小图像而导致图像失真或降低质量。在这种情况下，矢量图成为一种有效的解决方案。使用 SVG 可以很方便地创建矢量图。本节将对 SVG 进行详细讲解。

3.6.1　什么是 SVG

SVG（Scalable Vector Graphics，可缩放矢量图形）是一种基于 XML（Extensible Markup Language，可扩展标记语言）的描述矢量图的语言。

使用 SVG 定义的图像称为 SVG 图像。将 SVG 图像保存为文件时，通常会使用“.svg”作为文件的扩展名，表示该文件是 SVG 格式的图像文件。

与标量图像（如 JPEG 图像、PNG 图像）相比，SVG 图像具有很多优势。SVG 图像可以被无限放大而不会导致图像失真或者降低质量，并且文件体积更小、可压缩性更强。此外，修改 SVG 图像的内容非常方便，可以使用记事本、VS Code 编辑器等工具来编辑 SVG 图像，能轻松地修改图像的形状、颜色、大小等。

3.6.2　SVG 的基本使用方法

SVG 图像可以直接嵌入 HTML 页面中使用。嵌入 SVG 图像的方法有两种：一种是直接在 HTML 文件中使用<svg>标签定义 SVG 代码；另一种是将 SVG 图像保存为独立的扩展名为“.svg”的文件，然后在 HTML 文件中使用<img>标签引用该文件，这样可以更好地组织和管理 SVG 图像，使代码更清晰易读。

接下来讲解如何使用<svg>标签定义 SVG 代码。<svg>标签的语法格式如下。

```
<svg width="宽度值" height="高度值"></svg>
```

在上述语法格式中，width 属性用于设置 SVG 图像的宽度，height 属性用于设置 SVG 图像的高度。

在<svg>标签的内部，可以使用 SVG 提供的一些标签来绘制图形和文字。<svg>标签内部常用的标签有<circle>、<rect>、<ellipse>、<line>、<polyline>、<polygon>、<path>、<text>，分别用于定义圆形、矩形、椭圆形、线段、折线、多边形、路径和文字。

在<svg>标签内部的常用标签中可以通过添加属性设置样式，例如，<circle>标签的常用属性如表 3-1 所示。

表 3-1 <circle>标签的常用属性

属性	说明
cx	定义圆心的 x 轴坐标
cy	定义圆心的 y 轴坐标
r	定义圆形的半径
fill	定义填充颜色或文字颜色
fill-opacity	定义填充颜色的透明度
stroke	定义标签描边的颜色
stroke-width	定义描边的宽度

由于篇幅有限，本章仅讲解<circle>标签的常用属性。对于其他标签，有兴趣的读者可以查询相关文档进行学习。

下面通过案例来讲解如何使用<svg>标签和<circle>标签，具体实现步骤如下。

① 创建 svg.html 文件，在该文件中创建基础 HTML5 文档结构。

② 编写页面结构，具体代码如下。

```
1  <body>
2    <svg width="500" height="100" >
3      <circle cx="250" cy="50" r="40" stroke="black" stroke-width="2"
fill="#ddd">
4    </svg>
5  </body>
```

在上述代码中，第 2～4 行代码为 SVG 代码。其中，第 2 行代码用于设置 SVG 图像的宽度和高度，第 3 行代码通过<circle>标签定义圆形，该标签的 cx 和 cy 属性定义圆心的 x 轴和 y 轴坐标分别为 250 和 50；r 属性定义圆的半径为 40；stroke 属性设置描边颜色为黑色；stroke-width 属性设置描边宽度为 2；fill 属性设置填充颜色为#ddd。

保存上述代码，在浏览器中打开 svg.html 文件，svg.html 文件的页面效果如图 3-20 所示。

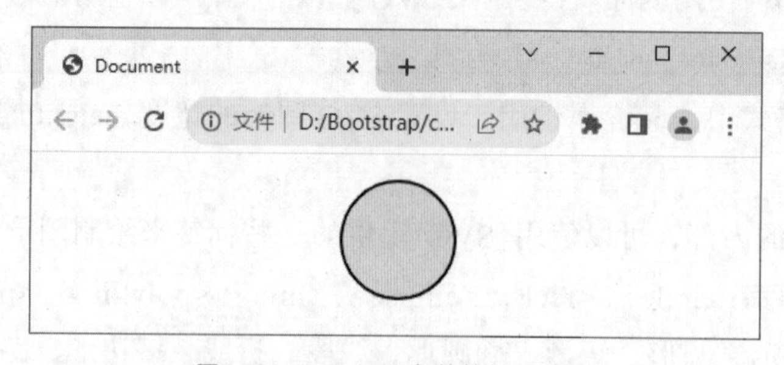

图3-20 svg.html文件的页面效果

从图 3-20 可以看出，成功绘制圆形 SVG 图像。另外，读者可以尝试将代码中的<circle>标签更换成其他图形或文字标签，来实现不同的图像效果。

本章小结

本章详细讲解了移动Web屏幕适配的相关技术，包括媒体查询、流式布局、弹性盒布局、rem单位、vw和vh单位、字体图标、二倍图和SVG。通过学习本章，读者能够掌握移动Web屏幕适配的相关技术，为后续学习打下坚实的基础。

课后练习

一、填空题

1. 字体图标的本质是______。
2. 常见的媒体类型包括______、print、speech。
3. 若要使用弹性盒布局，首先要设置父元素的display属性为______。
4. 相对单位主要包括______、______和vh单位。

二、判断题

1. 媒体查询可以根据视口宽度等条件设置不同样式，优化页面在不同设备中的显示效果。(　　)
2. 字体图标都是矢量图像，可以随意对字体图标进行缩放且字体图标不会失真。(　　)
3. 如果需要为一个外联的CSS文件应用媒体查询，可以在使用<link>标签引入CSS文件之后，为<link>标签设置media属性。(　　)
4. 实现流式布局的方法是将CSS中的固定像素宽度换算为百分比宽度。(　　)
5. 当使用rem单位时，rem单位的大小取决于根元素的字号。(　　)

三、选择题

1. 下列选项中，用于声明媒体查询的关键字是(　　)。

   A. @media　　B. screen　　C. and　　D. min-width

2. 下列选项中，关于媒体查询的相关内容说法错误的是(　　)。

   A. 媒体类型用于指定媒体查询的媒体类型
   B. 媒体特性用于指定媒体查询的条件
   C. 媒体类型由“属性:值”的形式组成
   D. 逻辑操作符用于连接多个媒体特性以构建复杂的媒体查询

3. 下列选项中，关于弹性盒布局的相关内容说法正确的是(　　)。

   A. 只有特定的元素可以设置弹性盒布局
   B. Flex容器内只有一根主轴

C. flex-direction 属性用于设置主轴的方向

D. align-items 属性用于设置是否允许项目换行

4. 下列选项中，用于设置 Flex 元素在主轴上对齐方式的属性是（　　）。

A. align-items　　B. justify-content　　C. flex-direction　　D. order

5. 下列选项中，根据根元素的字号计算结果的单位是（　　）。

A. rem　　B. 百分比　　C. vw　　D. vh

四、简答题

1. 请简述使用字体图标的优点。

2. 请简述 Flex 容器的常用属性及其作用。

五、操作题

使用弹性盒布局实现图文排列，其页面效果如图 3-21 所示。

锲而舍之，朽木不折；锲而不舍，金石可镂。

图3-21　图文排列的页面效果

第4章

Bootstrap开发基础

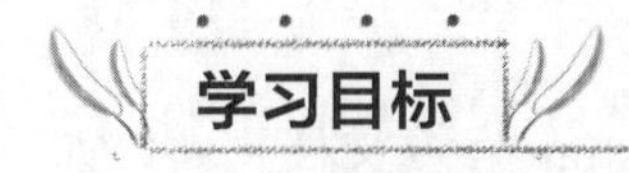

◆ 掌握 Bootstrap 的下载和引入，能够独立完成 Bootstrap 的下载和引入

◆ 掌握 Bootstrap 布局容器的使用方法，能够运用容器类创建不同特征的布局容器

拓展阅读

◆ 掌握 Bootstrap 栅格系统的使用方法，能够运用栅格系统创建页面布局

◆ 掌握 Bootstrap 工具类的使用方法，能够运用工具类根据不同的设备自动应用特定的样式

在使用 Bootstrap 进行响应式网页开发之前，首先要学习下载并引入 Bootstrap，然后学习 Bootstrap 的布局容器、栅格系统和工具类等知识。只有对这些知识有深入的理解，才能充分发挥 Bootstrap 的优势，并在实际项目中进行灵活且高效的开发。本章将对 Bootstrap 开发基础知识进行详细讲解。

4.1 Bootstrap 下载和引入

通过对第 1 章的学习，我们初步了解了 Bootstrap。在开始使用 Bootstrap 开发项目之前，我们需要完成准备工作，即下载并引入 Bootstrap。本节将对 Bootstrap 下载和引入进行详细讲解。

4.1.1 下载 Bootstrap

下载 Bootstrap 的具体步骤如下。

① 在浏览器中访问 Bootstrap 的官方网站，Bootstrap 官方网站首页如图 4-1 所示。

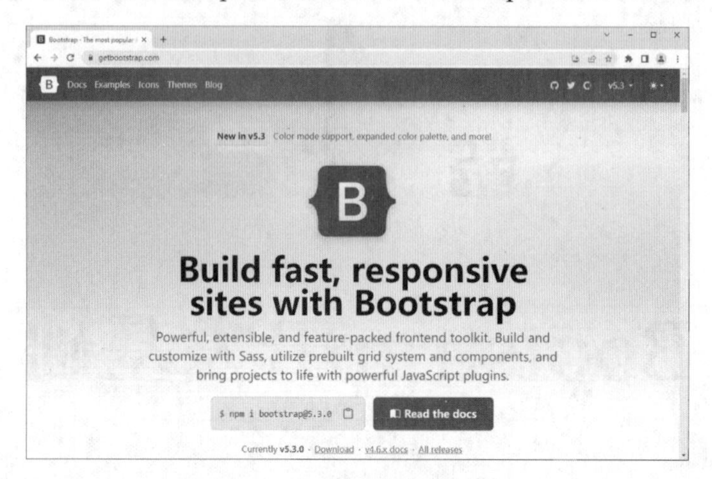

图4-1 Bootstrap官方网站首页

② 单击图 4-1 所示页面中的“Docs”链接，跳转到 Bootstrap 官方文档页面，如图 4-2 所示。

图4-2 Bootstrap官方文档页面

③ 单击图 4-2 所示页面中的“Download”链接，进入 Bootstrap 下载页面，如图 4-3 所示。

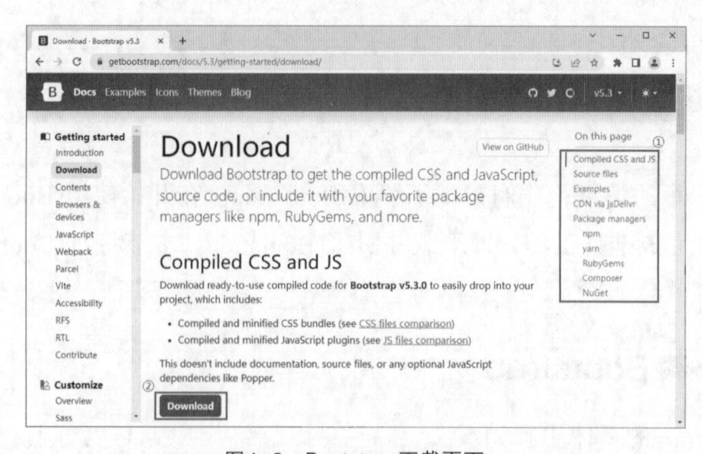

图4-3 Bootstrap下载页面

在图 4-3 所示页面中，序号①方框内的内容表示 Bootstrap 的不同下载方式的链接，具体解释如下。

- Compiled CSS and JS：单击该链接可以跳转到下载 Bootstrap 预编译文件的区域，预编译文件中包含已编译的 CSS 文件和 JavaScript 文件。
- Source files：单击该链接可以跳转到下载 Bootstrap 源代码文件的区域。
- Examples：单击该链接可以跳转到下载 Bootstrap 的示例文件的区域。
- CDN via jsDelivr：单击该链接可以跳转到获取内容分发网络（Content Delivery Network，CDN）链接的区域。
- Package managers：单击该链接可以跳转到通过常见的包管理器（例如 npm、yarn 等）下载 Bootstrap 的方法的区域。

本书基于 Compiled CSS and JS 下载方式进行讲解，因为这种方式下载的是编译后的 CSS 文件和 JavaScript 文件，使用起来比较简单，适合不需要进行自定义和定制化开发的场景。但是需要注意的是，预编译文件不包含示例文件和最初的源代码文件。

另外，读者在实际项目中可以根据自身的需求选择合适的下载方式。例如，如果需要进行自定义和定制化开发，可以选择下载 Bootstrap 的源代码文件。如果需要参考示例来理解如何使用 Bootstrap，可以下载并查看示例文件。

④ 单击图 4-3 所示页面中序号②方框内的“Download”按钮，将 Bootstrap 下载至本地。下载完成后，在下载目录中找到一个名为 bootstrap-5.3.0-dist.zip 的压缩包文件，如图 4-4 所示。

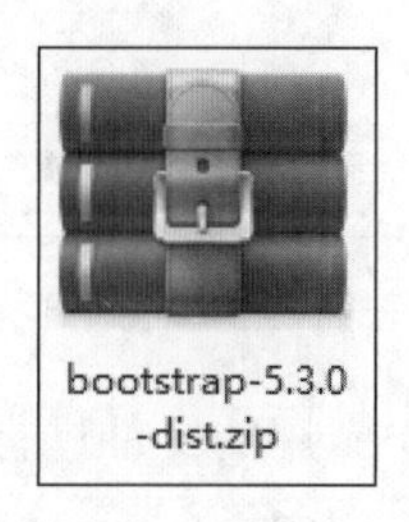

图4-4 bootstrap-5.3.0-dist.zip

⑤ 创建 D:\Bootstrap\chapter04 目录，解压缩图 4-4 所示的压缩包文件到该目录下，解压缩后的目录结构如下所示。

```
bootstrap-5.3.0-dist/
├── css/
└── js/
```

在 Bootstrap 的目录结构中，有两个文件夹，即 css 和 js，具体解释如下。

- css：用于存放 Bootstrap 的 CSS 文件。这些文件包含对各种常见 HTML 元素的样式定义，包括按钮、表格、表单等。通过引入 CSS 文件，可以快速地为 HTML 元素应用预定义的样式类，从而使网页具有统一的外观和风格。

- js：用于存放 Bootstrap 的 JavaScript 文件。这些文件提供一些组件的交互功能，例如导航栏、模态框、下拉框等。通过引入相应的 JavaScript 文件，可以使用组件的交互功能来增强网页的交互性。

css 文件夹、js 文件夹中的文件分别如图 4-5 和图 4-6 所示。

图4-5　css文件夹中的文件

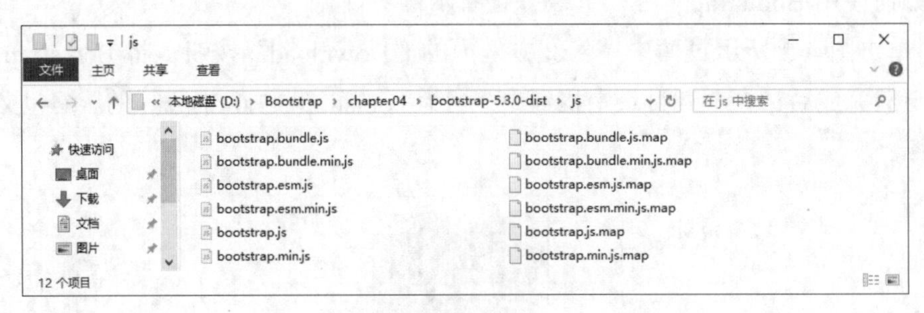

图4-6　js文件夹中的文件

下面对 css 文件夹和 js 文件夹中常用的文件进行介绍。

- bootstrap.css、bootstrap.js：未压缩的 CSS、JavaScript 文件。
- bootstrap.css.map、bootstrap.js.map：CSS、JavaScript 源码映射表文件。
- bootstrap.min.css、bootstrap.min.js：压缩后的 CSS、JavaScript 文件。
- bootstrap.min.css.map、bootstrap.min.js.map：压缩后的 CSS、JavaScript 源码映射表文件。
- bootstrap.bundle.js：该文件是捆绑了 Bootstrap 和 Popper.js 的 JavaScript 文件。其中，Popper.js 用于计算相对定位或绝对定位元素的位置，在 Bootstrap 中主要用于实现组件的弹出式效果。
- bootstrap.bundle.min.js：压缩后的捆绑了 Bootstrap 和 Popper.js 的 JavaScript 文件。

至此，下载 Bootstrap 完成。

4.1.2 引入 Bootstrap

在下载完 Bootstrap 后，若要在项目中使用 Bootstrap 来开发响应式网页，需要在 HTML 文件中引入 Bootstrap。

在实际开发中，读者可以复制已经解压缩的 Bootstrap 文件到项目中，并引入页面所需的文件。为了使网页具有更快的加载速度，建议引入压缩后的文件，如 bootstrap.min.css、bootstrap.min.js 和 bootstrap.bundle.min.js 等。这些文件占用空间较小，加载速度较快。如果只需要使用 Bootstrap 设置页面样式，则只引入 bootstrap.min.css 文件即可。如果需要使用 Bootstrap 提供的具有交互功能的组件，如轮播图、导航栏等，需要同时引入 bootstrap.min.css 和 bootstrap.min.js 文件。

下面通过案例来演示如何引入 Bootstrap，具体实现步骤如下。

① 创建 D:\Bootstrap\chapter04 目录，并使用 VS Code 编辑器打开该目录。

② 将解压缩的 bootstrap-5.3.0-dist 文件复制到 D:\Bootstrap\chapter04 目录下，以便在 HTML 文件中引用 Bootstrap。

③ 创建 demo.html 文件，在该文件中创建基础 HTML5 文档结构。

④ 使用<link>标签引入 bootstrap.min.css 文件，具体代码如下。

```
<link rel="stylesheet" href="bootstrap-5.3.0-dist/css/bootstrap.min.css">
```

在上述代码中，<link>标签的 href 属性用于指定要引入的文件路径。引入 bootstrap.min.css 文件后，可以在 HTML 文件中使用 Bootstrap 提供的样式类来实现不同的样式效果。

⑤ 使用<script>标签引入 bootstrap.min.js 文件，具体代码如下。

```
<body>
  <script src="bootstrap-5.3.0-dist/js/bootstrap.min.js"></script>
</body>
```

在上述代码中，<script>标签的 src 属性用于指定要引入的文件路径。引入 bootstrap.min.js 文件后，可以在 HTML 文件中实现 Bootstrap 的交互效果。

至此，已经成功在项目中引入 Bootstrap。

4.2 Bootstrap 布局容器

通过对第 3 章的学习，我们知道媒体查询可以用来检测视口宽度的变化，并根据不同的宽度应用不同的样式或布局。然而，手动编写媒体查询代码可能会增加开发的复杂性和工作量。为了提高开发效率，Bootstrap 提供了布局容器。该布局容器能够自动检测不同的视口宽度。本节将对 Bootstrap 布局容器进行详细讲解。

4.2.1 初识 Bootstrap 布局容器

在 Bootstrap 中，布局容器用于包裹内容元素。可以通过内置的容器类来创建布局容器，容器类中定义了预设的样式，例如宽度和边距。因此，通过使用不同的容器类创建的布局容器可以轻松地控制宽度和边距。

Bootstrap 提供了 3 种内置的容器类，具体如下。

① .container 类：用于创建默认布局容器。默认布局容器具有固定的宽度，并且会根据视口宽度自动调整宽度。

② .container-fluid 类：用于创建流式布局容器。流式布局容器会占据整个视口宽度，即容器宽度为 100%视口宽度。

③ .container-{sm|md|lg|xl|xxl}类：用于创建响应式布局容器，其中，sm、md、lg、xl、xxl 统称为类中缀，用于表示不同的断点。

Bootstrap 中的断点有超小、小、中、大、特大、超大之分，这些断点用于根据不同的视口宽度划分设备类型。Bootstrap 中的断点与设备类型、类中缀和视口宽度的关系如表 4-1 所示。

表 4-1 Bootstrap 中的断点与设备类型、类中缀和视口宽度的关系

断点	设备类型	类中缀	视口宽度
超小	超小型设备	无	小于 576px
小	小型设备	sm	大于或等于 576px 且小于 768px
中	中型设备	md	大于或等于 768px 且小于 992px
大	大型设备	lg	大于或等于 992px 且小于 1200px
特大	特大型设备	xl	大于或等于 1200px 且小于 1400px
超大	超大型设备	xxl	大于或等于 1400px

从表 4-1 可以看出，类中缀 sm、md、lg、xl、xxl 分别对应小、中、大、特大、超大断点。超小断点没有对应的类中缀，这是因为 Bootstrap 遵循移动设备优先的原则，超小断点被认为是默认的断点，不需要特定的类中缀来指定超小断点下的样式和布局。

容器类在不同设备中设定的宽度如表 4-2 所示。

表 4-2 容器类在不同设备中设定的宽度

容器类	超小型设备	小型设备	中型设备	大型设备	特大型设备	超大型设备
.container	100%	540px	720px	960px	1140px	1320px
.container-sm	100%	540px	720px	960px	1140px	1320px
.container-md	100%	100%	720px	960px	1140px	1320px
.container-lg	100%	100%	100%	960px	1140px	1320px
.container-xl	100%	100%	100%	100%	1140px	1320px
.container-xxl	100%	100%	100%	100%	100%	1320px
.container-fluid	100%	100%	100%	100%	100%	100%

从表 4-2 可以看出，当设备的宽度未达到指定的断点的宽度时，容器类设定的宽度为 100%；一旦设备的宽度达到指定的断点的宽度，容器类会设定一个固定宽度，如 540px、720px、960px 等。

4.2.2 Bootstrap 布局容器的使用方法

在 Bootstrap 中，通常使用<div>标签定义布局容器，并且通过添加合适的容器类，为布局容器赋予相应的布局样式。无论是文字、图像、表单，还是其他 HTML 元素，都能够被放置在布局容器内，从而实现所需的布局效果。

使用.container-sm 类创建一个布局容器的示例代码如下。

```
1  <div class="container-sm">
2    <!-- 在这里添加要布局的内容 -->
3  </div>
```

读者可以在第 2 行代码处通过添加<img>、<p>等标签来添加要布局的内容。

为了帮助读者更好地掌握 Bootstrap 布局容器的使用方法，下面通过案例来讲解如何使用 Bootstrap 布局容器，具体实现步骤如下。

① 创建 container.html 文件，在该文件中创建基础 HTML5 文档结构并引入 bootstrap.min.css 文件。

② 编写页面结构，具体代码如下。

```
1  <body>
2    <div class="container">
3      <h4>.container 类设置布局容器</h4>
4    </div>
5    <div class="container-fluid">
6      <h4>.container-fluid 类设置布局容器</h4>
7    </div>
8    <div class="container-sm">
9      <h4>.container-sm 类设置布局容器</h4>
10   </div>
11 </body>
```

在上述代码中，第 2～4 行代码使用<div>标签和.container 类创建了一个默认布局容器，并在该默认布局容器中添加了一个标题；第 5～7 行代码使用<div>标签和.container-fluid 类创建了一个流式布局容器，并在该流式布局容器中添加了一个标题；第 8～10 行代码使用<div>标签和.container-sm 类创建了一个响应式布局容器，并在该响应式布局容器中添加了一个标题。

保存上述代码，在浏览器中打开 container.html 文件，按“F12”键启动开发者工具，进入移动设备调试模式，将移动设备的视口宽度设置为 575px，以模拟超小型设备。

在开发者工具的元素面板中，找到包含.container 类、.container-fluid 类、.container-sm

类的 div 元素，将鼠标指针移到对应类的 div 元素后，单击 div 元素，查看该元素的相关信息。container.html 文件页面效果和元素面板的内容如图 4-7～图 4-9 所示。

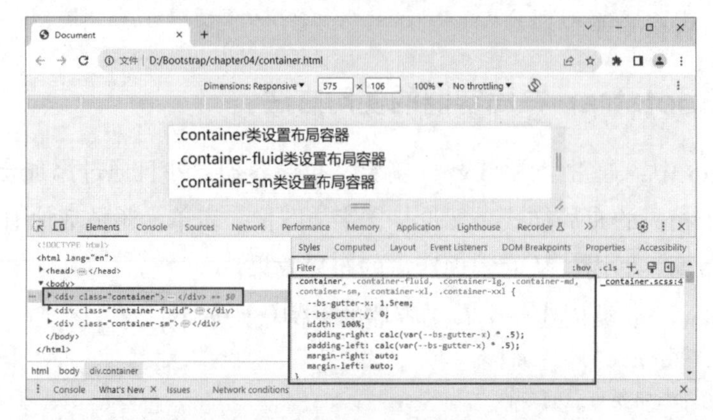

图4-7　container.html文件页面效果和元素面板的内容（1）

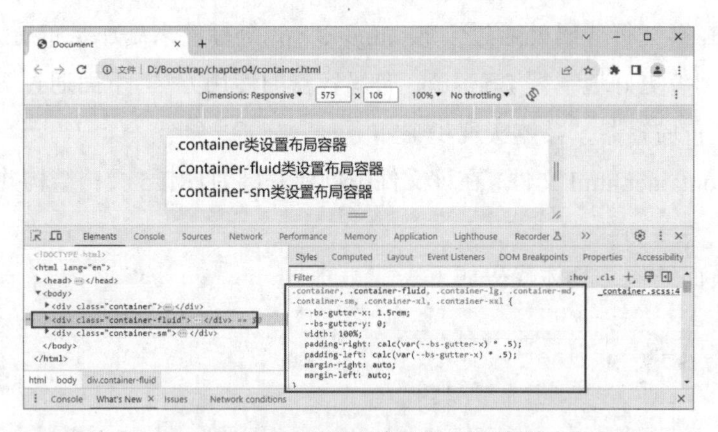

图4-8　container.html文件页面效果和元素面板的内容（2）

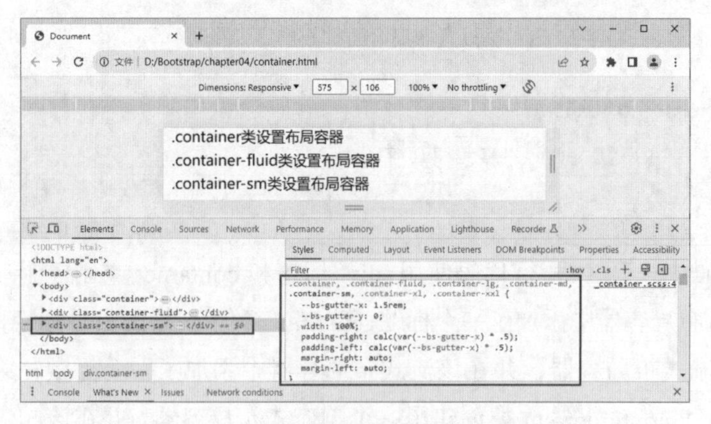

图4-9　container.html文件页面效果和元素面板的内容（3）

从图 4-7～图 4-9 所示页面可以看出，默认布局容器、流式布局容器和响应式布局容器的宽度均为 100%。读者可以尝试对移动设备的视口宽度进行调整，会发现在移动设备的视口宽度达到指定视口宽度 576px 之前（即视口宽度小于 576px 时），Bootstrap 布局容器的宽度为 100%。

将移动设备的视口宽度设置为 650px（模拟小型设备）时，在开发者工具的元素面板中，找到包含.container 类、.container-fluid 类、.container-sm 类的 div 元素，将鼠标指针移到对应类的 div 元素后，单击 div 元素，查看该元素的相关信息。container.html 文件页面效果和元素面板的内容如图 4-10～图 4-12 所示。

图4-10　container.html文件页面效果和元素面板的内容（4）

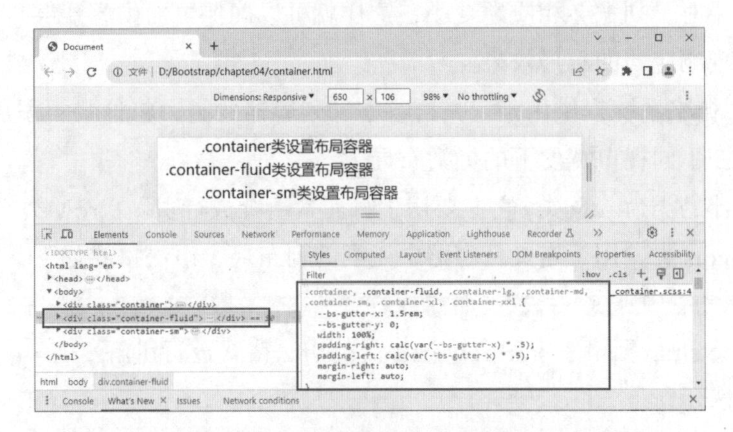

图4-11　container.html文件页面效果和元素面板的内容（5）

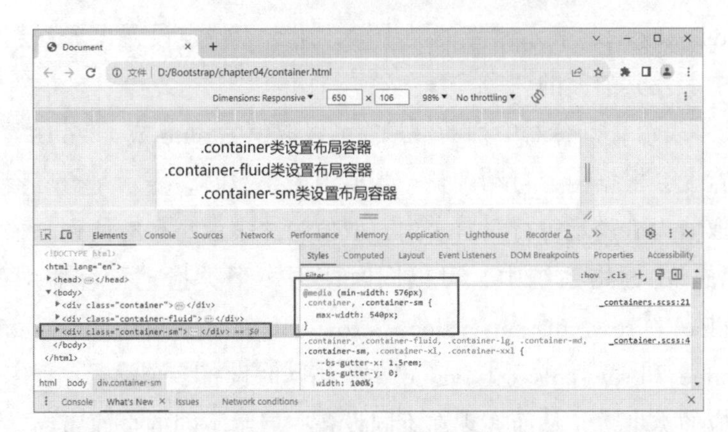

图4-12　container.html文件页面效果和元素面板的内容（6）

从图 4-10～图 4-12 所示页面可以看出，当移动设备的视口宽度为 650px 时，默认布局容器和响应式布局容器的宽度均为 540px，流式布局容器的宽度为 100%。读者可以尝试继续对移动设备的视口宽度进行调整，查看 container.html 文件页面效果和元素面板的内容。

4.3 Bootstrap 栅格系统

在开发响应式网页时，通常会同时使用 Bootstrap 的布局容器和栅格系统。Bootstrap 提供一套响应式、以移动设备为优先的栅格系统。使用 Bootstrap 的栅格系统，可以使网页能够自动适应各种终端设备，从而为用户提供更好的使用体验。本节将对 Bootstrap 栅格系统进行详细讲解。

4.3.1 初识 Bootstrap 栅格系统

Bootstrap 栅格系统（Grid Systems）是基于 12 列布局的系统，通过行（row）和列（column）的组合来创建页面布局。通过将内容分配到列上，开发者可以灵活地控制布局。当视口宽度缩小时，列宽会相应地变小，这样就可以确保页面内容能够自动适应视口宽度的变化，实现响应式的布局效果。

Bootstrap 栅格系统提供用于定义行容器和列容器的类，将这些类添加到<div>标签中，可以实现在不同视口宽度下的灵活布局。

定义行容器的类为.row 类，它主要用于将元素组合成行。除了.row 类之外，Bootstrap 还提供了.row-cols 类，用于定义行容器中元素的列布局，语法格式如下。

```
.row-cols-{sm|md|lg|xl|xxl}-{value}
```

下面对 Bootstrap 栅格系统中.row-cols 类的语法格式进行讲解。

① row：表示行。

② cols：表示列。

③ {sm|md|lg|xl|xxl}：表示断点的类中缀，用于为特定设备设置列。使用超小断点时，应省略类中缀及其前面的“-”。

④ {value}：表示每行容器中列的数量。可以取值为 auto 或 1～6 的整数。当取值为 auto 时，列的宽度会根据内容自动调整；当取值为整数时，表示每行容器中具有的固定列数。例如，取值为 1 表示每行只有一列，取值为 2 表示每行有两列，依此类推。

在 Bootstrap 的栅格系统中，可以同时使用多个类指定行容器中列的个数。例如.row-cols-{value}、.row-cols-sm-{value}、.row-cols-md-{value}、.row-cols-lg-{value}、.row-cols-xl-{value}和.row-cols-xxl-{value}类。当同时设置多个类时，程序会根据当前视口宽度来使相应的类生效，从而实现在不同设备中展示不同的页面布局。

如果没有为当前设备设置相应的类，Bootstrap 会自动使用小于当前设备的类中最接近当前设备的类。例如，当同时设置.row-cols-{value}类和.row-cols-md-{value}类时，如果当前设备是小型设备，则.row-cols-{value}类将会生效。

定义列容器的类的语法格式如下。

```
.col-{sm|md|lg|xl|xxl}-{value}
```

下面对 Bootstrap 栅格系统中定义列容器的类的语法格式进行讲解。

① col：表示列。

② {sm|md|lg|xl|xxl}：表示断点的类中缀，用于为特定设备设置列。使用超小断点时，应省略类中缀及其前面的“-”。

③ {value}：表示元素在一行中所占的列数，取值为 auto 或 1～12。当取值为 auto 时，列的宽度会根据内容自动调整。当取值为 1～12 时，列会被固定为等宽的列，其中，12 表示一整行的宽度。如果 1 行超过 12 列，超出的列会自动换行。

例如，使用.col-6 类定义的列容器在所有设备中占据 6 列的宽度，相当于设置宽度为 50%；使用.col-sm-3 类定义的列容器在小型及以上设备中占据 3 列的宽度，相当于设置宽度为 25%。

定义列容器的类可以写多个，即可以同时设置.col-{value}类、.col-sm-{value}类、.col-md-{value}类、.col-lg-{value}类、.col-xl-{value}类和.col-xxl-{value}类。当同时设置多个类的时候，程序会根据当前视口宽度来使相应的类生效，从而实现在不同设备中展示不同的页面布局。

如果没有为当前设备设置相应的类，Bootstrap 会自动使用小于当前设备的类中最接近当前设备的类。例如，当同时设置.col-{value}类和.col-md-{value}类时，如果当前设备是小型设备，则.col-{value}类生效。

4.3.2　Bootstrap 栅格系统的使用方法

在使用 Bootstrap 栅格系统时，首先需要在布局容器中创建一个.row 类的<div>标签作为行容器，然后在行容器的内部创建列容器。通过在列容器的<div>标签中添加.col 类，可以定义不同视口宽度下的列宽。

在布局容器中定义栅格系统的行容器和列容器的示例代码如下。

```
<div class="container">
  <div class="row">
    <div class="col-3">
      <!-- 在此处定义列的内容-->
    </div>
    <div class="col-3">
      <!-- 在此处定义列的内容-->
    </div>
  </div>
</div>
```

在上述示例代码中，通过一个.row 类的<div>标签定义了一个行容器，通过两个.col-3 类的<div>标签定义了两个列容器，每个列容器占据行容器 3 列的宽度，相当于设置宽度为 25%。

Bootstrap 栅格系统支持在列容器中嵌套行容器，示例代码如下。

```
<div class="row">
  <div class="col-3">
    <div class="row">
      <div class="col-6"></div>
      <div class="col-6"></div>
    </div>
  </div>
</div>
```

在上述示例代码中，.col-3 类的列容器中嵌套了行容器，该行容器内包含两个.col-6 类的列容器，每个列容器占据行容器 50%的宽度。

除此之外，Bootstrap 栅格系统还提供.offset-{sm|md|lg|xl|xxl}-{value}类，用于将列容器向右侧偏移。该类主要通过增加当前元素的左外边距（margin-left）实现，value 的取值范围为 1～12，表示偏移的列数。

为了使读者更好地掌握 Bootstrap 栅格系统的使用方法，下面通过案例来讲解如何使用 Bootstrap 栅格系统实现导航栏效果。

导航栏效果的实现思路：首先定义导航栏的页面结构，使用.container-fluid 类定义一个流式布局容器；然后在流式布局容器中定义行和列，实现在中型及以上设备（视口宽度≥768px 的设备）中，导航栏的所有导航项在同一行显示，而在中型以下设备（视口宽度＜768px 的设备）中，每个导航项占据整个视口宽度。

实现导航栏效果的具体步骤如下。

① 创建 NavigationBar.html 文件，在该文件中创建基础 HTML5 文档结构并引入 bootstrap.min.css 文件。

② 编写页面结构，具体代码如下。

```
1  <body>
2    <div class="container-fluid">
3      <ul class="row">
4        <li class="col-md-3">首页</li>
5        <li class="col-md-3">通知公告</li>
6        <li class="col-md-3">合作交流</li>
7        <li class="col-md-3">关于我们</li>
8      </ul>
9    </div>
10 </body>
```

在上述代码中，第 2 行和第 9 行代码用于定义流式布局容器；第 3 行和第 8 行代码用于定义 Bootstrap 栅格系统的行；第 4～7 行代码用于创建 Bootstrap 栅格系统的列，每一列表示一个导航项。每个 li 元素都使用了.col-md-3 类，这意味着在中型及以上设备（视口宽度≥768px）中，每个 li 元素的宽度都为 25%。

③ 编写页面样式，具体代码如下。

```
1  <style>
2    .row {
3      padding: 0;
4    }
5    li {
6      list-style: none;
7      text-align: center;
8      padding: 10px;
9      font-size: 20px;
10     border: 1px solid black;
11   }
12 </style>
```

在上述代码中，第 2～4 行代码用于将具有.row 类的元素的内边距设置为 0；第 5～11 行代码用于设置 li 元素的样式，包括隐藏列表项目符号、文本居中、内边距为 10px、字号为 20px、边框为 1px 的黑色实线。

保存上述代码，在浏览器中打开 NavigationBar.html 文件，按“F12”键启动开发者工具，进入移动设备调试模式，将移动设备的视口宽度设置为 768px（模拟中型设备）时的页面效果如图 4-13 所示。

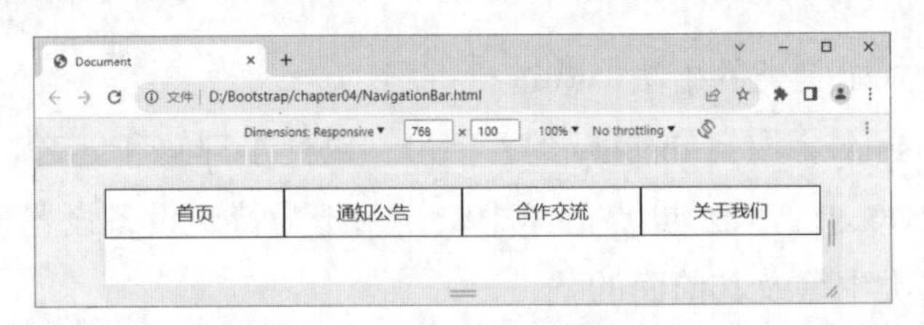

图4-13　将移动设备的视口宽度设置为768px时的页面效果

从图 4-13 所示页面可以看出，当移动设备视口宽度设置为 768px 时，所有的导航项在同一行，呈现导航栏水平排列的效果。

将移动设备的视口宽度设置为 576px（模拟小型设备）时的页面效果如图 4-14 所示。

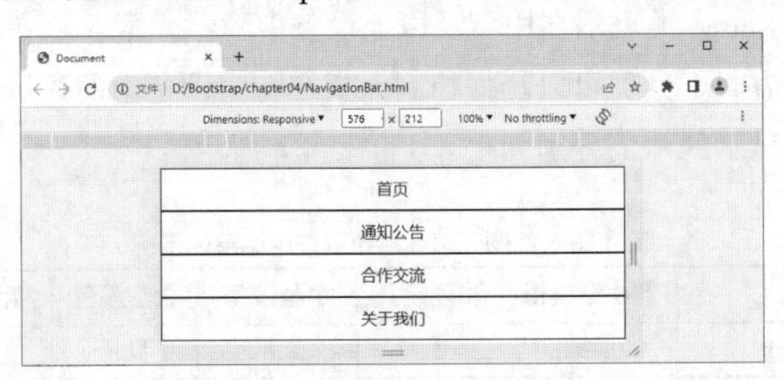

图4-14　将移动设备的视口宽度设置为576px时的页面效果

从图 4-14 所示页面可以看出，当移动设备视口宽度设置为 576px 时，每一个导航项单独显示为一行，呈现导航栏垂直排列的效果。

学习栅格系统后，我们明白了设置不同列可以调整网页布局，使页面在不同设备中都能呈现良好效果。在团队中，每个成员都扮演着重要角色，就像栅格系统中的列一样。团队合作是成功的关键，每个成员应理解彼此的工作，互相支持和配合，以达到最佳效果。

4.4 Bootstrap 工具类

在 Bootstrap 中，工具类是非常有用的，通过它们可以使设备的视口宽度自动应用特定的样式。常用的 Bootstrap 工具类有显示方式工具类、边距工具类和弹性盒布局工具类。本节将对这 3 种工具类进行详细讲解。

4.4.1 显示方式工具类

在屏幕尺寸较大的设备中，因设备拥有较大的屏幕，所以可以显示更多的信息；而在屏幕尺寸较小的设备中，展示过多的信息会导致页面过于“拥挤”。因此，在进行响应式页面开发时，常常需要根据不同的设备类型控制元素的显示与隐藏，这时可以借助显示方式工具类来实现。

显示方式工具类的语法格式如下。

```
.d-{sm|md|lg|xl|xxl}-{value}
```

下面对显示方式工具类的语法格式进行讲解。

① d：表示 display，取自 display 的首字母，以便于理解和记忆。

② {sm|md|lg|xl|xxl}：表示断点的类中缀，用于为特定设备设置显示方式。使用超小断点时，应省略类中缀及其前面的“-”。

③ {value}：表示 d 的不同取值，包括 none（隐藏）、block（块）、inline（行内）、inline-block（行内块）、flex（Flex 容器）、inline-flex（内联的 Flex 容器）等。

根据显示方式工具类的语法格式，可以选取不同的类中缀和值来使用显示方式工具类。例如，.d-none 类表示在所有设备中隐藏元素，.d-sm-none 类表示在小型及以上设备中隐藏元素，.d-md-none 类表示在中型及以上设备中隐藏元素。

通过组合显示方式工具类可以轻松控制元素在特定设备中的显示方式。控制元素在特定设备中隐藏和显示的示例分别如表 4-3 和表 4-4 所示。

表 4-3 控制元素在特定设备中隐藏的示例

示例	超小型设备	小型设备	中型设备	大型设备	特大型设备	超大型设备
.d-none .d-sm-block	隐藏	显示	显示	显示	显示	显示
.d-sm-none .d-md-block	显示	隐藏	显示	显示	显示	显示

续表

示例	超小型设备	小型设备	中型设备	大型设备	特大型设备	超大型设备
.d-md-none .d-lg-block	显示	显示	隐藏	显示	显示	显示
.d-lg-none .d-xl-block	显示	显示	显示	隐藏	显示	显示
.d-xl-none .d-xxl-block	显示	显示	显示	显示	隐藏	显示
.d-xxl-none	显示	显示	显示	显示	显示	隐藏

表 4-4　控制元素在特定设备中显示的示例

示例	超小型设备	小型设备	中型设备	大型设备	特大型设备	超大型设备
.d-sm-none	显示	隐藏	隐藏	隐藏	隐藏	隐藏
.d-none .d-sm-block .d-md-none	隐藏	显示	隐藏	隐藏	隐藏	隐藏
.d-none .d-md-block .d-lg-none	隐藏	隐藏	显示	隐藏	隐藏	隐藏
.d-none .d-lg-block .d-xl-none	隐藏	隐藏	隐藏	显示	隐藏	隐藏
.d-none .d-xl-block .d-xxl-none	隐藏	隐藏	隐藏	隐藏	显示	隐藏
.d-none .d-xxl-block	隐藏	隐藏	隐藏	隐藏	隐藏	显示

下面通过案例来讲解如何使用显示方式工具类实现元素在不同设备中的显示与隐藏，具体实现步骤如下。

① 创建 ResponsiveToolClass.html 文件，在该文件中创建基础 HTML5 文档结构并引入 bootstrap.min.css 文件。

② 编写页面结构，具体代码如下。

```
1  <body>
2    <div class="d-none d-sm-block">
3      纸上得来终觉浅，绝知此事要躬行。
4    </div>
5    <div class="d-sm-none">
6      学非探其花，要自拔其根。
7    </div>
8  </body>
```

在上述代码中，第 2～4 行代码在定义的 div 元素中添加了.d-none 类、.d-sm-block 类，表示在超小型设备中隐藏该元素、在小型及以上设备（视口宽度≥576px）中显示该元素；第 5～7 行代码在定义的 div 元素中添加了.d-sm-none 类，表示在小型及以上设备（视口宽度≥576px）中隐藏该元素。

保存上述代码，在浏览器中打开 ResponsiveToolClass.html 文件，按“F12”键启动开发者工具，进入移动设备调试模式，将移动设备的视口宽度设置为 577px（模拟小型设备）时的页面效果如图 4-15 所示。

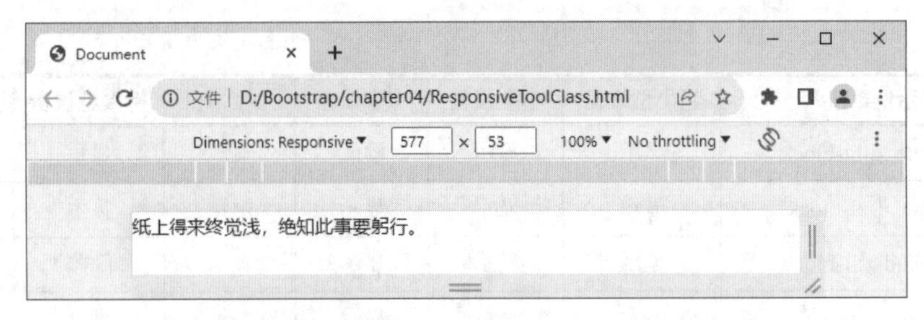

图4-15 将移动设备的视口宽度设置为577px时的页面效果

从图 4-15 可以看出，当移动设备视口宽度设置为 577px 时，“纸上得来终觉浅，绝知此事要躬行。”显示，“学非探其花，要自拔其根。”隐藏。

将移动设备的视口宽度设置为 575px（模拟超小型设备）时的页面效果如图 4-16 所示。

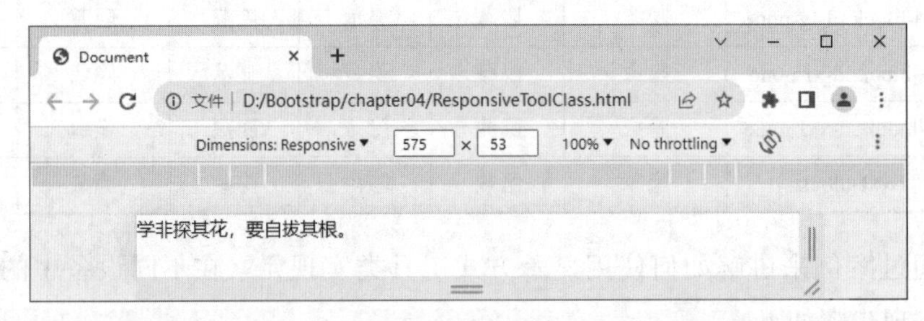

图4-16 将移动设备的视口宽度设置为575px时的页面效果

从图 4-16 可以看出，当移动设备视口宽度设置为 575px 时，“纸上得来终觉浅，绝知此事要躬行。”隐藏，“学非探其花，要自拔其根。”显示。

4.4.2 边距工具类

在 CSS 中，经常通过 margin 和 padding 属性来设置元素的内外边距。其中：margin 用于设置元素的外边距，它影响元素与其相邻外部元素之间的距离；padding 用于设置元素的内边距，它影响元素与其内部子元素之间的距离。Bootstrap 提供一系列用于设置内外边距的边距工具类。

边距工具类语法格式如下。

```
.{property}{sides}-{sm|md|lg|xl|xxl}-{size}
```

下面对边距工具类的语法格式进行讲解。

① {property}：表示属性，可选值为 m、p，分别表示 margin 属性、padding 属性。

② {sides}：表示具体的边，可选值如下。

- t：表示 top，上边。
- b：表示 bottom，下边。
- s：表示 start，起始边，在从左到右布局中表示左边；在从右到左布局中表示右边。

- e：表示end，结束边，在从左到右布局中表示右边，从右到左布局中表示左边。
- x：表示left和right，左右两边。
- y：表示top和bottom，上下两边。

需要说明的是，如果网页的布局方向是从左到右，可将s用于设置左边距，将e用于设置右边距。如果省略“{sides}”，表示同时设置4条边。

③ {sm|md|lg|xl|xxl}：表示断点的类中缀，用于为特定设备设置边距。使用超小断点时，则省略类中缀及其前面的“-”。

④ {size}：表示边距的大小，可选值为0～5和auto，其中，1～5分别表示0.25rem、0.5rem、1rem、1.5rem、3rem。

根据边距工具类的语法格式，可以选取不同的值来定义设置元素的边距的类。例如，.mt-5类表示在所有设备中元素的上外边距为3rem，.pb-sm-1类表示在小型及以上设备中元素的下内边距为0.25rem。

下面通过案例来演示边距工具类的使用，具体实现步骤如下。

① 创建spacing.html文件，在该文件中创建基础HTML5文档结构并引入bootstrap.min.css文件。

② 编写页面样式，具体代码如下。

```
1  <style>
2    .content {
3      width: 10rem;
4      height: 8rem;
5      border: 1px solid black;
6    }
7    .box {
8      border: 1px dashed black;
9    }
10 </style>
```

③ 编写页面结构，具体代码如下。

```
1  <body>
2    <div class="content">
3      <div class="box m-sm-2 m-md-4 p-sm-2 p-md-4">设置内外边距</div>
4    </div>
5  </body>
```

在上述代码中，第3行代码中的.m-sm-2类、.m-md-4类、.p-sm-2类、.p-md-4类，分别表示在小型设备中外边距为0.5rem、在中型及以上设备（视口宽度≥768px）中外边距为1.5rem、在小型设备中内边距为0.5rem、在中型及以上设备（视口宽度≥768px）中内边距为1.5rem。

保存上述代码，在浏览器中打开spacing.html文件，按“F12”键启动开发者工具，进入移动设备调试模式，将移动设备的视口宽度设置为 577px（模拟小型设备）时的页面效果如图 4-17 所示。

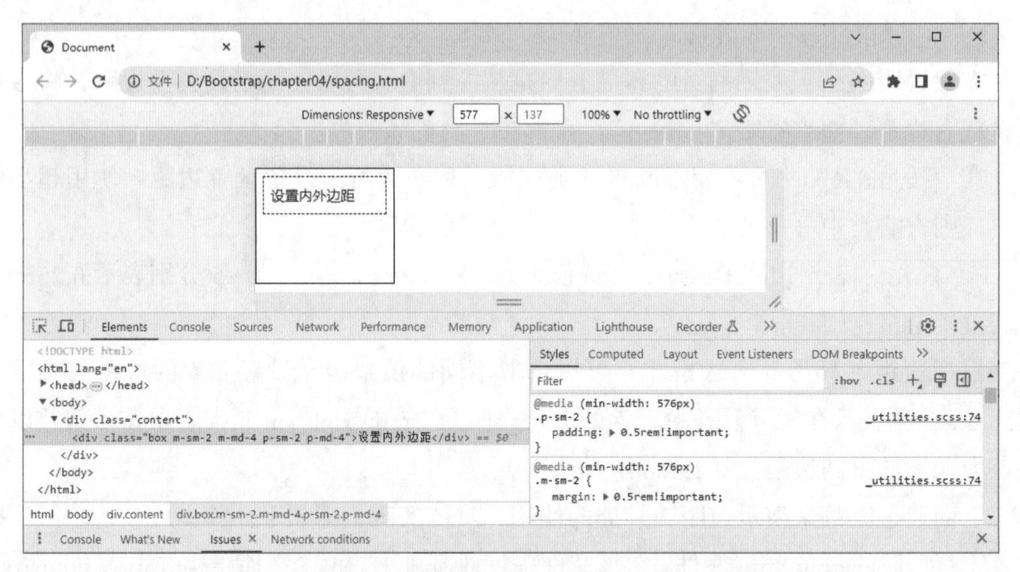

图4-17　将移动设备的视口宽度设置为577px时的页面效果

从图 4-17 可以看出，当移动设备视口宽度为 577px 时，内外边距的属性值均为 0.5rem。将移动设备的视口宽度设置为 768px（模拟中型设备）时的页面效果如图 4-18 所示。

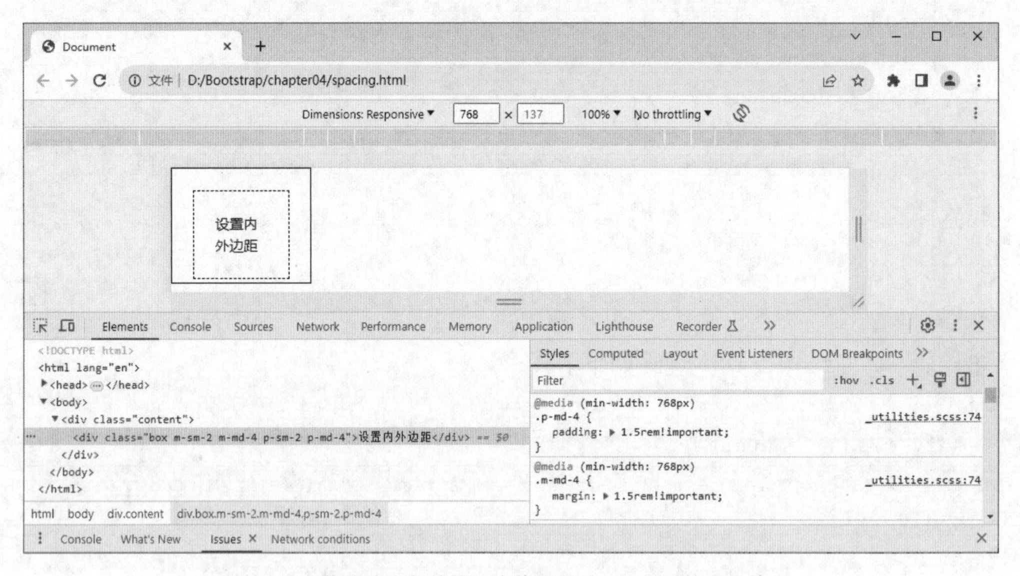

图4-18　将移动设备的视口宽度设置为768px时的页面效果

从图 4-18 可以看出，当移动设备视口宽度为 768px 时，内外边距的属性值均为 1.5rem。

4.4.3　弹性盒布局工具类

为了方便使用弹性盒布局，Bootstrap 提供了弹性盒布局工具类。使用弹性盒布局工

具类时，首先通过设置.d-{sm|md|lg|xl|xxl}-flex 类将父元素设置为 Flex 容器，然后使用 Flex 容器和 Flex 元素的相关类来控制元素的排列和对齐。

在所有弹性盒布局工具类中，{sm|md|lg|xl|xxl}表示断点的类中缀，用于为特定设备设置弹性盒布局。使用超小断点时，则省略类中缀及其前面的“-”。

下面对 Flex 容器和 Flex 元素的常用类分别进行讲解。

1. Flex 容器的常用类

在 Bootstrap 中，Flex 容器的常用类如下。

（1）.justify-content-{sm|md|lg|xl|xxl}-{value}

该类用于设置 Flex 元素在主轴上的对齐方式，常用的 value 可选值如下。

① start：Flex 元素与主轴起点对齐。

② end：Flex 元素与主轴终点对齐。

③ center：Flex 元素在主轴上居中排列。

④ between：Flex 元素两端对齐主轴的起点与终点，两端的 Flex 元素分别靠向 Flex 容器的两端，其他 Flex 元素之间的间隔相等。

（2）.align-items-{sm|md|lg|xl|xxl}-{value}

该类用于设置 Flex 元素在交叉轴上的对齐方式，常用的 value 可选值如下。

① stretch：Flex 元素占满整个 Flex 容器的高度。

② start：Flex 元素顶部与交叉轴起点对齐。

③ end：Flex 元素底部与交叉轴终点对齐。

（3）.align-self-{sm|md|lg|xl|xxl}-{value}

该类用于设置 Flex 元素自身在主轴上的对齐方式，常用的 value 可选值与.align-items-{sm|md|lg|xl|xxl}-{value}类常用的 value 可选值相同。

（4）.flex-{nowrap|wrap|wrap-reverse}

该类用于设置 Flex 元素在 Flex 容器中的换行方式。其中，nowarp 表示不换行，wrap 表示换行，wrap-reverse 表示反向换行。

2. Flex 元素的常用类

在 Bootstrap 中，Flex 元素的常用类如下。

（1）.order-{value|first|last}

该类用于设置 Flex 元素的排列顺序。value 为 0～5 之间的整数，数值越小，排列越靠前。first 用于排列在 value 的 0 之前，last 用于排列在 value 的 5 之后。

（2）.flex-grow-{0|1}

该类用于设置 Flex 元素的放大比例。value 的取值为 0 和 1。0 表示不放大，1 表示放大以填充剩余的空间。

（3）.flex-shrink-{0|1}

该类用于设置 Flex 元素的缩小比例。value 的取值为 0 和 1。0 表示不缩小，1 表示如果空间不足则缩小。

下面通过案例来演示弹性盒布局工具类的使用，具体实现步骤如下。

① 创建 flex.html 文件，在该文件中创建基础 HTML5 文档结构并引入 bootstrap.min.css 文件。

② 编写页面结构，具体代码如下。

```
1  <body>
2    <div class="d-flex justify-content-between align-items-center m-4">
3      <div>首页</div>
4      <div>美食</div>
5      <div>服饰</div>
6      <div>个护</div>
7      <div>数码</div>
8      <div>运动</div>
9    </div>
10 </body>
```

在上述代码中，第 2 行代码的.d-flex 类、.justify-content-between 类、.align-items-center 类、.m-4 类分别表示将 div 元素设置为 Flex 容器、Flex 元素两端对齐主轴的起点与终点、Flex 元素在交叉轴上居中对齐、外边距为 1.5rem。

保存上述代码，在浏览器中打开 flex.html 文件，页面效果如图 4-19 所示。

图4-19　使用弹性盒布局工具类的页面效果

从图 4-19 可以看出，使用弹性盒布局工具类成功设置元素的样式。

本章小结

本章详细讲解了 Bootstrap 开发基础的相关知识。首先讲解了如何下载和引入 Bootstrap，然后讲解了 Bootstrap 的布局容器和栅格系统，最后讲解了 Bootstrap 工具类，帮助读者根据实际需求灵活构建响应式布局。通过对本章的学习，读者能够掌握 Bootstrap 的基础知识，可以构建简单的响应式网页。

课后练习

一、填空题

1. 在 Bootstrap 中，______类用于在小型及以上设备中隐藏元素。
2. 在 Bootstrap 中，______类用于创建默认布局容器。
3. 在 Bootstrap 中，______类用于创建流式布局容器。
4. 在 Bootstrap 中，______类用于创建响应式布局容器。
5. Bootstrap 栅格系统是一个基于______列布局的系统。

二、判断题

1. 在 HTML 文件中，可以使用<link>标签引入 bootstrap.min.js 文件。( )
2. .pb-sm-1 类表示在小型及以上设备中，元素的下内边距为 0.25rem。( )
3. Bootstrap 提供了 4 个断点。( )
4. 当视口宽度变小时，Bootstrap 栅格系统的列数会变少。( )
5. Bootstrap 栅格系统提供了用于定义行容器和列容器的类。( )

三、选择题

1. 下列选项中，当视口宽度大于或等于 768px 且小于 992px 时，所属的设备类型是( )。

A. 超小型设备　B. 小型设备　C. 中型设备　D. 超大型设备

2. 下列选项中，属于 Bootstrap 栅格系统定义行容器的类是( )。

A. .row　B. .col-{value}　C. .d-none　D. .d-block

3. 下列 Bootstrap 栅格系统定义列的类中，用于在中型设备中定义列的类是( )。

A. .col-{value}　B. .col-md-{value}　C. .col-sm-{value}　D. .col-xl-{value}

4. 下列选项中，.col-6 类表示将元素的宽度设置为( )。

A. 50%　B. 25%　C. 33.33%　D. 100%

5. 下列选项中，想要实现子元素在大型设备中一行显示 3 列，需要将类设置为( )。

A. .col-3　B. .col-md-3　C. .col-lg-3　D. .col-xl-3

四、简答题

请简述 Bootstrap 提供的 3 个容器类及作用。

五、操作题

编写代码实现在不同设备中不同的布局效果，在中型及以上设备（视口宽度≥768px）中的页面效果如图 4-20 所示。

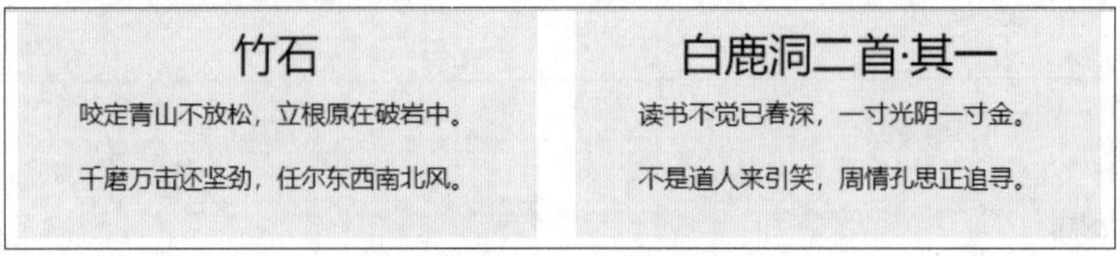

竹石
咬定青山不放松，立根原在破岩中。
千磨万击还坚劲，任尔东西南北风。

白鹿洞二首·其一
读书不觉已春深，一寸光阴一寸金。
不是道人来引笑，周情孔思正追寻。

图4-20　在中型及以上设备中的页面效果

在中型以下设备（视口宽度<768px）中的页面效果如图 4-21 所示。

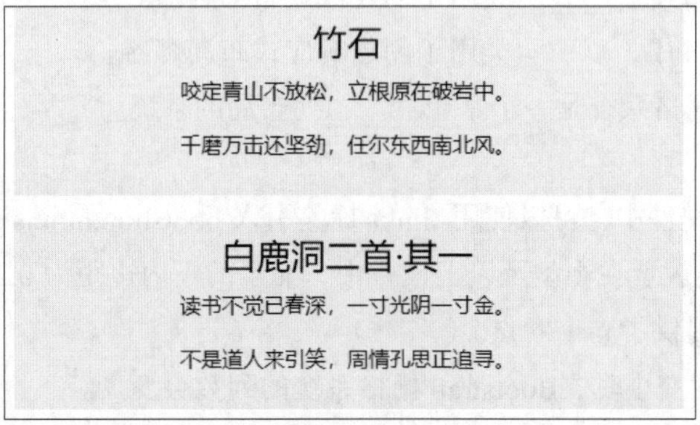

竹石
咬定青山不放松，立根原在破岩中。
千磨万击还坚劲，任尔东西南北风。

白鹿洞二首·其一
读书不觉已春深，一寸光阴一寸金。
不是道人来引笑，周情孔思正追寻。

图4-21　在中型以下设备中的页面效果

第 5 章

Bootstrap常用样式

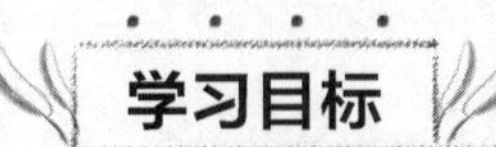

拓展阅读

◆ 掌握标题样式的使用方法，能够灵活设置标题的样式

◆ 掌握文本样式的使用方法，能够实现强调文本和引用文本效果，以及设置文本的颜色和格式

◆ 掌握列表样式的使用方法，能够去除默认列表样式，以及实现列表项一行显示的效果

◆ 掌握图文样式的使用方法，能够设置图像展示方式、图像对齐方式和图文组合方式

◆ 掌握表格样式的使用方法，能够设置表格的背景色和边框等

◆ 掌握辅助样式的使用方法，能够为元素设置背景样式和边框样式

在日常生活中，人们通常会注重自身的外表，通过衣着来展示个人风格。同样地，在 Web 开发中，样式是至关重要的。作为一款流行的前端框架，Bootstrap 提供了丰富的样式，能够帮助开发者快速构建美观的网页界面。本章将详细讲解 Bootstrap 中常用样式的使用方法，包括标题样式、文本样式、列表样式、图文样式、表格样式和辅助样式等。

5.1 标题样式

俗话说“看书先看皮，看报先看题”，当我们浏览新闻类网站时，首先关注的是文章的标题。为了让标题的视觉效果更为突出，往往需要进行一定的样式设置。Bootstrap 提供了丰富的标题样式，可以快速、方便地创建各种精美的标题样式。

Bootstrap 中有 3 种设置标题样式的方式，分别是使用<h1>到<h6>标签定义具有标题样式的标题、使用.h1 到.h6 类设置标题样式和使用.display-1 到.display-6 类设置标题样式，下面分别进行讲解。

1. 使用<h1>到<h6>标签定义具有标题样式的标题

Bootstrap 为<h1>到<h6>标签预定义了标题样式，因此，当使用<h1>到<h6>标签时，可以应用 Bootstrap 的标题样式。

在默认情况下，对于特大型及以上设备（视口宽度≥1200px），<h1>到<h6>标签设置的标题字号分别为 2.5rem、2rem、1.75rem、1.5rem、1.25rem 和 1rem。而对于特大型以下设备（视口宽度<1200px），Bootstrap 会根据其响应式规则自动调整<h1>到<h4>标签的标题字号，但<h5>和<h6>标签设置的标题字号仍为 1.25rem 和 1rem。

下面通过案例来讲解如何使用<h1>到<h6>标签定义一级标题到六级标题，具体实现步骤如下。

① 创建 D:\Bootstrap\chapter05 目录，并使用 VS Code 编辑器打开该目录。

② 将配套源代码中的 bootstrap-5.3.0-dist 文件夹复制到 chapter05 目录下，以便在 HTML 文件中引用 Bootstrap。

③ 创建 titleTag.html 文件，在该文件中创建基础 HTML5 文档结构并引入 bootstrap.min.css 文件。

④ 编写页面结构，使用<h1>到<h6>标签定义标题，具体代码如下。

```
1  <body>
2    <h1>一级标题</h1>
3    <h2>二级标题</h2>
4    <h3>三级标题</h3>
5    <h4>四级标题</h4>
6    <h5>五级标题</h5>
7    <h6>六级标题</h6>
8  </body>
```

在上述代码中，第 2～7 行代码定义了<h1>到<h6>标签，用于设置一级标题到六级标题的样式。

保存上述代码，在浏览器中打开 titleTag.html 文件，使用<h1>到<h6>标签实现标题效果如图 5-1 所示。

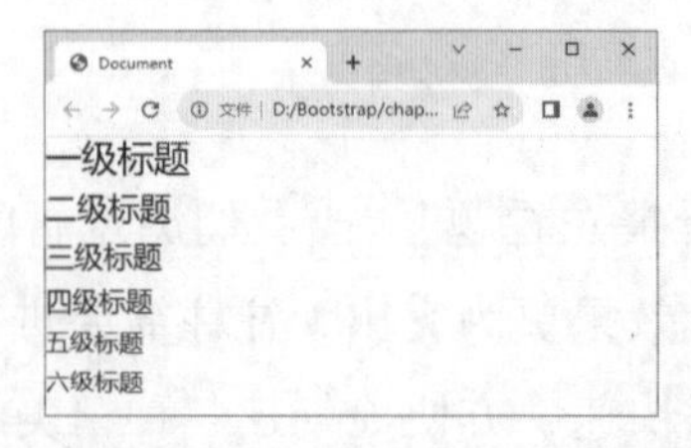

图5-1 使用<h1>到<h6>标签实现标题效果

2. 使用.h1 到.h6 类设置标题样式

在 Bootstrap 中，可以使用.h1 到.h6 类将标题样式应用于任意标签，从而为非标题元素添加标题样式，提升文本的可读性和展示良好的视觉效果。使用.h1 到.h6 类定义的标题字号与使用<h1>到<h6>标签定义的标题字号相同。

需要注意的是，.h1 到.h6 类并不会将文档的非标题元素变成实际标题元素，也不影响文档的结构或语义，它们仅用于样式的呈现。

下面通过案例来讲解如何使用.h1 到.h6 类实现一级标题到六级标题效果，具体实现步骤如下。

① 创建 titleClass.html 文件，在该文件中创建基础 HTML5 文档结构并引入 bootstrap.min.css 文件。

② 编写页面结构，在标签中使用.h1 到.h6 类定义标题，具体代码如下。

```
1  <body>
2    <p class="h1">一级标题</p>
3    <p class="h2">二级标题</p>
4    <span class="h3">三级标题</span>
5    <a href="#" class="h4">四级标题</a>
6    <span class="h5">五级标题</span>
7    <div class="h6">六级标题</div>
8  </body>
```

在上述代码中，第 2～7 行代码用于给不同的标签添加.h1 到.h6 类，设置一级标题到六级标题的样式。

保存上述代码，在浏览器中打开 titleClass.html 文件，使用.h1 到.h6 类实现标题效果如图 5-2 所示。

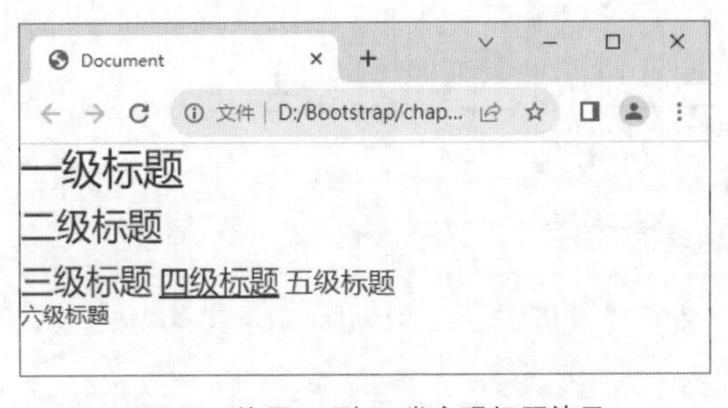

图5-2 使用.h1到.h6类实现标题效果

3. 使用.display-1 到.display-6 类设置标题样式

在 Bootstrap 中，使用.display-1 到.display-6 类可以将标题样式应用于任意标签，这些类提供不同的标题字号和其他样式，使标题更醒目和突出。

在默认情况下，对于特大型及以上设备（视口宽度≥1200px），.display-1 到.display-6 类设置的标题字号分别为 5rem、4.5rem、4rem、3.5rem、3rem 和 2.5rem，对于特大型以下设备（视口宽度<1200px），Bootstrap 会根据其响应式规则自动调整标题字号。

下面通过案例来讲解如何使用.display-1 到.display-6 类实现标题效果，具体实现步骤如下。

① 创建 titleDisplay.html 文件，在该文件中创建基础 HTML5 文档结构并引入 bootstrap.min.css 文件。

② 编写页面结构，在标签中使用.display-1 到.display-6 类定义标题，具体代码如下。

```
1  <body>
2    <h2 class="display-1">一级标题</h2>
3    <p class="display-2">二级标题</p>
4    <span class="display-3">三级标题</span>
5    <a href="#" class="display-4">四级标题</a>
6    <p class="display-5">五级标题</p>
7    <div class="display-6">六级标题</div>
8  </body>
```

在上述代码中，第 2～7 行代码用于给不同的标签添加.display-1 到.display-6 类，设置一级标题到六级标题的样式。

保存上述代码，在浏览器中打开 titleDisplay.html 文件，使用.display-1 到.display-6 类实现标题效果如图 5-3 所示。

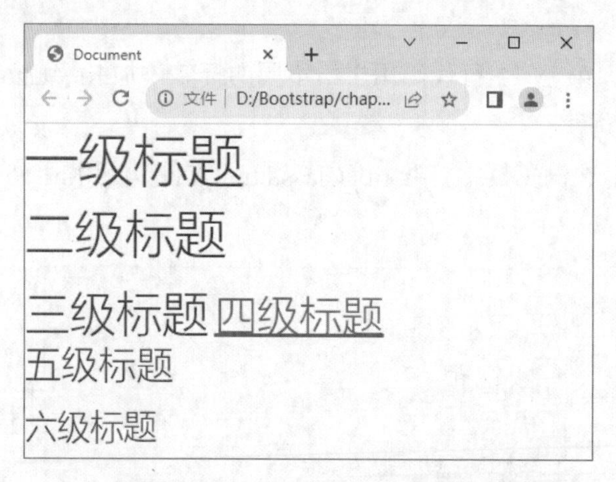

图5-3　使用.display-1到.display-6类实现标题效果

5.2 文本样式

在 Web 开发中，文字是重要的信息传达方式之一。为了突出某些重要的文本内容，可以对这些文本内容进行特殊的样式设置。Bootstrap 提供丰富的文本样式，可以用于实现多种多样的文本效果。本节将详细讲解文本样式的使用方法。

5.2.1 强调文本

在 Bootstrap 中可以通过内联文本标签和文本类实现文本的强调效果。下面分别对这两种方式进行讲解。

1. 使用内联文本标签强调文本

Bootstrap 为一些常用的内联文本标签设置了样式，通过这些标签可以标记文本中的特定部分，它们不会独占一行，而是与其他内容在同一行显示。例如高亮某些关键字或短语。

常用的内联文本标签如下。

① <b>和<strong>标签：用于将文本设置为粗体。前者用于将其包裹的文本设置为粗体，而后者表示加强字符的语气，起到强调的作用。

② <del>和<s>标签：用于为文本添加删除线。前者通常表示文档中被编辑或修订删除的内容，而后者通常表示文本不再有效或不推荐使用。

③ <ins>和<u>标签：用于为文本添加下划线。前者通常表示文档中编辑或修订的新插入的内容，而后者仅用于为文本添加下划线。

④ <em>和<i>标签：用于将文本设置为斜体。前者用于强调某个词或短语，在语义上起到突出或加重的作用，而后者没有特定的语义含义，仅用于将其包裹的文本设置为斜体。

⑤ <mark>标签：用于对文本进行标记或突出显示，通常以黄色或其他醒目的背景色进行显示。

⑥ <address>标签：用于标记联系信息或作者信息，通常用于显示地址、电话号码、电子邮件地址等。

⑦ <footer>和<cite>标签：前者用于定义页脚内容，通常包含版权信息和联系方式等，而后者表示引用或引用的作品、文献的标题，通常用于标记图书、文章、视频等的标题。

⑧ <abbr>标签：用于表示缩写词或首字母缩写。当鼠标指针悬停在该文本上时，浏览器会显示一个提示，提示内容为 title 属性定义的完整词。

下面通过案例来讲解如何使用内联文本标签强调或突出显示文本中的部分内容，具体实现步骤如下。

① 创建 textInline.html 文件，在该文件中创建基础 HTML5 文档结构并引入 bootstrap.min.css 文件。

② 编写页面结构，在适当的位置使用内联文本标签包裹要强调或突出显示的文本内容，具体代码如下。

```
1  <body>
2    <div class="container">
3      <p>设置文本为粗体：<b>加粗文本</b></p>
```

```
4       <p>为文本添加删除线：<del>Hello World!</del></p>
5       <p>为文本添加下划线：1+1=<ins>2</ins></p>
6       <p>设置文本为斜体：<em>斜体</em></p>
7       <p>高亮显示文本：<mark>高亮显示文本</mark></p>
8       <address>
9         使用 address 设置联系信息<br>
10        联系人：小明<br>
11        联系电话：152××××0898
12      </address>
13      <footer>&copy; 2023·本文档的内容版权归本官方团队及翻译贡献者所有，保留所有权利。
</footer>
14      <p><abbr title="我是提示信息">abbr 缩略语</abbr></p>
15    </div>
16  </body>
```

保存上述代码，在浏览器中打开 textInline.html 文件，内联文本标签效果如图 5-4 所示。

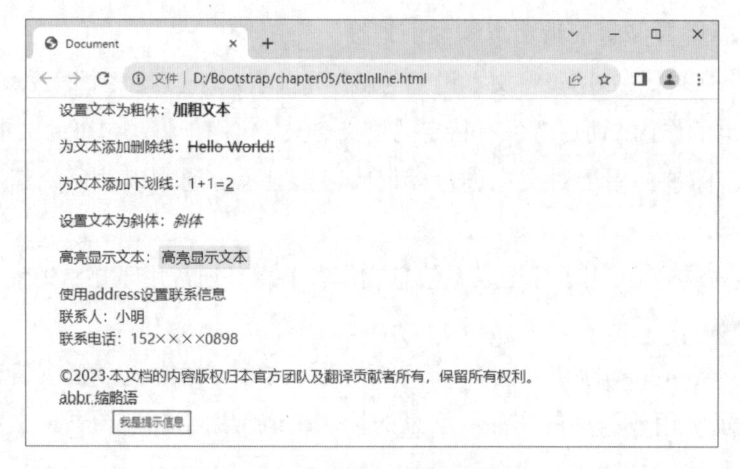

图5-4　内联文本标签效果

图 5-4 所示页面中，当鼠标指针悬停在“abbr 缩略语”上时，会显示“我是提示信息”。

2．使用文本类强调文本

除了使用内联文本标签来强调文本外，还可以通过给标签添加文本类来强调文本。常见的文本类如表 5-1 所示。

表 5-1　常见的文本类

类	描述
.lead	用于突出显示段落
.small	用于指定较小的文本，适用于注释、副标题或其他次要信息
.mark	用于标记或高亮显示文本

其中，.lead 类适用于中心段落，.mark 类与<mark>标签实现的页面效果相同。

下面通过案例来讲解如何使用.lead 类突出显示文章段落的效果，具体实现步骤如下。

① 创建 textParagraph.html 文件，在该文件中创建基础 HTML5 文档结构并引入 bootstrap.min.css 文件。

② 编写页面结构，在<p>标签中添加.lead 类突出显示段落的内容，具体代码如下。

```
1 <body>
2   <div class="container">
3     <p>长风破浪会有时，直挂云帆济沧海。</p>
4     <p class="lead">一寸光阴一寸金，寸金难买寸光阴。</p>
5   </div>
6 </body>
```

在上述代码中，第 4 行代码使用<p>标签定义了一个段落，并添加了.lead 类，用于突出显示段落内容。

保存上述代码，在浏览器中打开 textParagraph.html 文件，段落突出效果如图 5-5 所示。

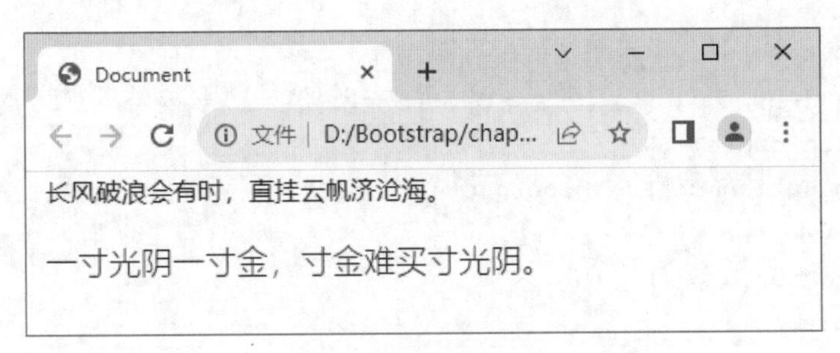

图5-5　段落突出效果

从图 5-5 可以看出，第 2 段文本比第 1 段文本的字号更大，颜色偏淡。

5.2.2　引用文本

当需要在文档中引用其他来源的内容时，可以使用<blockquote>标签实现引用内容的展示。<blockquote>标签表示一个长的引用块，用于突出显示其他来源的文本。

另外，如果需要在文档中注明引用内容的来源，可以将<blockquote>标签包裹在<figure>标签中。<figure>标签用于包裹独立的、与主要文本相关的内容，并通过使用<figcaption>标签提供关于该内容的说明或来源信息。

在文档中引用内容并注明引用来源信息的示例代码如下。

```
<figure>
  <!-- 引用内容 -->
  <blockquote class="blockquote"></blockquote>
```

```
    <!-- 引用来源 -->
    <figcaption class="blockquote-footer">
      <cite title="详细的信息"> <!-- 引用来源的著作名称或作者等信息 --></cite>
    </figcaption>
  </figure>
```

在上述代码中，使用<figure>标签包裹了引用内容和引用来源信息。其中：引用内容使用<blockquote>标签定义，并添加了.blockquote 类调整引用内容的样式；引用来源使用<figcaption>标签定义，并添加了.blockquote-footer 类调整引用来源的样式；使用<cite>标签定义引用来源的著作名称或作者等信息，并使用 title 属性提供更详细的信息。

下面通过案例来讲解如何实现在文档中引用其他来源的信息，具体实现步骤如下。

① 创建 textQuote.html 文件，在该文件中创建基础 HTML5 文档结构并引入 bootstrap.min.css 文件。

② 编写页面结构，具体代码如下。

```
1  <body>
2    <div class="container">
3      <figure>
4        <blockquote class="blockquote">
5          <p>不积跬步，无以至千里；不积小流，无以成江海。</p>
6        </blockquote>
7        <figcaption class="blockquote-footer">
8          荀子<cite>《劝学》</cite>
9        </figcaption>
10     </figure>
11   </div>
12 </body>
```

在上述代码中，第 5 行代码定义了<p>标签，将引用文本设置为“不积跬步，无以至千里；不积小流，无以成江海。”；第 7～9 行代码使用<figcaption>标签定义引用来源，其作者为荀子，使用<cite>标签定义著作名称为《劝学》。

保存上述代码，在浏览器中打开 textQuote.html 文件，引用文本效果如图 5-6 所示。

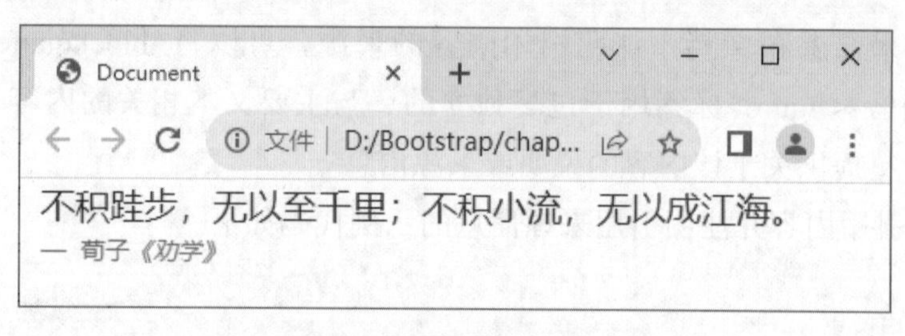

图5-6 引用文本效果

5.2.3 文本颜色

在 Bootstrap 中可以使用预定义的文本颜色类设置文本的颜色，以实现不同的视觉效果。文本颜色类可以应用于多种标签，例如<p>标签、<span>标签或<h1>标签等。

常用的文本颜色类如表 5-2 所示。

表 5-2 常用的文本颜色类

类	描述
.text-primary	蓝色，用于表示重要信息或标题的原始颜色
.text-secondary	灰色，用于表示次要信息或副标题的颜色
.text-success	绿色，用于表示成功或积极状态的颜色
.text-muted	浅灰色，用于表示不太重要或次要的信息
.text-danger	红色，用于表示错误或危险状态的颜色
.text-info	浅蓝色，用于表示一般信息的颜色
.text-warning	黄色，用于表示警告或注意的颜色
.text-dark	深色，用于在浅色背景上展示深色文本的颜色
.text-light	浅色，用于在深色背景上展示浅色文本的颜色
.text-body	用于设置正文文本的颜色，默认根据上下文的背景色，自动调整文本的颜色
.text-white	白色
.text-black	黑色

表 5-2 中，.text-white 类和.text-black 类还支持在类名末尾添加一个透明度选项“-50”实现文本颜色的透明效果。.text-white-50 类用于设置透明度为 0.5 的白色文本，.text-black-50 类用于设置透明度为 0.5 的黑色文本。

下面通过案例来讲解如何使用文本颜色类设置文本的颜色，具体实现步骤如下。

① 创建 textColor.html 文件，在该文件中创建基础 HTML5 文档结构并引入 bootstrap.min.css 文件。

② 编写页面结构，在<p>标签中添加文本颜色类以设置文本颜色，具体代码如下。

```
1  <body>
2    <div class="container">
3      <div class="row">
4        <div class="col">
5          <p class="text-primary">.text-primary 类：蓝色文本</p>
6          <p class="text-secondary">.text-secondary 类：灰色文本</p>
7          <p class="text-success">.text-success 类：绿色文本</p>
8          <p class="text-muted">.text-muted 类：浅灰色文本</p>
9          <p class="text-danger">.text-danger 类：红色文本</p>
10         <p class="text-info">.text-info 类：浅蓝色文本</p>
11         <p class="text-warning">.text-warning 类：黄色文本</p>
```

```
12         </div>
13         <div class="col">
14           <p class="text-dark">.text-dark 类：深色文本</p>
15           <p class="text-light" style="background-color: #000;">.text-
light 类：浅色文本</p>
16           <p class="text-body">.text-body 类：正文文本的颜色</p>
17           <p class="text-white" style="background-color: #000;">.text-
white 类：白色文本</p>
18           <p class="text-white-50" style="background-color: #000;">.text-
white-50 类：白色文本—透明度为 0.5</p>
19           <p class="text-black">.text-black 类：黑色文本</p>
20           <p class="text-black-50">.text-black-50 类：黑色文本—透明度为 0.5</p>
21         </div>
22       </div>
23     </div>
24 </body>
```

在上述代码中，使用<p>标签定义段落内容，并分别添加了.text-*类，为文本设置颜色。其中：第 15 行代码为文本添加了一个黑色背景，突出显示浅色文本；第 17 行代码为文本添加了一个黑色背景，突出显示白色文本；第 18 行代码为文本添加了一个黑色背景，突出显示透明度为 0.5 的白色文本。

保存上述代码，在浏览器中打开 textColor.html 文件，文本颜色效果如图 5-7 所示。

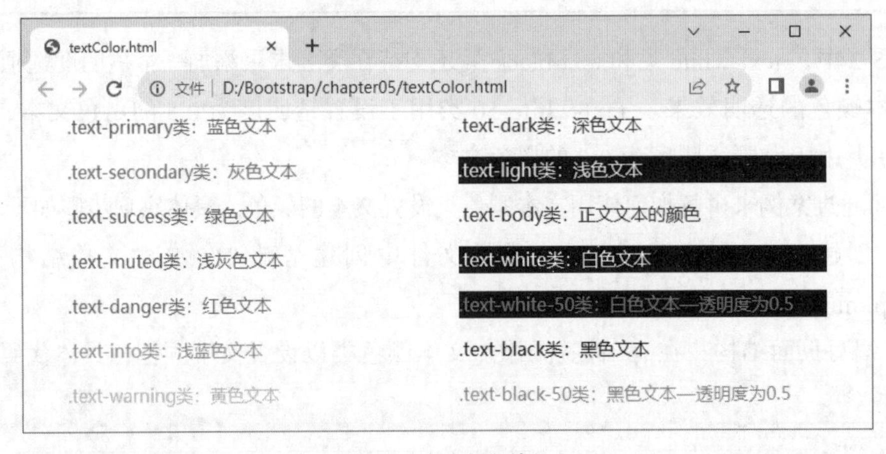

图5-7　文本颜色效果

5.2.4 文本格式

在日常生活中，无论是查看新闻、浏览社交媒体还是使用各种应用程序，文本格式在传递信息和提升可读性方面扮演着重要角色。特别是在阅读网页上的大段文字内容时，读者通常希望能够快速抓住重点内容。为实现这一目的，可以通过调整文本的对齐方式、改变字号以及设置加粗和斜体等效果强调关键词和重要信息，提高阅读效率和准确性。

Bootstrap 提供了一系列的文本格式相关样式，包括文本对齐样式、文本变换样式和文本换行样式等，具体如表 5-3 所示。

表 5-3　文本格式相关样式

样式	类	描述
文本对齐样式	.text-start	用于设置文本左对齐，默认由浏览器决定
	.text-center	用于设置文本居中对齐
	.text-end	用于设置文本右对齐
文本变换样式	.text-uppercase	用于将文本的所有字母转换为大写形式
	.text-lowercase	用于将文本的所有字母转换为小写形式
	.text-capitalize	用于将文本的首字母转换为大写形式
文本换行样式	.text-nowrap	用于禁止文本自动换行
	.text-wrap	用于允许文本换行
	.text-break	用于在文本超出容器宽度时进行换行或断行处理
	.text-truncate	用于截断文本并显示省略号
文本字体样式	.fw-bold	用于将文本加粗显示，默认粗体
	.fw-bolder	用于将文本加粗显示，比默认粗体略粗
	.fw-normal	用于将文本恢复为默认的字体粗细程度
	.fw-light	用于将文本显示为轻字体（较细）
	.fw-lighter	用于将文本显示为更轻的字体（更细）
	.fst-italic	用于将文本显示为斜体
	.fst-normal	用于将文本的字体样式恢复为普通，默认没有斜体
文本装饰样式	.text-decoration-none	用于去除文本的装饰效果，例如去除文本的下划线和删除线等
	.text-decoration-underline	用于在文本下方添加下划线
	.text-decoration-line-through	用于为文本添加删除线
文本字号样式	.fs-{1|2|3|4|5|6}	用于设置文本的字号
文本行高样式	.lh-{1|sm|base|lg}	用于设置文本的行高分别为 1（紧凑的行高）、1.25（稍微紧凑的行高）、1.5（默认行高）和 2（较大的行高）

在默认情况下，对于特大型及以上设备（视口宽度≥1200px），使用.fs-{1|2|3|4|5|6}类设置的文本字号分别为 2.5rem、2rem、1.75rem、1.5rem、1.25rem 和 1rem；而对于特大型以下设备（视口宽度<1200px），Bootstrap 会根据其响应式规则自动调整.fs-{1|2|3|4}类设置的文本字号，但.fs-5 类和.fs-6 类设置的文本字号仍为 1.25rem 和 1rem。

下面通过案例来讲解如何设置文本的对齐样式、变换样式、换行样式、字体样式和装饰样式，具体实现步骤如下。

① 创建 textFormat.html 文件，在该文件中创建基础 HTML5 文档结构并引入 bootstrap.min.css 文件。

② 编写页面结构，具体代码如下。

```
1  <body>
2    <div class="container">
3      <div class="row">
4        <div class="col" style="border: 1px solid #000;">
```

```
5          <h5 class="text-primary">文本对齐样式</h5>
6          <p class="text-start">左对齐，默认由浏览器决定</p>
7          <p class="text-center">居中对齐</p>
8          <p class="text-end">右对齐</p>
9        </div>
10       <div class="col" style="border: 1px solid #000;">
11         <h5 class="text-primary">文本变换样式</h5>
12         <p class="text-uppercase">用于将文本的所有字母 hello 转换为大写形式</p>
13         <p class="text-lowercase">用于将文本的所有字母 HELLO 转换为小写形式</p>
14         <p class="text-capitalize">用于将文本的首字母 hello world 转换为大写形式
</p>
15       </div>
16     </div>
17     <div class="row">
18       <div class="col" style="border: 1px solid #000;">
19         <h5 class="text-primary">文本换行样式</h5>
20         <p class="text-nowrap" style="width: 5rem; border: 1px dashed
#999;">用于禁止文本自动换行</p>
21         <p class="text-wrap" style="width: 5rem; border: 1px dashed
#999;">用于允许文本换行</p>
22         <p class="text-break" style="width: 10rem; border: 1px dashed
#999;">用于在文本超出容器宽度时进行换行或断行处理</p>
23         <p class="text-truncate" style="width: 10rem; border: 1px dashed
#999;">用于截断文本并显示省略号</p>
24       </div>
25       <div class="col" style="border: 1px solid #000;">
26         <h5 class="text-primary">文本字体样式</h5>
27         <p class="fw-bold">用于将文本加粗显示，默认粗体</p>
28         <p class="fw-bolder">用于将文本加粗显示，比默认粗体略粗</p>
29         <p class="fw-normal">用于将文本恢复为默认的字体粗细程度</p>
30         <p class="fw-light">用于将文本显示为轻字体（较细）</p>
31         <p class="fw-lighter">用于将文本显示为更轻的字体（更细）</p>
32         <p class="fst-italic">用于将文本显示为斜体</p>
33         <p class="fst-normal">用于将文本的字体样式恢复为普通，默认没有斜体</p>
34       </div>
35     </div>
36     <div class="row">
37       <div class="col" style="border: 1px solid #000;">
38         <h5 class="text-primary">文本装饰样式</h5>
39         <a href="#">链接，默认带有下划线</a><br>
40         <a href="#" class="text-decoration-none">用于去除文本的装饰效果。去除了
链接的下划线</a>
41         <p class="text-decoration-underline">用于在文本下方添加下划线</p>
```

```
42          <p class="text-decoration-line-through">用于为文本添加删除线</p>
43        </div>
44      </div>
45    </div>
46  </body>
```

在上述代码中，第 6～8 行代码定义了 3 个<p>标签，并分别添加了.text-start 类、.text-center 类和.text-end 类，用于设置文本对齐样式。

第 12～14 行代码定义了 3 个<p>标签，并分别添加了.text-uppercase 类、.text-lowercase 类和.text-capitalize 类，用于设置文本变换样式。

第 20～23 行代码定义了 4 个<p>标签，并分别添加了.text-nowrap 类、.text-wrap 类、.text-break 类和.text-truncate 类，用于设置文本换行样式，此外还设置宽度和边框样式。

第 27～33 行代码定义了 7 个<p>标签，并分别添加了.fw-bold 类、.fw-bolder 类、.fw-normal 类、fw-light 类、.fw-lighter 类、.fst-italic 类和.fst-normal 类，用于设置文本字体样式。

第 39～40 行代码定义了 2 个<a>标签，其中第 40 行代码中添加了.text-decoration-none 类，用于去除文本的下划线。

第 41～42 行代码定义了 2 个<p>标签，并分别添加了.text-decoration-underline 类和.text-decoration-line-through 类，用于设置文本装饰样式。

保存上述代码，在浏览器中打开 textFormat.html 文件，文本格式效果如图 5-8 所示。

图5-8　文本格式效果

5.3 列表样式

HTML 中常用的列表包括无序列表（<ul>）、有序列表（<ol>）和定义列表（<dl>）。无序列表适用于列举项目，对项目没有具体的顺序要求；有序列表适用于需要按照特定顺序进行排列的内容，例如步骤、顺序要点等；定义列表适用于定义术语和列表等，例如对术语进行解释或定义、呈现属性和其对应值的清单等。

无序列表和有序列表默认带有项目符号或数字等列表样式，但在某些情况下需要去除这些默认的列表样式。使用 Bootstrap，可以将.list-unstyled 类应用于<ul>标签或<ol>标签以去除默认列表样式。如果希望将列表项放置在一行显示，则可以将.list-inline 类应用于<ul>标签或<ol>标签，同时将.list-inline-item 类应用于每个<li>标签。

下面通过案例来讲解如何使用无序列表实现包含新增、删除、修改和查询的图标列表，具体实现步骤如下。

① 复制本章配套源代码中的 bootstrap-icons-1.10.5 文件夹并放在 chapter05 目录下，该文件夹保存了图标相关文件。

② 创建 inlineList.html 文件，在该文件中创建基础 HTML5 文档结构并引入 bootstrap.min.css 文件和 bootstrap-icons.min.css 文件。

③ 编写页面结构，使用<ul>标签和<li>标签定义无序列表，具体代码如下。

```
1  <body>
2    <div class="container">
3      <ul class="list-unstyled list-inline">
4        <li class="list-inline-item me-3"><i class="bi bi-plus"></i>新增
</li>
5        <li class="list-inline-item me-3"><i class="bi bi-trash"></i>删除
</li>
6        <li class="list-inline-item me-3"><i class="bi bi-pencil"></i>
修改</li>
7        <li class="list-inline-item me-3"><i class="bi bi-search"></i>
查询</li>
8      </ul>
9    </div>
10 </body>
```

在上述代码中，第 3 行代码为在<ul>标签中添加了.list-unstyled 类和.list-inline 类，分别用于去除默认的列表样式和设置列表项一行显示；第 4～7 行代码定义了 4 个<li>标签，并分别添加了.list-inline-item 类用于设置列表项为内联元素，文本内容分别为新增、删除、修改和查询，同时在<li>标签中嵌套了一个<i>标签，并应用了相应的类以设置图标样式。

保存上述代码，在浏览器中打开 inlineList.html 文件，图标列表效果如图 5-9 所示。

图5-9　图标列表效果

5.4 图文样式

在 Web 开发中，图像在展示各种内容时起着重要作用，例如产品图像、背景图、轮播图等。为了突出特定的图文内容，可以对图文进行特殊的样式设置。Bootstrap 提供了丰富的图文样式，以便实现不同的图文效果。本节将详细讲解图文样式的使用方法。

5.4.1 图像展示方式

Bootstrap 提供了一些预定义的图像样式类，可以直接应用于<img>标签来实现不同的图像展示风格。

常用的图像样式类如表 5-4 所示。

表 5-4　常用的图像样式类

类	描述
.img-fluid	使图像在容器内以响应式的方式自适应其父容器的大小，并保持宽高比例
.img-thumbnail	使图像在容器内以响应式的方式自适应其父容器的大小，保持宽高比例，并为图像添加带有圆角的外边框和阴影效果，使其具有缩略图的样式

下面通过案例来讲解如何使用图像样式类实现图像的响应式图和缩略图效果，具体实现步骤如下。

① 创建 pictureStyle.html 文件，在该文件中创建基础 HTML5 文档结构并引入 bootstrap.min.css 文件。

② 复制配套源代码中的 images 文件夹并放在 chapter05 目录下，该文件夹中保存了本章案例使用的所有图像。

③ 编写页面结构，在<img>标签中应用.img-fluid 类和.img-thumbnail 类，具体代码如下。

```
1  <body>
2    <div class="container mt-2">
3      <div class="row">
4        <div class="col">
5          <span>原图</span>
6          <img src="images/slide_03.jpg" alt="">
```

```
7         </div>
8       </div>
9       <div class="row mt-2">
10        <div class="col">
11          <span>响应式图</span>
12          <img src="images/slide_03.jpg" class="img-fluid" alt="">
13        </div>
14      </div>
15      <div class="row mt-2">
16        <div class="col">
17          <span>缩略图</span>
18          <img src="images/slide_03.jpg" class="img-thumbnail" alt="">
19        </div>
20      </div>
21    </div>
22 </body>
```

在上述代码中，第 12 行代码为<img>标签添加了.img-fluid 类，使图像以响应式图的形式显示；第 18 行代码为<img>标签添加了.img-thumbnail 类，使图像以缩略图的形式显示。

保存上述代码，在浏览器中打开 pictureStyle.html 文件，原图、响应式图和缩略图效果如图 5-10 所示。

图5-10　原图、响应式图和缩略图效果

从图 5-10 可以看出，原图以默认方式显示，响应式图和缩略图都可以自适应父容器的大小，并保持了宽高比例，此外，缩略图还添加了带有圆角的外边框和阴影效果。

5.4.2 图像对齐方式

在 Bootstrap 中可以使用浮动样式控制图像的对齐方式。浮动样式可以使图像与周围的内容对齐，并实现文字环绕的效果。

常见的浮动样式类如表 5-5 所示。

表 5-5　常见的浮动样式类

类	描述
.float-start	使图像左浮动，与周围的内容对齐并将其他内容环绕在其右侧
.float-end	使图像右浮动，与周围的内容对齐并将其他内容环绕在其左侧
.clearfix	清除浮动效果

表 5-5 中，如果在页面中使用了浮动元素，并且希望避免浮动元素引起的布局问题，可以在浮动元素的父元素上添加.clearfix 类以清除浮动效果。

对于块级元素，可以使用.mx-auto 类使图像在容器中水平居中对齐。

下面通过案例来讲解如何使用浮动样式实现图像的左对齐、居中对齐和右对齐效果，具体实现步骤如下。

① 创建 pictureFloat.html 文件，在该文件中创建基础 HTML5 文档结构并引入 bootstrap.min.css 文件。

② 编写页面结构，具体代码如下。

```
1  <body>
2    <div class="clearfix">
3      <img src="images/grapefruit.png" class="float-start" alt="">
4      <img src="images/grapefruit.png" class="float-end" alt="">
5    </div>
6    <img src="images/grapefruit.png" class="d-block mx-auto" alt="">
7  </body>
```

在上述代码中，第 2 行代码使用.clearfix 类清除浮动效果；第 3 行代码为<img>标签添加了.float-start 类，将图像设置为左浮动；第 4 行代码为<img>标签添加了.float-end 类，将图像设置为右浮动；第 6 行代码为<img>标签添加了.d-block 类和.mx-auto 类，将图像设置为块级元素且居中对齐。

保存上述代码，在浏览器中打开 pictureFloat.html 文件，图像对齐效果如图 5-11 所示。

图5-11 图像对齐效果（1）

多学一招：使用文本对齐样式控制图像的对齐方式

Bootstrap 中可以为图像所在的容器设置文本对齐样式，如使用.text-start 类、.text-center 类和.text-end 类实现图像的左对齐、居中对齐和右对齐的效果。

下面通过案例来讲解如何使用文本对齐样式实现图像的左对齐、居中对齐和右对齐效果，具体实现步骤如下。

① 创建 pictureAlignment.html 文件，在该文件中创建基础 HTML5 文档结构并引入 bootstrap.min.css 文件。

② 编写页面结构，具体代码如下。

```
1  <body>
2    <div class="text-start">
3     <img src="images/grapefruit.png" alt="">
4    </div>
5    <div class="text-center">
6      <img src="images/grapefruit.png" alt="">
7    </div>
8    <div class="text-end">
9      <img src="images/grapefruit.png" alt="">
10   </div>
11 </body>
```

在上述代码中，第 2 行代码为<div>标签添加了.text-start 类，将包含的内容设置为左对齐；第 5 行代码为<div>标签添加了.text-center 类，将包含的内容设置为居中对齐；第 8 行代码为<div>标签添加了.text-end 类，将包含的内容设置为右对齐。

保存上述代码，在浏览器中打开 pictureAlignment.html 文件，图像对齐效果如图 5-12 所示。

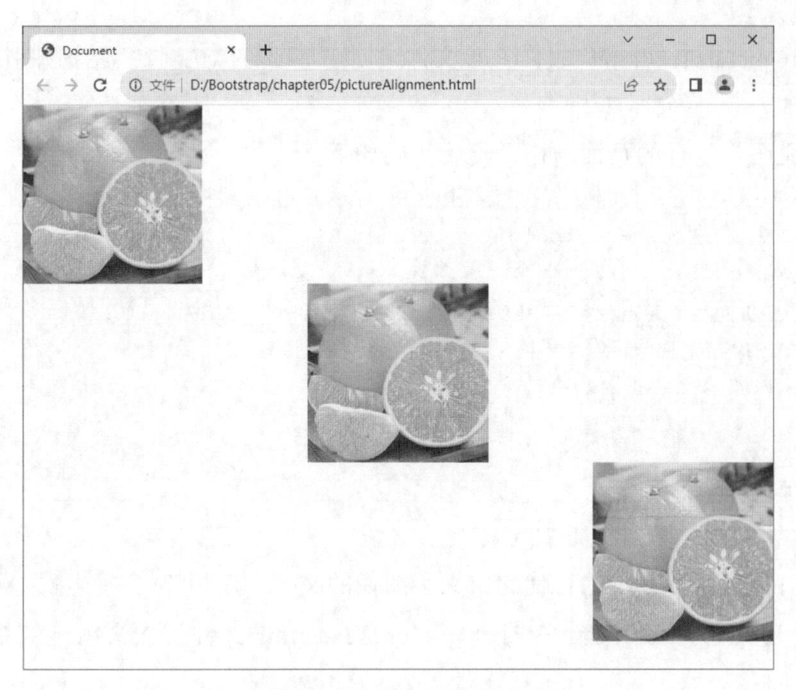

图5-12　图像对齐效果（2）

5.4.3　图文组合方式

在 Web 开发中，经常需要实现图像和文字组合显示的效果，Bootstrap 为<figure>标签和<figcaption>标签定义了图文组合样式，用于实现图文组合效果。

实现图文组合效果的示例代码如下。

```
<figure class="figure">
  <!-- 图像 -->
  <img src="" class="figure-img img-fluid">
  <!-- 文字 -->
  <figcaption class="figure-caption">
    <!-- 描述文本 -->
  </figcaption>
</figure>
```

在上述示例代码中，<figure>标签用于包裹整个图文的内容，该内容包含图像和文字两部分，具体介绍如下。

① 图像：使用<img>标签定义，并添加了.figure-img 类和.img-fluid 类。其中，.figure-img 类用于为图像添加特定的样式效果，.img-fluid 类用于使图像具有响应式的特性，以适应不同的视口宽度。

② 文字：使用<figcaption>标签定义，并添加了.figure-caption 类用于调整文字的样式，如字号、颜色等。

下面通过案例来讲解如何实现图文组合效果，具体实现步骤如下。

① 创建 pictureText.html 文件，在该文件中创建基础 HTML5 文档结构并引入 bootstrap.min.css 文件。

② 定义图文组合的页面结构，具体代码如下。

```
1  <body>
2    <div class="text-center">
3      <figure class="figure">
4        <img src="images/grapefruit.png" class="figure-img img-fluid">
5        <figcaption class="figure-caption">
6          脐橙-富含维生素 C
7        </figcaption>
8      </figure>
9    </div>
10 </body>
```

在上述代码中，第 5～7 行代码定义了图像的文字“脐橙-富含维生素 C”。

保存上述代码，在浏览器中打开 pictureText.html 文件，图文组合效果如图 5-13 所示。

图5-13　图文组合效果

5.5　表格样式

在 Web 开发中，表格是常用的数据展示方式之一。为了使表格具有更好的可读性，Bootstrap 提供了一系列的表格样式。通过为表格添加特定的类，可以轻松实现鼠标指针悬停和隔行变色等功能。

常见的作用于<table>标签的类如表 5-6 所示。

表 5-6　常见的作用于<table>标签的类

类	描述
.table	用于设置表格的基本样式
.table-striped	用于设置条纹表格样式，通过给表格的奇数行添加背景色，实现隔行换色效果

续表

类	描述
.table-bordered	用于为表格添加边框
.table-borderless	用于去除表格的边框
.table-hover	用于设置鼠标指针悬停效果，当鼠标指针移动到表格行或单元格上时，会改变其背景色或添加其他样式
.table-sm	用于设置紧凑型表格，使表格的行高和字号相对较小
.table-responsive	用于设置响应式表格

表 5-6 中，.table 类可以与其他类组合使用，多个类之间使用空格分隔。

当需要设置表格的颜色时，可以在<table>标签、<tr>标签和<td>标签上添加.table-*类来分别设置整个表格、表格中的行和表格中的单元格的背景色，*的取值包括 primary、secondary、success、danger、warning、info、light、dark，具体介绍如下。

① .table-primary 类：用于设置主要背景色。

② .table-secondary 类：用于设置次要背景色。

③ .table-success 类：用于设置成功状态的背景色。

④ .table-danger 类：用于设置危险状态的背景色。

⑤ .table-warning 类：用于设置警告状态的背景色。

⑥ .table-info 类：用于设置信息状态的背景色。

⑦ .table-light 类：用于设置较浅的背景色。

⑧ .table-dark 类：用于设置较深的背景色。

如果要创建具有水平滚动功能的响应式表格，可以将<table>标签嵌套在一个<div>标签中，并为<div>标签添加.table-responsive 类。这样，当表格的宽度超过父容器宽度时，会出现水平滚动条，用户可以通过水平滚动条查看表格的内容。

另外，在需要使表格在不同视口宽度下适应并以水平滚动的形式展示时，可以使用.table-responsive-{sm|md|lg|xl|xxl}类根据视口宽度范围进行设置。

下面通过案例来讲解如何创建一个学生成绩表格，并为表格设置隔行换色效果，具体实现步骤如下。

① 创建 table.html 文件，在该文件中创建基础 HTML5 文档结构并引入 bootstrap.min.css 文件。

② 编写页面结构，具体代码如下。

```
1  <body>
2    <div class="table-responsive">
3      <table class="table table-striped">
4        <thead class="table-dark">
5          <tr>
```

```
6             <th>学号</th>
7             <th>姓名</th>
8             <th>班级</th>
9             <th>语文</th>
10            <th>数学</th>
11            <th>英语</th>
12            <th>历史</th>
13            <th>物理</th>
14            <th>政治</th>
15            <th>化学</th>
16            <th>体育</th>
17          </tr>
18        </thead>
19        <tbody>
20          <tr>
21            <td>001</td>
22            <td>小红</td>
23            <td>二班</td>
24            <td>69</td>
25            <td>70</td>
26            <td>90</td>
27            <td>76</td>
28            <td>87</td>
29            <td>90</td>
30            <td>98</td>
31            <td>95</td>
32          </tr>
33          ……（此处省略多个<tr>）
34        </tbody>
35      </table>
36    </div>
37  </body>
```

在上述代码中，第 2 行代码定义了<div>标签，并添加了.table-responsive 类，将表格设置为响应式表格；第 4～18 行代码用于设置表格的表头，包含学生的学号、姓名、班级和不同科目的名称，每个<th>标签代表一列；第 20～32 行代码中的<tr>标签代表一个学生的数据，每个<td>标签代表具体的数据；第 33 行省略的<tr>可从配套源代码中复制。

保存上述代码，在浏览器中打开 table.html 文件，学生成绩表格的隔行换色效果如图 5-14 所示。

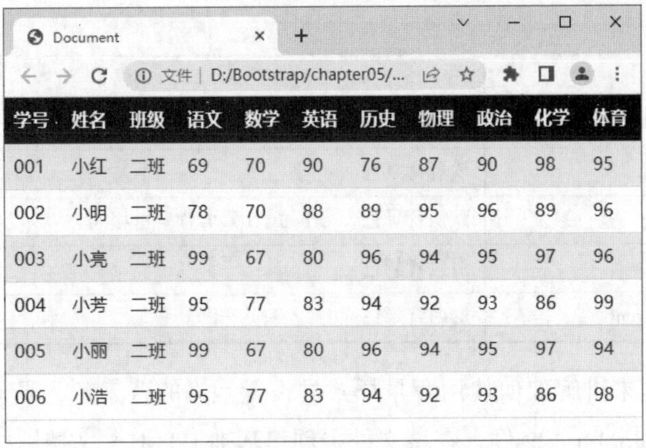
Document
文件 | D:/Bootstrap/chapter05/...
学号 姓名 班级 语文 数学 英语 历史 物理 政治 化学 体育
001 小红 二班 69 70 90 76 87 90 98 95
002 小明 二班 78 70 88 89 95 96 89 96
003 小亮 二班 99 67 80 96 94 95 97 96
004 小芳 二班 95 77 83 94 92 93 86 99
005 小丽 二班 99 67 80 96 94 95 97 94
006 小浩 二班 95 77 83 94 92 93 86 98

图5-14　学生成绩表格的隔行换色效果

5.6　辅助样式

在 Web 开发中，为了区分不同的元素，可以为其添加背景色或边框。Bootstrap 提供了一系列辅助样式，包括背景样式和边框样式。使用这些样式，可以使元素在页面中更加显眼，从而让用户更容易辨认和理解页面的结构和内容。本节将详细讲解背景样式和边框样式的使用方法。

5.6.1　背景样式

在 Bootstrap 中，使用背景样式类可以为元素设置背景色。背景样式类适用于各种 HTML 标签，例如<div>标签、<p>标签、<span>标签等。通过添加.bg-*类来设置背景颜色，其中*可以是 primary、secondary、success、danger、info、warning、dark、light、body、white、transparent。通常将.bg-*类与.text-*类结合使用，以确保文本内容在具有背景色的元素中清晰可见。

常见的背景样式类如表 5-7 所示。

表 5-7　常见的背景样式类

类	描述
.bg-primary	蓝色，主要背景色
.bg-secondary	灰色，次要背景色
.bg-success	绿色，成功背景色
.bg-danger	红色，危险背景色
.bg-info	浅蓝色，提示背景色
.bg-warning	黄色，警告背景色

续表

类	描述
.bg-dark	深色背景色
.bg-light	浅色背景色
.bg-body	默认背景色，与 body 元素的背景色相同
.bg-white	白色背景色
.bg-transparent	透明背景色

下面通过案例来讲解如何使用背景样式类设置元素的背景色，具体实现步骤如下。

① 创建 bgColor.html 文件，在该文件中创建基础 HTML5 文档结构并引入 bootstrap.min.css 文件。

② 编写页面结构，具体代码如下。

```
1  <body style="background-color: #e1e1e1;">
2    <div class="container">
3      <div class="row">
4        <div class="col">
5          <p class="text-light bg-primary">.bg-primary 类：蓝色背景</p>
6          <p class="text-light bg-secondary">.bg-secondary 类：灰色背景</p>
7          <p class="text-light bg-success">.bg-success 类：绿色背景</p>
8          <p class="text-light bg-danger">.bg-danger 类：红色背景</p>
9          <p class="text-light bg-info">.bg-info 类：浅蓝色背景</p>
10         <p class="text-light bg-warning">.bg-warning 类：黄色背景</p>
11       </div>
12       <div class="col">
13         <p class="text-light bg-dark">.bg-dark 类：深色背景</p>
14         <p class="text-dark bg-light">.bg-light 类：浅色背景</p>
15         <p class="text-dark bg-body">.bg-body 类：整个页面的背景色</p>
16         <p class="text-dark bg-white">.bg-white 类：白色背景色</p>
17         <p class="text-dark bg-transparent">.bg-transparent 类：透明背景色</p>
18       </div>
19     </div>
20   </div>
21 </body>
```

在上述代码中，第 1 行代码为<body>标签设置了一个背景色，作为整个网页的背景色；第 5～10 行代码和第 13～17 行代码定义了多个<p>标签，并应用了不同的背景样式类。

保存上述代码，在浏览器中打开 bgColor.html 文件，背景色效果如图 5-15 所示。

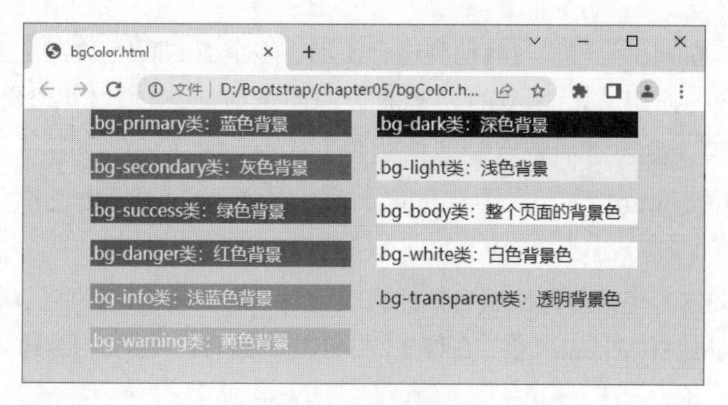

图5-15　背景色效果

5.6.2　边框样式

在 Bootstrap 中，使用边框样式类可以设置元素的边框样式，从而轻松地添加、移除或自定义元素的边框。边框样式类适用于各种 HTML 标签，例如<div>标签、<img>标签和<table>标签等。

常见的边框样式类如表 5-8 所示。

表 5-8　常见的边框样式类

样式	类	描述
添加边框	.border	添加默认的边框样式
	.border-top	添加上边框样式
	.border-end	添加右边框样式
	.border-bottom	添加下边框样式
	.border-start	添加左边框样式
移除边框	.border-0	移除边框样式
	.border-top-0	移除上边框样式
	.border-end-0	移除右边框样式
	.border-bottom-0	移除下边框样式
	.border-start-0	移除左边框样式
边框宽度	.border-{1|2|3|4|5}	边框的宽度级别，数字越大，线框越粗
边框半径	.rounded	添加圆角边框样式
	.rounded-top	添加上边框的圆角样式
	.rounded-end	添加右边框的圆角样式
	.rounded-bottom	添加下边框的圆角样式
	.rounded-start	添加左边框的圆角样式
	.rounded-circle	添加圆形边框样式
	.rounded-pill	添加椭圆形边框样式
边框尺寸	.rounded-{0|1|2|3}	圆角大小，数字越大，圆角越大；0 表示没有圆角

表 5-8 中，.border 类可以与其他类组合使用，多个类之间使用空格分隔。

默认情况下，使用.border 类的元素的边框颜色为淡灰色。如果要修改边框颜色，可以使用.border-*类来添加特定颜色的边框。其中，*的取值为 primary、secondary、success、danger、warning、info、light、dark、white，这些颜色取值与背景样式相同。

下面通过案例来讲解如何使用边框样式类设置元素的边框，具体实现步骤如下。

① 创建 borderStyle.html 文件，在该文件中创建基础 HTML5 文档结构并引入 bootstrap.min.css 文件。

② 编写页面结构，具体代码如下。

```
1  <body>
2    <div class="container">
3      <div class="row">
4        <div class="col">
5          <span class="border border-0">移除边框样式</span>
6          <span class="border border-1 border-primary">添加默认的边框样式，边框宽度为 1px</span>
7        </div>
8        <div class="col">
9          <span class="border border-2 border-primary border-top-0">移除上边框样式，边框宽度为 2px</span>
10         <span class="border border-3 border-primary border-end-0">移除右边框样式，边框宽度为 3px</span>
11       </div>
12       <div class="col">
13         <span class="border border-4 border-primary border-bottom-0">移除下边框样式，边框宽度为 4px</span>
14         <span class="border border-5 border-primary border-start-0">移除左边框样式，边框宽度为 5px</span>
15       </div>
16     </div>
17     <div class="row">
18       <div class="col">
19         <span class="border border-primary rounded-0">无圆角</span>
20         <span class="border border-primary rounded-1">较小的圆角</span>
21         <span class="border border-primary rounded-2">中等大小的圆角</span>
22         <span class="border border-primary rounded-3">较大的圆角</span>
23       </div>
24     </div>
25   </div>
26 </body>
```

③ 编写页面样式，具体代码如下。

```
1  <style>
2    span {
3      width: 150px;
4      height: 150px;
5      text-align: center;
6      margin: 5px;
7      display: inline-block;
8      line-height: 50px;
9    }
10 </style>
```

在上述代码中，第 2～9 行代码为 span 元素设置了宽度、高度、水平居中对齐、外边距、以行内块级元素的形式显示和行高。

保存上述代码，在浏览器中打开 borderStyle.html 文件，边框效果如图 5-16 所示。

图5-16 边框效果

本章小结

本章主要讲解了 Bootstrap 常用样式。首先讲解了 Bootstrap 的标题样式、文本样式和列表样式；其次讲解了图文样式，包括图像的展示方式、对齐方式和图文组合方式；然后讲解了表格样式；最后讲解了辅助样式，包括背景样式和边框样式。通过对本章的学习，读者能够灵活运用 Bootstrap 提供的丰富样式实现优雅美观的页面布局效果。

课后练习

一、填空题

1. Bootstrap 中可以使用______类去除默认列表样式。
2. Bootstrap 中可以使用______类设置透明度为 0.5 的白色文本。
3. Bootstrap 中可以使用______类表示错误或危险状态的文本信息。
4. Bootstrap 中可以使用______类清除浮动效果。
5. Bootstrap 中可以使用______类设置紧凑型表格。

二、判断题

1. 在 Bootstrap 中可以使用.h1 到.h6 类让非标题元素实现标题效果。（ ）
2. Bootstrap 中的<del>和<u>都可以实现文本删除效果。（ ）
3. Bootstrap 提供了.float-start 类用于设置图像的左浮动效果。（ ）
4. 在 Bootstrap 中可以使用.text-truncate 类截断文本并显示省略号。（ ）
5. 在 Bootstrap 中通过为<img>标签添加.img-fluid 类可以使图像具有响应式的特性。（ ）

三、选择题

1. 下列关于 Bootstrap 中使用<h1>到<h6>标签的说法，错误的是（ ）。
   A. 从<h1>到<h6>标签，数字越大则标题字号越小
   B. 从<h1>到<h6>标签，数字越小则标题字号越小
   C. <h3>的标题字号比<h2>的标题字号大
   D. 从<h1>到<h6>标签，<h1>的标题字号最大，而<h6>的标题字号最小
2. 下列关于 Bootstrap 中文本颜色类的说法，正确的是（ ）。
   A. .text-success 类表示错误或危险的颜色
   B. .text-warning 类表示一般信息的颜色
   C. .text-danger 类表示成功或积极的颜色
   D. .text-secondary 类表示次要信息或副标题的颜色
3. 下列关于 Bootstrap 中文本换行样式类的说法，错误的是（ ）。
   A. .text-wrap 类允许文本换行
   B. .text-truncate 类截断文本并显示破折号
   C. .text-nowrap 类禁止文本自动换行
   D. .text-break 类在文本超出容器宽度时进行换行或断行处理
4. 下列关于 Bootstrap 中边框样式类的说法，错误的是（ ）。
   A. 使用.border-top-0 类可以移除全部边框样式
   B. 使用.border-end-0 类可以移除右边框样式

C. 使用.border-bottom-0 类可以移除下边框样式

D. 使用.border-start-0 类可以移除左边框样式

5. 下列关于为元素设置边框半径样式的说法，错误的是（　　）。

A. 使用.rounded 类可以为元素添加圆角边框样式

B. 使用.rounded-top 类可以为元素添加上边框的圆角样式

C. 使用.rounded-bottom 类可以为元素添加下边框的圆角样式

D. 使用.rounded-start 类可以为元素添加右边框的圆角样式

四、简答题

1. 请列举出 Bootstrap 常用的文本颜色类并描述其作用。
2. 请简述.img-fluid 类和.img-thumbnail 类的区别。

五、编程题

设计一个响应式表格，并实现表格的鼠标指针悬停和斑马线效果。

第6章

Bootstrap表单

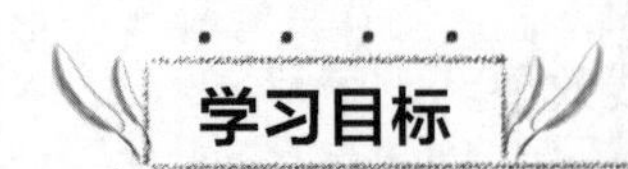

◆ 掌握表单控件样式的使用方法，能够灵活设置文本框、下拉列表、单选按钮、复选框和输入组的样式

◆ 掌握表单布局方式的使用方法，能够实现行内表单布局、水平表单布局和响应式表单布局效果

◆ 掌握表单验证的使用方法，能够对表单中的数据进行验证

拓展阅读

在 Web 开发中，表单是网页常见的组成部分，可以实现用户注册、登录、留言等功能。Bootstrap 提供了一系列的类来应用表单控件的样式、布局和验证。本章将详细讲解如何使用 Bootstrap 来创建和定制表单，以及如何应用表单控件样式、布局和验证来满足实际需求。

6.1 表单控件样式

常见的表单控件包括文本框、下拉列表、单选按钮、复选框和输入组等。使用表单控件，可以方便地构建友好的表单界面，并且可以轻松地收集用户输入的数据。Bootstrap 为不同的控件提供“form-”开头的预定义类，这些类可以控制表单控件的样式。本节将详细讲解表单控件样式的使用方法。

6.1.1 文本框

文本框通常指<input>标签和<textarea>标签。<input>标签用于创建单行文本框，用户可以在其中输入单行文本内容，其 type 属性值可以是 text（单行文本框）、password

（密码框）、number（数字框）、email（电子邮件框）、tel（电话号码框）和 file（文件上传框）等；<textarea>标签用于创建多行文本框，用户可以在其中输入多行文本内容。

Bootstrap 提供了应用于文本框的相关类，具体介绍如下。

① .form-control 类：用于创建基本文本框样式，设置默认的边框、填充和字体样式。

② .form-control-lg 类：用于创建较大尺寸的文本框，增加文本框的高度和字号。

③ .form-control-sm 类：用于创建较小尺寸的文本框，减小文本框的高度和字号。

④ .form-text 类：用于文本框下方的辅助文本，如提供额外的说明或提示。

⑤ .form-label 类：用于<label>标签，可以与相关的文本框关联，以改善可访问性和用户体验。

⑥ .form-control-plaintext 类：用于创建只读文本框，适用于显示只读或不可编辑的文本且没有边框样式。

下面通过案例来讲解如何使用文本框控件结合相关类实现项目进度表单，具体实现步骤如下。

① 创建 D:\Bootstrap\chapter06 目录，并使用 VS Code 编辑器打开该目录。

② 将配套源代码中的 bootstrap-5.3.0-dist 文件夹复制到 chapter06 目录下，以便在 HTML 文件中引用 Bootstrap。

③ 创建 textInput.html 文件，在该文件中创建基础 HTML5 文档结构并引入 bootstrap.min.css 文件。

④ 编写页面结构，具体代码如下。

```
1  <body>
2    <div class="container">
3      <form action="">
4        <div class="mt-2">
5          <label for="name" class="form-label">项目名称：</label>
6          <input type="text" id="name" class="form-control" placeholder=
"请输入项目名称">
7        </div>
8        <div class="mt-2">
9          <label for="range" class="form-label">完成进度：</label>
10         <input type="range" id="range">
11         <span id="rangeValue"></span>
12       </div>
13       <div class="mt-2">
14         <label for="file" class="form-label">提交项目：</label>
15         <input type="file" id="file">
16         <div class="form-text">每周五提交项目</div>
17       </div>
```

```
18        <div class="mt-2">
19          <label for="ustrate" class="form-label">描述本周实现的功能</label>
20          <textarea class="form-control" id="ustrate" rows="3"></textarea>
21        </div>
22        <div class="my-2">
23          <label for="text" class="form-label">提交人员：</label>
24          <input type="text" id="text" class="form-control">
25        </div>
26        <button type="submit" class="text-white bg-primary border-0
rounded-1 px-3 py-1">提交</button>
27      </form>
28    </div>
29  </body>
```

在上述代码中，第 6 行代码定义了一个单行文本框，用于接收项目的名称；第 10 行代码定义了一个滚动条文本框，用于接收完成进度；第 11 行代码定义了<span>标签用于显示进度；第 15 行代码定义了一个文件上传框，用于接收项目文件的输入；第 20 行代码定义了一个多行文本框，用于接收对本周实现的功能的描述；第 24 行代码定义了一个单行文本框，用于接收提交人员的输入。

⑤ 在步骤④的第 28 行代码下编写页面逻辑，使用 JavaScript 获取滚动条文本框的数值，在页面加载时显示初始值，拖动滚动条时实时显示数值，具体代码如下。

```
1  <script>
2    var rangeInput = document.getElementById('range');
3    var rangeValue = document.getElementById('rangeValue')
4    rangeValue.textContent = rangeInput.value + '%';
5    rangeInput.addEventListener('input', function () {
6      rangeValue.textContent = rangeInput.value + '%';
7    });
8  </script>
```

在上述代码中，第 2 行代码用于获取 id 属性值为 range 的元素，并赋值给 rangeInput 变量；第 3 行代码用于获取 id 属性值为 rangeValue 的元素，并赋值给 rangeValue 变量；第 4 行代码用于获取滚动条文本框的初始值；第 5～7 行代码使用 addEventListener() 方法监听滚动条文本框的 input 事件。当用户拖动滑块时，触发该事件。事件处理程序将滚动条文本框的值更新到 id 属性值为 rangeValue 的元素的文本内容中，以实时显示数值变化。

保存上述代码，在浏览器中打开 textInput.html 文件，项目进度表单效果如图 6-1 所示。

从图 6-1 可以看出，单行文本框和多行文本框都添加了一个带有圆角的浅色边框，且文本框的文字颜色较浅。

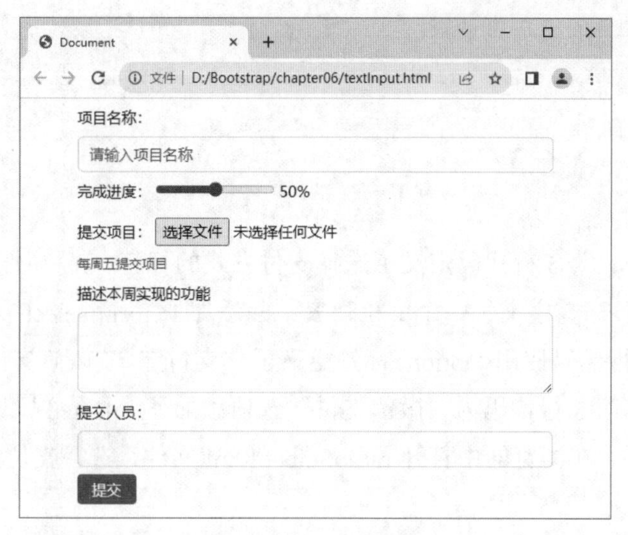

图6-1　项目进度表单效果

6.1.2　下拉列表

下拉列表可以使用<select>标签和<option>标签创建。<select>标签定义了下拉列表的整体结构，而<option>标签定义了下拉列表中的选项。用户可以从预定义的选项中选择一个或多个值。

Bootstrap 提供了应用于下拉列表的相关类，具体介绍如下。

① .form-select 类：用于为下拉列表设置基本样式，将下拉列表呈现为可单击的选择框。

② .form-select-lg 类：用于创建较大尺寸的下拉列表，增加选择框的高度和字号。

③ .form-select-sm 类：用于创建较小尺寸的下拉列表，减小选择框的高度和字号。

上述类需要应用到<select>标签中，以实现不同尺寸和样式的下拉列表。

下面通过案例来讲解如何使用下拉列表控件结合相关类实现选择支付方式的下拉列表，具体实现步骤如下。

① 创建 radioSelect.html 文件，在该文件中创建基础 HTML5 文档结构并引入 bootstrap.min.css 文件。

② 编写页面结构，具体代码如下。

```
1  <body>
2    <div class="container">
3      <form action="" class="bg-dark text-light p-3">
4        <div>
5          <label for="year">请选择一种支付方式：</label>
6          <select name="" id="year" class="form-select">
7            <option value="支付宝">支付宝</option>
8            <option value="微信支付" selected>微信支付</option>
```

```
9           <option value="银行卡">银行卡</option>
10        </select>
11       </div>
12     </form>
13   </div>
14 </body>
```

在上述代码中，第 5 行代码定义了选择支付方式的标签，for 属性的值为 year；第 6 行代码通过<select>标签定义了一个下拉列表，并添加了.form-select 类以应用 Bootstrap 的样式；第 7～9 行代码使用<option>标签定义了“支付宝”“微信支付”“银行卡”3 种支付方式，其中，第 8 行代码为“微信支付”选项添加了 selected 属性。

保存上述代码，在浏览器中打开 radioSelect.html 文件，选择支付方式的下拉列表效果如图 6-2 所示。

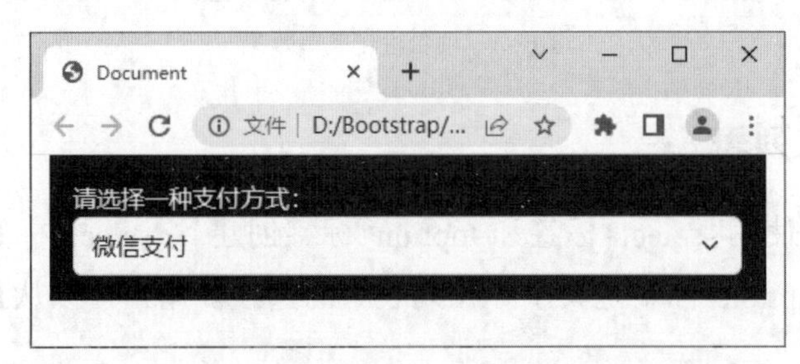

图6-2 选择支付方式的下拉列表效果

从图 6-2 可以看出，默认选中的选项是“微信支付”。

单击图 6-2 所示页面中的下拉列表，即可显示展开后的列表选项，列表选项效果如图 6-3 所示。

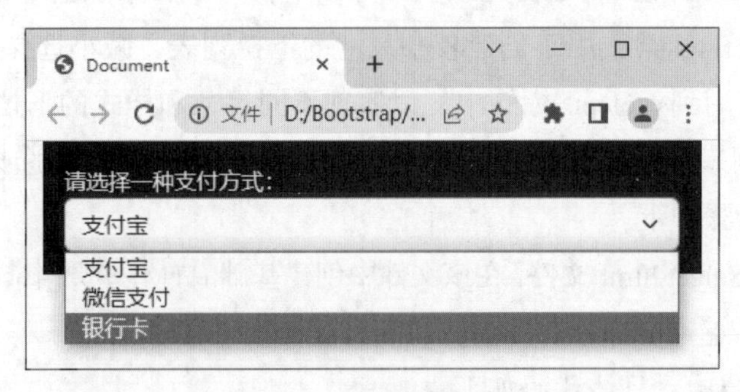

图6-3 列表选项效果

6.1.3 单选按钮和复选框

单选按钮和复选框提供预定义的选项供用户选择，用户只能从给定的选项中进行选择，不能自由输入文本。单选按钮通常以圆形按钮的形式呈现，适用于只允许选择一个选项的情况，例如选择性别、选择付款方式等；而复选框通常以方形框的形式呈现，适用于允许选择多个选项的情况，例如选择兴趣爱好、多个标签等。

Bootstrap 提供了应用于单选按钮和复选框的相关类，具体介绍如下。

① .form-check 类：用于为一组单选按钮或复选框设置样式。可将这个类应用于包裹单选按钮或复选框的容器元素（例如<div>），为整个组设置样式，使其呈现为可单击的选项。

② .form-check-inline 类：与 form-check 类的功能相同，将一组单选按钮或复选框元素水平排列，使它们在同一行显示。

③ .form-check-input 类：用于单选按钮或复选框的<input>标签上，定义单选按钮或复选框的样式。

④ .form-check-label 类：用于与单选按钮或复选框关联的<label>标签上，确保标签与单选按钮或复选框一起呈现，保持一致的样式。

下面通过案例来讲解如何使用单选按钮和复选框结合相关类实现问卷调查表单，具体实现步骤如下。

① 创建 radioInput.html 文件，在该文件中创建基础 HTML5 文档结构并引入 bootstrap.min.css 文件。

② 编写页面结构，具体代码如下。

```
1  <body>
2    <div class="container">
3      <form action="">
4        <div>性别：</div>
5        <div class="form-check-inline">
6          <input class="form-check-input" type="radio" name="gender" 
value="0" id="male" checked>
7          <label class="form-check-label" for="male">男</label>
8        </div>
9        <div class="form-check-inline">
10         <input class="form-check-input" type="radio" name="gender" 
value="1" id="female">
11         <label class="form-check-label" for="female">女</label>
12       </div>
13       <div>爱好：</div>
14       <div class="form-check-inline">
15         <input class="form-check-input" type="checkbox" name="hobby[]" 
value="0" id="sing">
16         <label class="form-check-label" for="sing">唱歌</label>
17       </div>
18       <div class="form-check-inline">
19         <input class="form-check-input" type="checkbox" name="hobby[]" 
value="1" id="swim" checked>
20         <label class="form-check-label" for="swim">游泳</label>
21       </div>
```

```
22        <div class="form-check-inline">
23          <input class="form-check-input" type="checkbox" name="hobby[]"
value="2" id="recitation" checked>
24          <label class="form-check-label" for="swim">朗诵</label>
25        </div>
26        <div class="form-check-inline">
27          <input class="form-check-input" type="checkbox" name="hobby[]"
value="3" id="mountain">
28          <label class="form-check-label" for="swim">爬山</label>
29        </div>
30      </form>
31    </div>
32  </body>
```

在上述代码中，第 6 行代码和第 10 行代码定义了两个用于接收性别的单选按钮，name 属性的值都为 gender，表示只能选择其中一个；第 15 行、第 19 行、第 23 行和第 27 行代码定义了 4 个用于接收爱好的复选框，name 属性的值都为 hobby[]，表示以数组形式提交复选框的值，其中，checked 属性表示默认被选中，显示为已选中状态。

保存上述代码，在浏览器中打开 radioInput.html 文件，问卷调查表单效果如图 6-4 所示。

图6-4　问卷调查表单效果

从图 6-4 所示页面可以看出，性别的选项使用了单选按钮，爱好的选项使用了复选框，且性别和爱好的选项都呈水平排列，并添加了合适的样式。

6.1.4　输入组

输入组用于对文本框进行扩展，通常由一个文本框和一个或多个附加元素组成，附加元素可以是文本、图标、按钮、下拉菜单和复选框等，它们都是表单控件的一部分，用于增强用户输入的交互性和功能性。

Bootstrap 提供了应用于输入组的相关类，具体介绍如下。

① .input-group 类：应用于包含输入组元素的父容器，创建一个输入组，可以将多个表单控件组合，形成一个整体，为输入组提供基本的样式。

② .input-group-lg 类：用于创建较大尺寸的输入组，增加输入组容器的大小和字号。

③ .input-group-sm 类：用于创建较小尺寸输入组，减小输入组容器的大小和字号。

④ .input-group-text 类：应用于输入组内的附加文本或附加元素，为附加文本或附加元素提供样式，并确保它们与文本框对齐，与输入组的整体样式保持一致。

创建一个输入组的示例代码如下。

```
<div class="input-group">
  <input type="text" class="form-control" placeholder="商品价格">
  <span class="input-group-text">¥</span>
</div>
```

在上述示例代码中，<div>标签添加了.input-group 类以创建一个输入组，该类可以使<input>标签和<span>标签在视觉上组合在一起。<span>标签添加了.input-group-text 类以应用输入组的附加元素的样式。

下面通过案例来讲解如何使用输入组结合相关类实现商品搜索表单，表单包括商品名称、搜索按钮和商品价格范围，具体实现步骤如下。

① 复制本章配套源代码中的 bootstrap-icons-1.10.5 文件夹并放在 chapter06 目录下，该文件夹保存了图标相关文件。

② 创建 groupInput.html 文件，在该文件中创建基础 HTML5 文档结构并引入 bootstrap.min.css 文件和 bootstrap-icons.min.css 文件。

③ 编写页面结构，创建一个包含商品名称输入组和商品价格输入组的表单，具体代码如下。

```
1  <body>
2    <div class="container">
3      <form action="">
4        <div class="input-group mb-3">
5          <input type="text" class="form-control" placeholder="商品名称">
6          <button class="text-white bg-primary border-0 rounded-1 px-3 py-1">
<i class="bi bi-search"></i></button>
7        </div>
8        <div class="input-group mb-3">
9          <span class="input-group-text">¥</span>
10         <input type="text" class="form-control" placeholder="最低价格">
11         <span class="input-group-text" style="width: auto;">至 ¥</span>
12         <input type="text" class="form-control" placeholder="最高价格">
13         <span class="input-group-text">.00</span>
14       </div>
15     </form>
16   </div>
17 </body>
```

在上述代码中，第 5 行代码定义了用于输入商品名称的文本框；第 6 行代码定义了搜索按钮；第 9 行、第 11 行和第 13 行代码分别为<span>标签添加了.input-group-text 类，用于创建附加元素；第 10 行代码定义了用于输入商品最低价格的文本框；第 12 行代码定义了用于输入商品最高价格的文本框。

保存上述代码，在浏览器中打开 groupInput.html 文件，商品搜索表单效果如图 6-5 所示。

图6-5 商品搜索表单效果

从图 6-5 所示页面可以看出，第一个输入组包含 1 个单行文本框和 1 个搜索按钮；第二个输入组包含 2 个单行文本框和 3 个附加文本，且都给附加文本添加了一个特定的背景色。

6.2 表单布局方式

在 Bootstrap 中，默认情况下表单的默认布局方式是垂直布局，即表单控件在垂直方向上逐行堆叠排列。除了垂直布局外，常见的表单布局方式还包括行内表单布局、水平表单布局和响应式表单布局。本节将详细讲解行内表单布局、水平表单布局和响应式表单布局的使用方法。

6.2.1 行内表单布局

行内表单布局是一种将表单控件在同一行内水平排列的布局方式，适用于表单内容较少、紧凑的情况。在 Bootstrap 中，可以使用栅格系统的.row 类和.col-auto 类实现行内表单布局。

首先，使用<div>标签创建一个行容器，并添加.row 类；然后，在行容器内添加一个<div>标签用于包裹表单控件，并添加.col-auto 类。这样可以使表单控件在同一行内水平排列，并根据内容自动调整宽度，示例代码如下。

```
<form action="">
  <div class="row">
    <div class="col-auto">
      <!-- 表单控件 1 -->
```

```
    </div>
    <div class="col-auto">
      <!-- 表单控件 2 -->
    </div>
  </div>
</form>
```

下面通过案例来讲解如何使用行内表单布局实现员工筛选表单，该表单的内容包括员工姓名、部门、岗位和入职日期范围，具体实现步骤如下。

① 创建 inlineForm.html 文件，在该文件中创建基础 HTML5 文档结构并引入 bootstrap.min.css 文件。

② 编写页面结构，具体代码如下。

```
1  <body>
2    <div class="container-fluid">
3      <h1>员工筛选表单</h1>
4      <form>
5        <div class="row">
6          <div class="col-auto">
7            <label for="username" class="form-label">员工姓名</label>
8            <input type="text" class="form-control" id="username">
9          </div>
10         <div class="col-auto">
11           <label for="department" class="form-label">部门</label>
12           <select class="form-select" id="department">
13             <option selected>全部部门</option>
14             <option value="department1">部门 1</option>
15             <option value="department2">部门 2</option>
16             <option value="department3">部门 3</option>
17           </select>
18         </div>
19         <div class="col-auto">
20           <label for="position" class="form-label">岗位</label>
21           <select class="form-select" id="position">
22             <option selected>全部岗位</option>
23             <option value="position1">岗位 1</option>
24             <option value="position2">岗位 2</option>
25             <option value="position3">岗位 3</option>
26           </select>
27         </div>
28         <div class="col-auto">
29           <label for="startDate" class="form-label">入职日期范围</label>
30           <div class="input-group">
```

```
31              <input type="date" class="form-control" id="startDate">
32              <label for="endDate" class="input-group-text">到</label>
33              <input type="date" class="form-control" id="endDate">
34            </div>
35          </div>
36          <div class="col-auto mt-4">
37             <button type="submit" class="text-white bg-primary border-0
rounded-1 px-3 py-1">筛选</button>
38             <button type="reset" class="text-white bg-secondary border-0
rounded-1 px-3 py-1">重置</button>
39          </div>
40        </div>
41      </form>
42    </div>
43 </body>
```

在上述代码中，第 5 行代码为<div>标签添加了.row 类，作为表单控件的父容器；第 8 行代码定义了一个用于输入员工姓名的文本框；第 12～17 行代码定义了一个用于输入部门的下拉列表；第 21～26 行代码定义了一个用于输入岗位的下拉列表；第 31 行和第 33 行代码分别定义了一个用于输入入职日期范围的日期选择框；第 37～38 行分别定义了“筛选”按钮和“重置”按钮。

第 6 行、第 10 行、第 19 行、第 28 行和第 36 行代码分别为<div>标签添加了.col-auto 类，即根据内容自动调整宽度。

保存上述代码，在浏览器中打开 inlineForm.html 文件，员工筛选表单效果如图 6-6 所示。

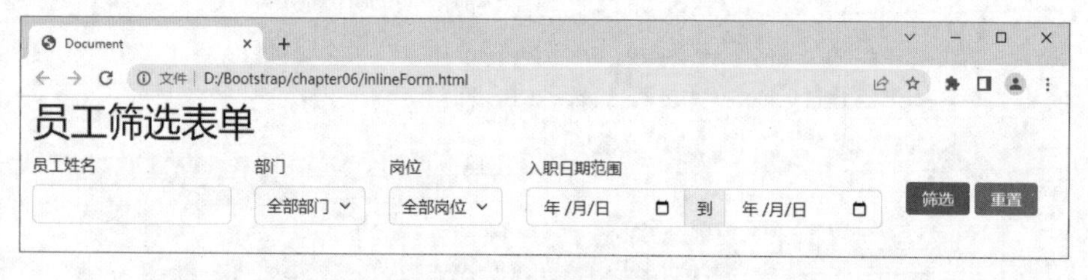

图6-6 员工筛选表单效果

6.2.2 水平表单布局

水平表单布局将表单控件（如<label>标签）和输入控件（如<input>标签、<select>标签、<textarea>标签等）放置在同一行内，每个表单组单独占一行，这样就可避免一行显示太多的内容。

通过栅格系统的.row 类和.col-{sm|md|lg|xl|xxl}-{value}类可以创建水平表单布局。为了使表单标签与其关联的表单控件在同一行内水平排列，并且垂直对齐，可以为<label>标签添加.col-form-label 类。如果需要调整标签的尺寸，可以使用.col-form-label-sm 类设

置小尺寸样式，使用.col-form-label-lg 类设置大尺寸样式。

下面演示如何创建一个在小型及以上设备（视口宽度≥576px）中呈水平布局的表单，示例代码如下。

```
<form>
  <div class="row">
    <label class="col-form-label col-sm-3">Label 1</label>
    <div class="col-sm-9">
      <input type="text" class="form-control">
    </div>
  </div>
  <div class="row">
    <label class="col-form-label col-sm-3">Label 2</label>
    <div class="col-sm-9">
      <input type="text" class="form-control">
    </div>
  </div>
</form>
```

在上述示例代码中，每个<label>标签都添加了.col-sm-3 类，表示标签的宽度为 3 列，然后为具有表单控件的<div>标签都添加了.col-sm-9 类，表示单行文本框的宽度为 9 列。这样设置后，在小型及以上设备，每行的标签和单行文本框将显示在一行内，标签宽度占据 1/4，单行文本框宽度占据 3/4，实现水平布局。

下面通过案例来讲解如何实现登录表单，该表单在小型及以上设备（视口宽度≥576px）中呈水平布局，具体实现步骤如下。

① 创建 horizontalForm.html 文件，在该文件中创建基础 HTML5 文档结构并引入 bootstrap.min.css 文件。

② 编写页面结构，具体代码如下。

```
1  <body>
2    <div class="container">
3      <form>
4        <div class="row my-2">
5          <label class="col-form-label col-form-label-lg col-sm-3" for=
"username">用户名：</label>
6          <div class="col-sm-9">
7            <input type="text" class="form-control" id="username"
placeholder="请输入用户名">
8          </div>
9        </div>
10       <div class="row mb-2">
11         <label class="col-form-label col-form-label-lg col-sm-3"
for="password">密码：</label>
12         <div class="col-sm-9">
```

```
13          <input type="password" class="form-control" id="password"
placeholder="请输入密码">
14          </div>
15        </div>
16        <div class="row">
17          <div class="col-sm-12 text-center">
18            <button type="submit" class="text-white bg-primary border-0
rounded-1 px-5 py-2">登录</button>
19          </div>
20        </div>
21      </form>
22    </div>
23 </body>
```

在上述代码中，第 7 行代码定义了一个用于输入用户名的文本框；第 13 行代码定义了一个用于输入密码的文本框；第 18 行代码定义了一个“登录”按钮。

第 5 行代码和第 11 行代码为<lable>标签添加了.col-sm-3 类，设置标签的宽度在小型及以上设备中占据 3 列；第 6 行代码和第 12 行代码为包含表单控件的<div>标签添加了.col-sm-9 类，设置表单控件的宽度在小型及以上设备中占据 9 列；第 17 行代码为<div>标签添加了.col-sm-12 类，设置控件的宽度在小型及以上设备中占据 12 列。

保存上述代码，在浏览器中打开 horizontalForm.html 文件，登录表单效果如图 6-7 所示。

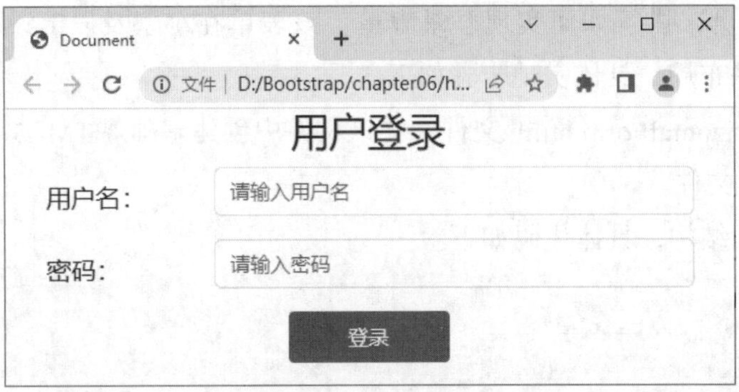

图6-7　登录表单效果

在开发登录页面时，数据会涉及用户的个人信息，如用户名和密码等，我们必须高度重视个人信息的安全，遵守相关法律法规，保护用户的信息不被泄露。

6.2.3　响应式表单布局

在 Bootstrap 中可以将栅格系统和其他相关类结合使用，以实现响应式表单布局。对响应式表单布局相关类的具体介绍如下。

① .row-cols-{sm|md|lg|xl|xxl}-auto 类：用于根据不同视口宽度响应式地调整列的宽

度。例如.row-cols-sm-auto类可以使表单控件在小型及以上设备（视口宽度≥576px）中自动调整列宽，而在超小型设备（视口宽度<576px）中垂直堆叠。

② .g-{sm|md|lg|xl|xxl}-{value}类：用于设置垂直方向的间距。其中，value表示间距的数值，取值范围为0～5，分别表示间距为0、0.25rem、0.5rem、1rem、1.5rem和3rem。

③ .align-items-center类：用于将表单的控件在垂直方向上居中对齐，该类应用于包含表单控件的容器元素。

下面通过案例来讲解如何实现产品筛选表单。在中型及以上设备（视口宽度≥768px）中自动调整表单控件的宽度，而在中型以下设备（视口宽度<768px）中垂直堆叠表单控件，具体实现步骤如下。

① 创建responseForm.html文件，在该文件中创建基础HTML5文档结构并引入bootstrap.min.css文件。

② 编写页面结构，具体代码如下。

```
1  <body>
2    <div class="container">
3      <h1>产品筛选表单</h1>
4      <form action="" class="row row-cols-md-auto align-items-center g-2">
5        <div class="col-12">
6          <label for="productName" class="form-label">产品名称</label>
7          <input type="text" class="form-control" id="productName">
8        </div>
9        <div class="col-12">
10         <label for="category">产品类别：</label>
11         <select class="form-select" class="input-group-text" id=
"category">
12           <option selected>全部</option>
13           <option value="category1">类别 1</option>
14           <option value="category2">类别 2</option>
15           <option value="category3">类别 3</option>
16         </select>
17       </div>
18       <div class="col-12">
19         <label for="status">状态：</label>
20         <select class="form-select" id="status">
21           <option selected>全部</option>
22           <option value="status1">状态 1</option>
23           <option value="status2">状态 2</option>
24           <option value="status3">状态 3</option>
25         </select>
26       </div>
27       <div class="col-12 mt-3">
```

```
28         <button type="submit" class="text-white bg-primary border-0
rounded-1 px-3 py-1">筛选</button>
29         <button type="reset" class="text-white bg-secondary border-0
rounded-1 px-3 py-1">重置</button>
30       </div>
31     </form>
32   </div>
33 </body>
```

在上述代码中，第 4 行代码为<form>标签添加.row-cols-md-auto 类，使表单控件在中型及以上设备（视口宽度≥768px）中自动调整列宽，而在中型以下设备（视口宽度<768px）中垂直堆叠。

第 7 行代码定义了一个用于输入产品名称的文本框；第 11～16 行代码定义了一个用于选择产品类别的下拉列表；第 20～25 行代码定义了一个用于选择状态的下拉列表；第 28～29 行代码定义了“筛选”按钮和“重置”按钮。

保存上述代码，在浏览器中打开 responseForm.html 文件，产品筛选表单在中型及以上设备（视口宽度≥768px）中的页面效果如图 6-8 所示。

图6-8　产品筛选表单效果（1）

从图 6-8 所示页面可以看出，表单控件呈水平排列。

产品筛选表单在中型以下设备（视口宽度<768px）中的页面效果如图 6-9 所示。

图6-9　产品筛选表单效果（2）

从图 6-9 所示页面可以看出，表单控件呈垂直堆叠。

6.3 表单验证

在浏览器向服务器提交表单数据时，为了确保表单数据的正确性，需要对表单数据进行验证。在表单验证过程中，前端（客户端）和后端（服务器）需要共同发挥作用。本节仅对前端表单验证进行讲解。

在前端表单验证阶段，可以使用 JavaScript 等技术对用户输入的数据进行实时验证，以确保其符合特定规则或格式要求。例如，验证电子邮件地址的格式、检查密码的长度和包含特殊字符等。如果用户输入的数据不能通过前端验证，可以通过显示错误消息或高亮无效字段的方式提醒用户重新输入数据。

Bootstrap 提供了内置的验证样式类，用于显示表单控件的正确状态或错误状态，通过验证样式的变化，用户可以清楚地知道哪些输入是有效的，哪些输入存在错误。

常见的验证样式类如表 6-1 所示。

表 6-1　常见的验证样式类

类	描述
.needs-validation	用于表单的父元素或包含表单控件的父元素，触发表单验证
.valid-feedback	用于为通过验证的表单控件提供附加的反馈信息或图标，通常与.is-valid 类一起使用
.invalid-feedback	用于为未通过验证的表单控件提供附加的反馈信息或图标，通常与.is-invalid 类一起使用
.is-valid	用于表单控件，用于标识输入为有效状态，触发正确状态样式
.is-invalid	用于表单控件，用于标识输入为无效状态，触发错误状态样式
.was-validated	用于整个表单，在验证后将验证状态应用于表单，并将无效表单的字段显示为红色

在表 6-1 中，当表单元素添加了.needs-validation 类，用户尝试提交表单时，Bootstrap 会自动触发表单验证。默认情况下，Bootstrap 使用浏览器内置的表单验证功能。如果用户尝试提交表单，浏览器会自动显示相应的验证提示信息，并根据验证结果应用相应的 CSS 类标识输入的状态。当输入无效时，Bootstrap 会自动为表单控件添加.is-invalid 类，标识输入为无效状态；当输入有效时，Bootstrap 会自动添加.is-valid 类，标识输入为有效状态。

需要注意的是，为了使表单验证正常工作，需要确保在提交表单时已经取消浏览器的默认验证行为。可以通过在<form>标签上添加 novalidate 属性以禁用浏览器的默认验证行为。

此外，在提交表单时，默认的表单提交行为会被执行。如果开发者希望在表单提交之前处理表单数据或执行其他操作，可以通过调用事件对象的 preventDefault()方法阻止浏览器按照默认方式处理表单提交。考虑到在一些情况下，可能会有嵌套的元素或事件捕获的情况，可以通过调用事件对象的 stopPropagation()方法阻止事件冒泡，确保仅在当前的元素上阻止默认行为。

下面演示如何实现一个简单的用户名文本框验证效果。这个示例只关注样式的改变，不考虑具体的校验规则。当用户输入的用户名为空时，会阻止表单提交，并显示提示信息“请输入用户名”。当输入用户名后，会显示提示信息“输入正确”，示例代码如下。

```
1  <form class="needs-validation text-center" novalidate>
2    <div class="input-group my-3">
3      <label class="input-group-text" for="username">用户名：</label>
4      <input type="text" class="form-control" id="username" required>
5      <div class="invalid-feedback text-center">请输入用户名</div>
6      <div class="valid-feedback text-center">输入正确</div>
7    </div>
8    <button type="submit" class="text-white bg-primary border-0 rounded-1 px-5
py-2">注册</button>
9  </form>
10 <script>
11   var form = document.querySelector('.needs-validation');
12   form.addEventListener('submit', function (event) {
13     if (!form.checkValidity()) {
14       event.preventDefault();
15       event.stopPropagation();
16     }
17     form.classList.add('was-validated');
18   });
19  </script>
```

在上述示例代码中，第 1 行代码为<form>标签添加了.needs-validation 类，表示该表单需要进行验证，同时，添加了一个 novalidate 属性用于禁用浏览器的默认验证行为；第 5 行代码添加了.invalid-feedback 类，显示验证未通过的提示信息；第 6 行代码添加了.valid-feedback 类，显示验证通过的提示信息。

第 11 行代码用于获取具有.needs-validation 类的元素，并将其赋值给 form 变量；第 12～18 行代码用于监听表单的提交事件，并在事件处理函数中使用 checkValidity()方法检查表单中所有字段的有效性。如果表单验证不通过，使用 preventDefault()方法取消默认的表单提交行为，以阻止表单的提交，并使用 stopPropagation()方法阻止事件冒泡，以确保所有的错误提示信息都能够显示出来。最后为具有.needs-validation 类的表单控件添加.was-validated 类，用于标记表单已经进行过验证，以便在对应的元素上显示相应的验证不通过的样式和提示信息。

运行上述示例代码后，当用户输入的用户名为空时，验证未通过的提示信息如图 6-10 所示。

当用户输入用户名后，验证通过的提示信息如图 6-11 所示。

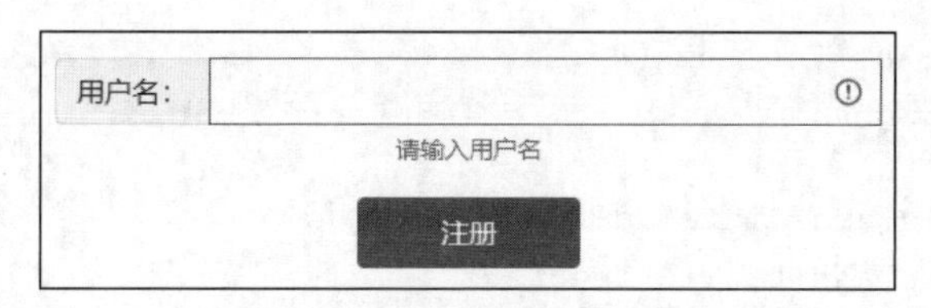

图6-10　验证未通过的提示信息

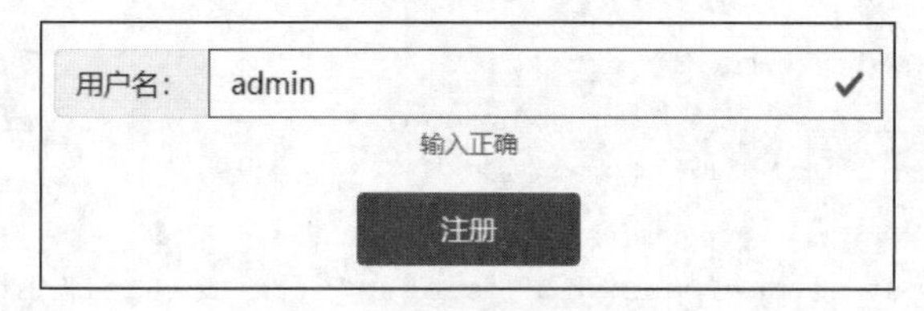

图6-11　验证通过的提示信息

上述示例只是简单地根据验证结果应用 CSS 类来标识输入的状态，并没有对输入内容进行校验。然而，在实际开发中，通常需要为表单添加校验规则，以确保用户输入的数据符合预设的格式要求。

下面通过案例来讲解如何实现用户注册表单，并为表单添加校验规则，以贴近实际开发的情况。通过 JavaScript 监听用户的输入，并实时检查输入的信息是否符合预设的格式要求。在用户输入数据的过程中，根据校验结果通过 JavaScript 向用户提供实时的反馈和提示信息。在提交表单之前，需要对整个表单进行验证，确保所有的验证规则都通过才能提交表单。具体实现步骤如下。

① 创建 validationForm.html 文件，在该文件中创建基础 HTML5 文档结构并引入 bootstrap.min.css 文件和 bootstrap.min.js 文件。

② 编写页面结构，创建一个包含用户名、密码、确认密码和“注册”按钮的表单，具体代码如下。

```
1  <body>
2    <div class="container">
3      <h1 class="text-center">用户注册</h1>
4      <form class="needs-validation" novalidate>
5        <div class="row my-2">
6          <label class="col-form-label col-form-label-lg col-sm-3"
for="username">用户名：</label>
7          <div class="col-sm-9">
8            <input type="text" class="form-control" id="username" required>
9            <div class="invalid-feedback"></div>
10           <div class="valid-feedback"></div>
11         </div>
12       </div>
13       <div class="row mb-2">
14         <label class="col-form-label col-form-label-lg col-sm-3" for=
"password">密码：</label>
```

```
15        <div class="col-sm-9">
16          <input type="password" class="form-control" id="password"
required>
17          <div class="invalid-feedback"></div>
18          <div class="valid-feedback"></div>
19        </div>
20      </div>
21      <div class="row mb-2">
22        <label class="col-form-label col-form-label-lg col-sm-3"
for="confirmPassword">确认密码：</label>
23        <div class="col-sm-9">
24          <input type="password" class="form-control" id="confirmPassword"
required>
25          <div class="invalid-feedback"></div>
26          <div class="valid-feedback"></div>
27        </div>
28      </div>
29      <div class="row">
30        <div class="col-sm-12 text-center">
31          <button type="submit" class="text-white bg-primary border-0
rounded-1 px-5 py-2">注册</button>
32        </div>
33      </div>
34    </form>
35  </div>
36 </body>
```

在上述代码中，第 8 行代码定义了一个用于输入用户名的单行文本框；第 16 行代码定义了一个用于输入密码的文本框；第 24 行代码定义了一个用于输入确认密码的文本框；第 31 行代码定义了一个“注册”按钮。

第 9 行、第 17 行和第 25 行代码分别为<div>标签添加了.invalid-feedback 类，用于保存验证未通过的提示信息；第 10 行、第 18 行和第 26 行代码分别为<div>标签添加了.valid-feedback 类，用于保存验证通过的提示信息。

③ 编写页面逻辑，获取表单字段并监听用户输入事件，具体代码如下。

```
1  <script>
2   var form = document.querySelector('form');
3   var usernameInput = document.getElementById('username');
4   var passwordInput = document.getElementById('password');
5   var confirmPasswordInput = document.getElementById('confirmPassword');
6   usernameInput.addEventListener('input', function () {
7     validateUsername();
8   });
9   passwordInput.addEventListener('input', function () {
10    validatePassword();
```

```
11  });
12  confirmPasswordInput.addEventListener('input', function () {
13    validateConfirmPassword();
14  });
15 </script>
```

在上述代码中，第 2 行代码通过 querySelector()方法获取 form 元素；第 3～5 行代码通过 getElementById()方法分别获取 id 属性值为 username 的元素、id 属性值为 password 的元素和 id 属性值为 confirmPassword 的元素。第 6～8 行代码用于监听用户名的输入事件，当用户输入用户名时触发相应的验证函数 validateUsername()。

第 9～11 行代码用于监听密码的输入事件，当用户输入密码时触发相应的验证函数 validatePassword()。第 12～14 行代码监听用于确认密码的输入事件，当用户输入确认密码时触发相应的验证函数 validateConfirmPassword()。

④ 在步骤③的第 14 行代码下编写用户名验证函数，具体代码如下。

```
1  function validateUsername () {
2    var username = usernameInput.value;
3    if (username === '') {
4      showInvalidFeedback('username', '请输入有效的用户名');
5    } else if (!isValidName(username)) {
6      showInvalidFeedback('username', '用户名必须由 3 到 20 个字符组成');
7    } else {
8      showValidFeedback('username', '用户名可用');
9    }
10 }
11 function showInvalidFeedback (fieldName, message) {
12   var field = document.getElementById(fieldName);
13   field.classList.remove('is-valid');
14   field.classList.add('is-invalid');
15   field.nextElementSibling.innerText = message;
16 }
17 function showValidFeedback (fieldName, message) {
18   var field = document.getElementById(fieldName);
19   field.classList.remove('is-invalid');
20   field.classList.add('is-valid');
21   field.nextElementSibling.nextElementSibling.innerText = message;
22 }
23 function isValidName (username) {
24   var usernameRegex = /^[a-zA-Z0-9_]{3,20}$/;
25   return usernameRegex.test(username);
26 }
```

在上述代码中，第 1～10 行代码定义了 validateUsername()函数，用于验证用户名是否有效，如果用户名为空，显示无效的提示信息“请输入有效的用户名”；如果用户名不符合指定的格式，显示无效的提示信息“用户名必须由 3 到 20 个字符组成”；如果用户名有效，显示有效的提示信息“用户名可用”。

第 11～16 行代码定义了 showInvalidFeedback()函数，用于显示无效的提示信息。首先获取指定字段的元素，移除.is-valid 类（如果存在）并添加.is-invalid 类；然后将下一个元素的文本内容设置为指定的内容。

第 17～22 行代码定义了 showValidFeedback()函数，用于显示有效的提示信息。首先获取指定字段的元素，移除.is-invalid 类（如果存在）并添加.is-valid 类；然后将第二个元素的文本内容设置为指定的内容。

第 23～26 行代码定义了 isValidName()函数，用于验证用户名的格式，使用正则表达式验证用户名是否由 3 到 20 个字母、数字或下划线组成。

⑤ 在步骤④的第 10 行代码下编写密码和确认密码的验证函数，具体代码如下。

```
1  function validatePassword () {
2    var password = passwordInput.value;
3    if (password === '') {
4      showInvalidFeedback('password', '请输入密码');
5    } else if (!isValidPassword(password)) {
6      showInvalidFeedback('password', '密码长度应该至少为 6 个字符');
7    } else {
8      showValidFeedback('password', '密码可用');
9    }
10 }
11 function validateConfirmPassword () {
12   var confirmPassword = confirmPasswordInput.value;
13   var password = passwordInput.value;
14   if (confirmPassword === '') {
15     showInvalidFeedback('confirmPassword', '请再次输入密码');
16   } else if (password !== confirmPassword) {
17     showInvalidFeedback('confirmPassword', '两次密码输入不一致');
18   } else {
19     showValidFeedback('confirmPassword', '密码输入正确');
20   }
21 }
22 function isValidPassword (password) {
23   var passwordRegex = /^.{6,}$/;
24   return passwordRegex.test(password);
25 }
```

在上述代码中，第 1～10 行代码定义了 validatePassword()函数，用于验证密码是否有效，如果密码为空，显示无效的提示信息“请输入密码”；如果密码不符合指定的格式，显示无效的提示信息“密码长度应该至少为 6 个字符”；如果密码有效，显示有效的提示信息“密码可用”。

第 11～21 行代码定义了 validateConfirmPassword()函数，用于验证确认密码是否与密码一致，如果确认密码为空，显示无效的提示信息“请再次输入密码”；如果确认密码与密码不一致，显示无效的提示信息“两次密码输入不一致”；如果确认密码与密码一致，显示有效的提示信息“密码输入正确”。

第 22～25 行代码定义了 isValidPassword()函数，用于验证密码的格式，使用正则表达式验证密码的长度是否至少为 6 个字符。

⑥ 在步骤⑤的第 25 行代码下编写表单提交事件的逻辑代码，具体代码如下。

```
1  form.addEventListener('submit', function(event) {
2    event.preventDefault();
3    validateUsername();
4    validatePassword();
5    validateConfirmPassword();
6  });
```

在上述代码中，对表单的提交事件进行了监听，并在事件处理函数中使用 validateUsername()方法、validatePassword()方法和 validateConfirmPassword()方法检查表单中字段的有效性。

保存上述代码，在浏览器中打开 validationForm.html 文件，注册表单初始页面效果如图 6-12 所示。

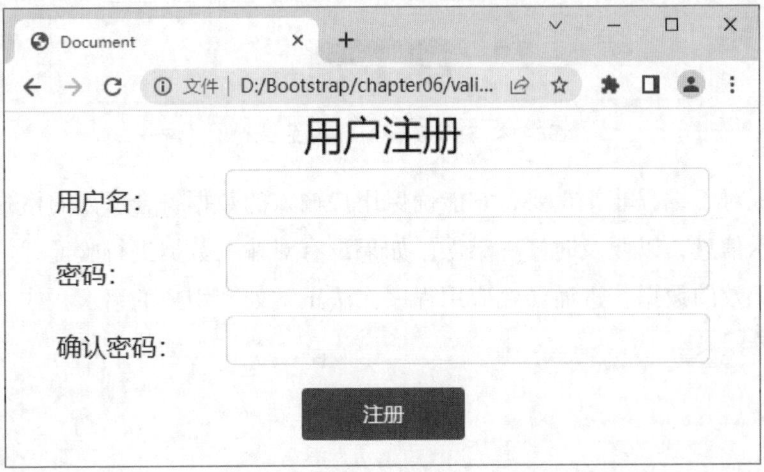

图6-12 注册表单初始页面效果

用户输入无效的用户名、密码和确认密码后，注册表单验证未通过的提示信息如图 6-13 所示。

用户输入有效的用户名、密码和确认密码后，注册表单验证通过的提示信息如图 6-14 所示。

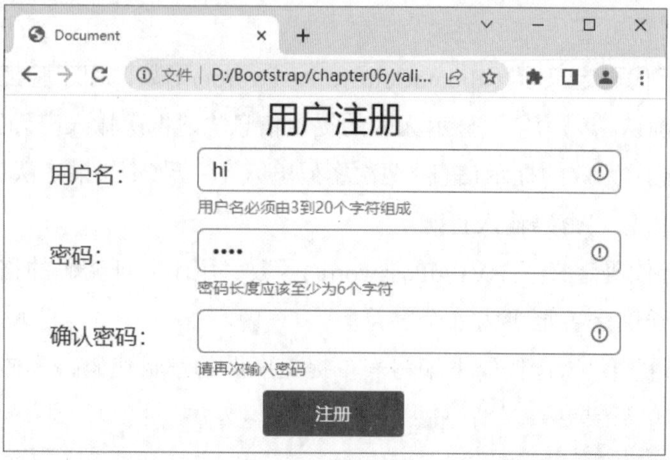

图6-13　注册表单验证未通过的提示信息

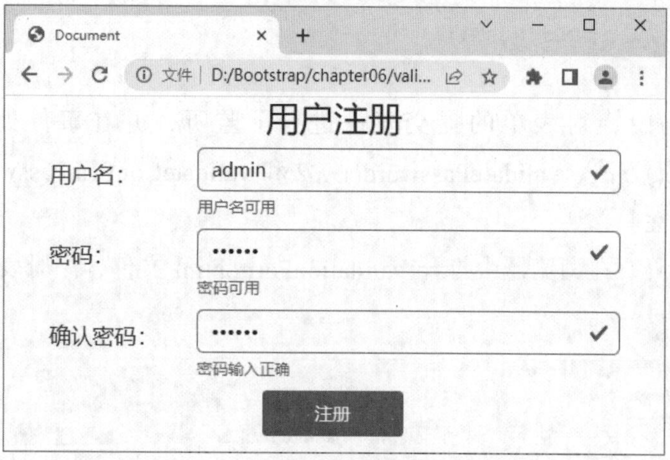

图6-14　注册表单验证通过的提示信息

表单验证对于编程非常重要，它能确保用户输入的数据符合所需的格式要求，并提供友好的提示信息，以便及时修正错误。如果没有对输入数据进行验证，可能会发生提交不完整或无效的数据，进而导致应用程序无法正常处理用户的请求，或者在后端处理数据时发生错误。

本章小结

本章详细讲解了 Bootstrap 表单的相关内容。首先讲解了表单控件样式的使用方法，包括文本框、下拉列表、单选按钮、复选框和输入组等；其次讲解了不同的表单布局方式，包括行内表单布局、水平表单布局和响应式表单布局；最后讲解了表单验证，包括验证样式类的用法。通过对本章的学习，读者能够掌握表单设计和交互的技巧，提升用户体验和提高数据的准确性。

课后练习

一、填空题

1. 在 Bootstrap 中使用______类设置输入组的基本样式，它可以将多个表单控件组合，形成一个整体。

2. 在 Bootstrap 中使用______类设置输入组内的附加文本或附加元素的样式。

3. 在 Bootstrap 中使用______类可以创建只读文本框，适用于显示只读或不可编辑的文本且没有边框样式。

4. 在 Bootstrap 中使用______类为<lable>标签添加样式，将其与相关的文本框关联起来。

二、判断题

1. 下拉列表只允许用户从预定义的选项中选择一个值。(　　)

2. 在 Bootstrap 中使用.form-check 类为一组单选按钮或复选框设置样式。(　　)

3. 在 Bootstrap 中为<label>标签添加.col-form-label-lg 类，以设置标签为小尺寸样式。(　　)

4. 在 Bootstrap 中使用.form-check-inline 类设置一组单选按钮或复选框元素水平排列。(　　)

5. 在 Bootstrap 中使用.form-check-label 类为单选按钮关联的<label>标签设置样式。(　　)

三、选择题

1. 下列选项中，用于为下拉列表设置基本样式的类是（　　）。

A. .form-input　　B. .form-control
C. .dropdown-menu　　D. .form-select

2. 下列选项中，不属于表单控件的是（　　）。

A. 文本框　　B. 下拉列表　　C. 段落　　D. 复选框

3. 下列选项中，用于为单选按钮设置基本样式的类是（　　）。

A. .form-check　　B. .form-check-inline
C. .form-check-input　　D. .form-check-label

4. 下列选项中，用于为文本框设置基本样式的类是（　　）。

A. .form-control　　B. .input-field
C. .form-input　　D. .input-control

四、简答题

1. 请简述 Bootstrap 为文本框提供了哪些类，列举出 5 个即可。

2. 请简述 Bootstrap 中的表单验证的作用及常见的验证样式类。

五、操作题

创建一个“联系我们”的表单，要求如下。

① 表单包含字段：姓名、邮箱、电话号码和消息。

② 为表单添加必要的验证规则和提示信息，确保用户输入的合法性。

③ 当表单提交时，验证表单的有效性。如果有错误输入，禁止表单提交，显示相应的错误提示信息。

④ 当表单验证通过并成功提交时，将用户输入的值显示在一个确认页面上。

第7章

Bootstrap常用组件

学习目标

拓展阅读

◆ 了解组件的概念，能够说出Bootstrap组件的优势

◆ 掌握Bootstrap组件的基本使用方法，能够通过查阅官方文档的方式学习Bootstrap组件

◆ 掌握按钮组件的使用方法，能够创建基础样式按钮、轮廓样式按钮、尺寸样式按钮、状态样式按钮和组合样式按钮

◆ 掌握导航组件的使用方法，能够创建基础导航、标签式导航、胶囊式导航和面包屑导航

◆ 掌握导航栏组件的使用方法，能够创建基础导航栏和带有折叠按钮的导航栏

◆ 掌握下拉菜单组件的使用方法，能够创建下拉菜单按钮和下拉菜单导航栏

◆ 掌握卡片组件的使用方法，能够创建基础卡片、图文卡片和背景图卡片

◆ 掌握轮播组件的使用方法，能够创建基础轮播图

◆ 掌握提示组件的使用方法，能够创建工具提示框、弹出提示框和警告框

◆ 掌握模态框组件的使用方法，能够创建模态框

在前端开发中，开发者经常会遇到编写相似或重复的代码的情况，同时需要确保整体外观和样式的一致性。现在移动设备的使用越来越广泛，响应式设计变得越来越重要。然而，构建适应不同屏幕尺寸和设备的页面可能会很复杂且耗时。为了解决这些问题，我们可以使用Bootstrap组件。开发者可以借助Bootstrap组件快速构建具有统一样式和响应式设计的项目，从而减少开发时间和工作量，为用户提供更好的体验。本章将对Bootstrap常用组件的使用方法进行讲解。

7.1 初识组件

在项目开发的过程中，经常会用到组件。为了更好地学习 Bootstrap 常用组件的内容，本节将详细讲解组件，以及 Bootstrap 组件的基本使用方法。

7.1.1 组件概述

组件是独立的代码块，具有特定的功能和样式，并且可以在页面中独立使用和重复使用。组件类似我们生活中的汽车发动机，不同型号的汽车可以使用同一款发动机，这样就不需要为每一台汽车生产一款发动机。

Bootstrap 为开发者提供了许多可重用的组件，包括按钮组件、导航组件、导航栏组件、下拉菜单组件、卡片组件、轮播组件、提示组件和模态框组件等。我们可以通过简单地添加相应的 HTML 标签和 Bootstrap 的 CSS 类来使用组件，而无须自己编写复杂的样式和脚本。使用组件可以大大加快开发速度，并且通过组合和定制组件，可以快速构建网站和应用程序。

Bootstrap 中组件的优势如下。

① 易于使用。开发者只需要在 HTML 中添加相应的标签和 CSS 类，即可快速插入并使用组件。同时，Bootstrap 还提供详细的文档和示例，以帮助开发者理解和使用组件。

② 响应式设计。Bootstrap 的组件都支持响应式设计，可以自动适应各种屏幕尺寸和设备。用户在 PC 设备和移动设备中访问网页时，能够获得良好的用户体验。

③ 可定制化。Bootstrap 的组件提供了多种样式和组合方式，开发者可以根据需求进行调整和自定义。

7.1.2 Bootstrap 组件的基本使用方法

Bootstrap 的官方网站提供了示例代码，用于展示组件的实际应用，这些示例代码可以帮助开发者了解如何使用 Bootstrap 的 CSS 类和样式。此外，Bootstrap 官方网站还提供了详细的开发文档，以帮助开发者更好地理解和应用组件。

对于初学者而言，在刚接触 Bootstrap 组件时，建议先查阅官方文档，通过官方文档获取组件的相关信息。

通过查阅官方文档的方式学习 Bootstrap 组件的基本流程如下。

① 在 Bootstrap 官方网站中找到所需组件的示例代码。

② 将示例代码复制到项目的 HTML 文件中的适当位置。

③ 根据实际需求和设计要求，调整和修改代码。

④ 在浏览器中打开 HTML 文件，查看组件的效果，如果效果与实际需求有差异，可以根据需要进一步调整和修改代码，以达到期望的效果。

下面通过案例来讲解如何通过查阅官方文档的方式实现按钮效果，具体步骤如下。

① 创建 D:\Bootstrap\chapter07 目录，并使用 VS Code 编辑器打开该目录。

② 将配套源代码中的 bootstrap-5.3.0-dist 文件夹复制到 chapter07 目录下，以便在 HTML 文件中引用 Bootstrap。

③ 创建 example.html 文件，在该文件中创建基础 HTML5 文档结构并引入 bootstrap.min.css 文件。

④ 在 Bootstrap 官方网站中找到按钮组件的示例代码。打开浏览器，访问 Bootstrap 官方网站，其首页如图 7-1 所示。

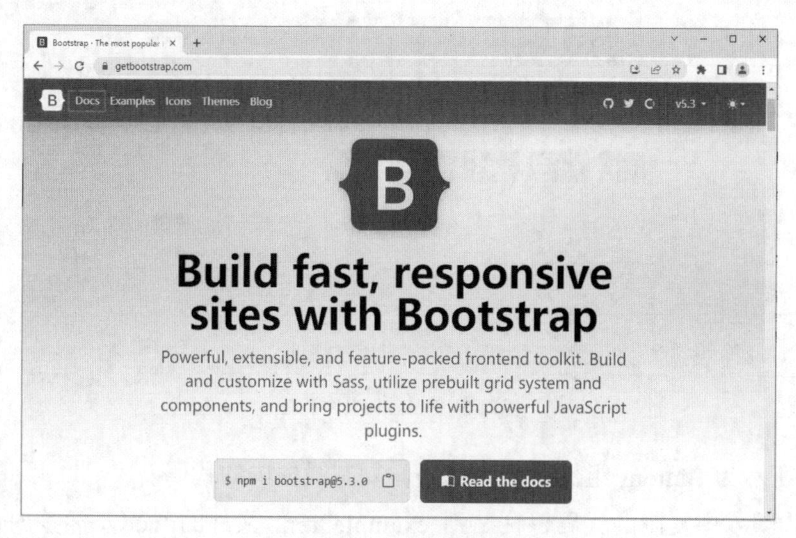

图7−1　Bootstrap首页

⑤ 单击图 7-1 所示页面中的“Docs”链接，跳转到 Bootstrap 官方文档页面，如图 7-2 所示。

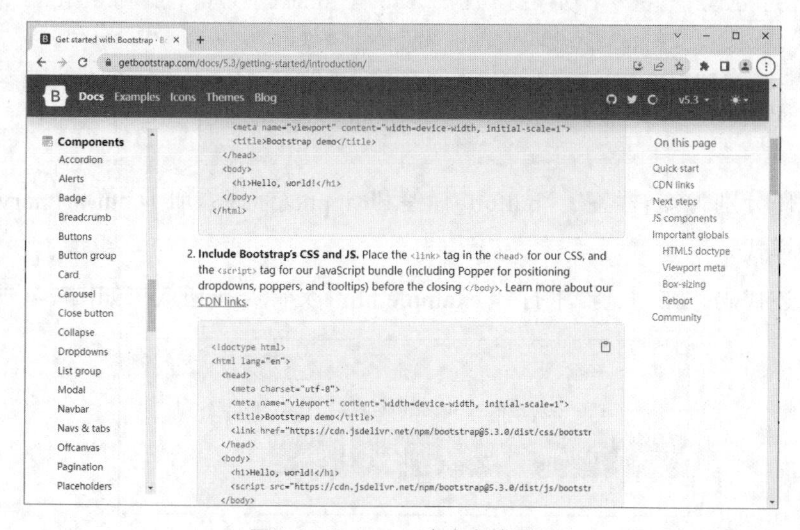

图7−2　Bootstrap官方文档页面

图 7-2 所示页面中的 Components 侧边栏下展示了 Bootstrap 提供的组件。

⑥ 单击图 7-2 所示页面中的“Buttons”链接，进入 Buttons 组件页面，如图 7-3 所示。

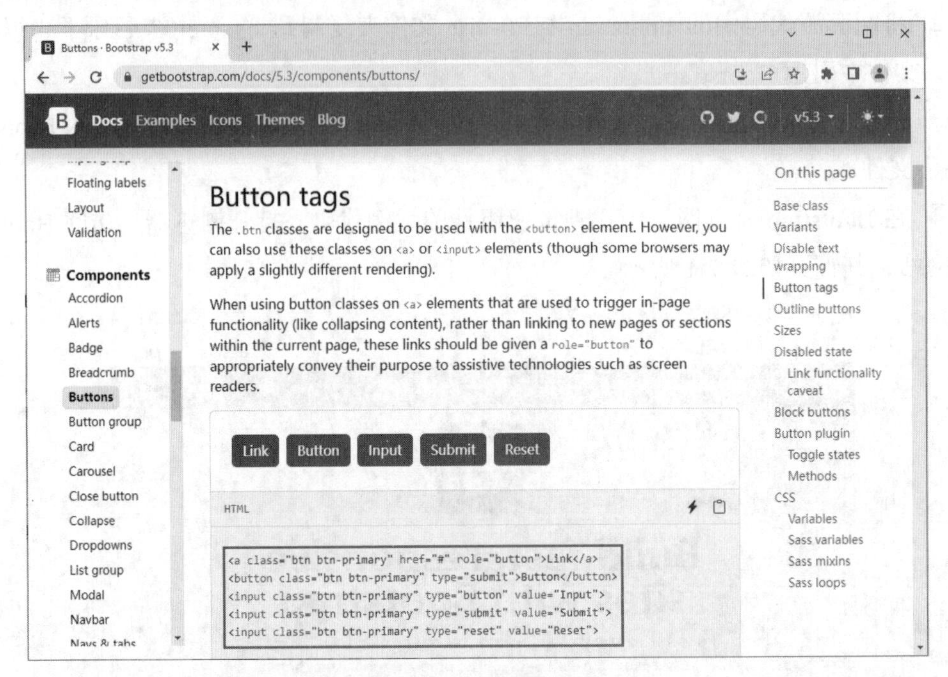

图7-3　Buttons组件页面

图 7-3 所示为 Buttons 组件的结构代码，复制线框内的代码。

⑦ 将步骤⑥中复制的代码，粘贴到 example.html 文件的<body>标签内，具体代码如下。

```
1  <body>
2    <a class="btn btn-primary" href="#" role="button">Link</a>
3    <button class="btn btn-primary" type="submit">Button</button>
4    <input class="btn btn-primary" type="button" value="Input">
5    <input class="btn btn-primary" type="submit" value="Submit">
6    <input class="btn btn-primary" type="reset" value="Reset">
7  </body>
```

上述代码分别为<a>标签、<button>标签和<input>标签添加了.btn-primary 类，用于设置按钮的样式。

保存上述代码，在浏览器中打开 example.html 文件，按钮效果如图 7-4 所示。

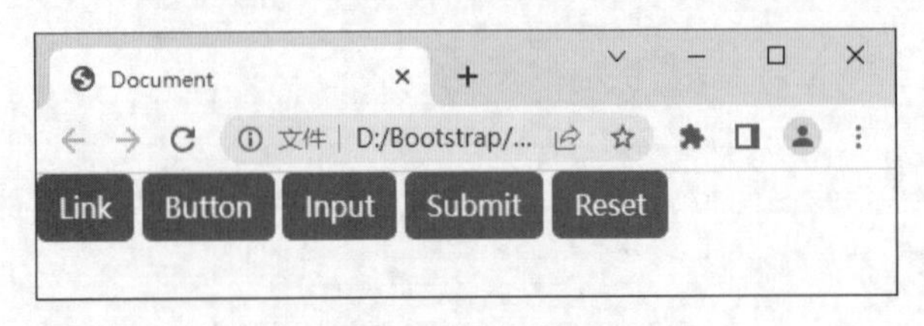

图7-4　按钮效果

至此，通过查阅官方文档，成功实现了按钮的效果。在这个阶段，读者无须深入分析代码，只需要掌握学习 Bootstrap 组件的基本流程即可。掌握这一流程非常重要，因为它为我们学习和使用组件提供了基础。俗话说："授人以鱼不如授人以渔"，掌握学习组件的基本流程就像是打开技术之门的一把钥匙。在实际开发中，我们应该将组件与实际需求相结合，以应对具体问题，并将"授人以渔"的理念付诸实践。

7.2　按钮组件

在 7.1 节中讲解了按钮组件的基本使用方法，但按钮组件是非常重要的组件，在实际应用中有很多细节和扩展的用法需要学习。在本节中我们将进一步学习按钮组件的相关知识，包括基础样式按钮、轮廓样式按钮、尺寸样式按钮和状态样式按钮等，以帮助我们更加全面地掌握按钮组件。下面将对 Bootstrap 按钮组件及其各种样式的使用方法进行详细讲解。

7.2.1　基础样式按钮

Bootstrap 为按钮组件提供了一系列基础样式类，可以创建简单的、纯色的按钮。常用的基础样式类如表 7-1 所示。

表 7-1　常用的基础样式类

类	描述
.btn-primary	主要按钮，用于表示主要的操作
.btn-secondary	次要按钮，用于表示次要的操作
.btn-success	成功按钮，用于表示成功或积极的操作
.btn-danger	危险按钮，用于表示危险或错误的操作
.btn-warning	警示按钮，用于表示警告或需要注意的操作
.btn-info	信息按钮，用于表示重要提示或关键信息的操作
.btn-light	亮色按钮
.btn-dark	暗色按钮
.btn-link	链接按钮，虽然形似链接，但是保留按钮的行为

表 7-1 中，在白色或黑色背景下，使用亮色按钮或暗色按钮可能会导致按钮在视觉上不够明显。为了解决这个问题，可以根据背景的亮度选择合适的按钮颜色。对于白色背景，选择较暗的按钮颜色，如深灰色或黑色；对于黑色背景，选择较亮的按钮颜色，如浅灰色或白色。这样能够使按钮在不同背景下都清晰可见。

下面通过案例来讲解如何使用按钮组件的基础样式类实现基础样式按钮效果，具体实现步骤如下。

① 创建 button.html 文件，在该文件中创建基础 HTML5 文档结构并引入 bootstrap.min.css 文件。

② 编写基础样式按钮的页面结构，具体代码如下。

```
1  <body>
2    <button type="button" class="btn btn-primary">主要按钮</button>
3    <button type="button" class="btn btn-secondary">次要按钮</button>
4    <button type="button" class="btn btn-success">成功按钮</button>
5    <button type="button" class="btn btn-danger">危险按钮</button>
6    <button type="button" class="btn btn-warning">警示按钮</button>
7    <button type="button" class="btn btn-info">信息按钮</button>
8    <button type="button" class="btn btn-light">亮色按钮</button>
9    <button type="button" class="btn btn-dark">暗色按钮</button>
10   <button type="button" class="btn btn-link">链接按钮</button>
11 </body>
```

在上述代码中，第 2～10 行代码定义了 9 个按钮，为每个按钮添加了不同的基础样式类，并将按钮设置为纯色按钮。由于上述代码仅用于展示按钮效果，所以 type 属性值为 button，表示这些按钮是普通按钮。

保存上述代码，在浏览器中打开 button.html 文件，基础样式按钮效果如图 7-5 所示。

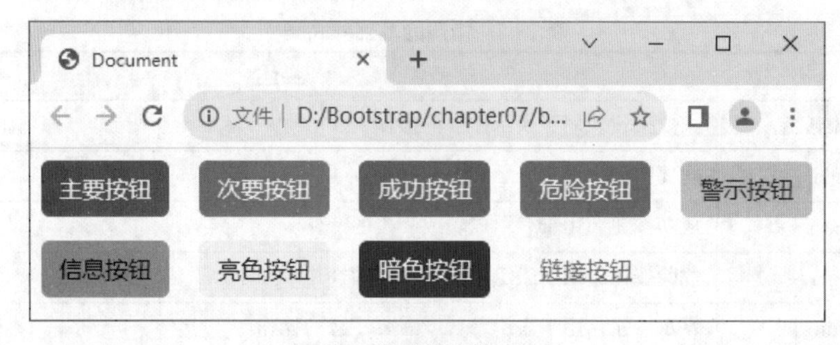

图7-5 基础样式按钮效果

7.2.2 轮廓样式按钮

使用轮廓样式类，可以创建带有边框和圆角的按钮。在使用时只需将.btn-*类替换为.btn-outline-*类即可，其中*的可选值有 primary、secondary、success、danger、warning、info、light、dark，例如.btn-outline-primary 类、.btn-outline-success 类等。

下面通过案例来讲解如何使用按钮组件的轮廓样式类实现轮廓样式按钮效果，具体实现步骤如下。

① 创建 buttonOutline.html 文件，在该文件中创建基础 HTML5 文档结构并引入 bootstrap.min.css 文件。

② 编写轮廓样式按钮的页面结构，具体代码如下。

```
1  <body style="background-color: #c1c1c1;">
2    <button type="button" class="btn btn-outline-primary">主要按钮</button>
3    <button type="button" class="btn btn-outline-secondary">次要按钮</button>
4    <button type="button" class="btn btn-outline-success">成功按钮</button>
5    <button type="button" class="btn btn-outline-danger">危险按钮</button>
6    <button type="button" class="btn btn-outline-warning">警示按钮</button>
7    <button type="button" class="btn btn-outline-info">信息按钮</button>
8    <button type="button" class="btn btn-outline-light">亮色按钮</button>
9    <button type="button" class="btn btn-outline-dark">暗色按钮</button>
10 </body>
```

在上述代码中，第 1 行代码在<body>标签中添加了一个灰色的背景色，以突出显示亮色按钮；第 2～9 行代码定义了 8 个按钮，并为每个按钮添加了不同的轮廓样式类，将按钮设置为带有边框和圆角的样式。

保存上述代码，在浏览器中打开 buttonOutline.html 文件，轮廓样式按钮效果如图 7-6 所示。

图7-6 轮廓样式按钮效果

7.2.3 尺寸样式按钮

Bootstrap 提供了多种用于设置按钮尺寸样式的类，这些类用于创建不同大小的按钮。常用的尺寸样式类如表 7-2 所示。

表 7-2 常用的尺寸样式类

类	描述
.btn-lg	用于设置大尺寸按钮
.btn-sm	用于设置小尺寸按钮

默认情况下，按钮没有添加任何尺寸样式类时，将采用默认尺寸。

下面通过案例来讲解如何使用按钮组件的尺寸样式类实现尺寸样式按钮效果，具体实现步骤如下。

① 创建 buttonSize.html 文件，在该文件中创建基础 HTML5 文档结构并引入 bootstrap.min.css 文件。

② 编写尺寸样式按钮的页面结构，具体代码如下。

```
1  <body>
2    <button type="button" class="btn btn-outline-primary btn-lg">大按钮
</button>
3    <button type="button" class="btn btn-outline-primary">默认按钮</button>
4    <button type="button" class="btn btn-outline-primary btn-sm">小按钮
</button>
5  </body>
```

在上述代码中，第 2 行代码定义了一个按钮，并添加了.btn-lg 类，将该按钮设置为大按钮；第 3 行代码定义了一个按钮，未给按钮添加尺寸样式类，将该按钮设置为默认按钮；第 4 行代码定义了一个按钮，并添加了.btn-sm 类，将该按钮设置为小按钮。

保存上述代码，在浏览器中打开 buttonSize.html 文件，尺寸样式按钮效果如图 7-7 所示。

图7-7 尺寸样式按钮效果

7.2.4 状态样式按钮

Bootstrap 提供了一系列能够快速设置按钮状态的类，这些类可以改变按钮在不同状态下的样式，例如激活状态和禁用状态等。常用的状态样式类如表 7-3 所示。

表 7-3 常用的状态样式类

类	描述
.active	用于将按钮样式标记为激活状态
.disabled	用于将按钮样式标记为禁用状态

表 7-3 中，当为按钮添加.active 类时，按钮处于激活状态，此时按钮样式与鼠标指针移到按钮上时的样式相同；当为按钮添加.disabled 类时，按钮处于禁用状态，按钮的颜色会变淡，按钮不可被单击。

下面通过案例来讲解如何使用按钮组件的状态样式类实现状态样式按钮效果，具体实现步骤如下。

① 创建 buttonState.html 文件，在该文件中创建基础 HTML5 文档结构并引入 bootstrap.

min.css 文件。

② 编写状态样式按钮的页面结构，具体代码如下。

```
1  <body>
2    <button type="button" class="btn btn-outline-dark disabled">禁用状态按钮
</button>
3    <button type="button" class="btn btn-outline-dark">正常状态按钮</button>
4    <button type="button" class="btn btn-outline-dark active">激活状态按钮
</button>
5  </body>
```

在上述代码中，第 2 行代码定义了一个按钮，并添加了.disabled 类，将该按钮设置为禁用状态；第 3 行代码定义了一个按钮，未给按钮添加状态样式类，将该按钮设置为正常状态；第 4 行代码定义了一个按钮，并添加了.active 类，将该按钮设置为激活状态。

保存上述代码，在浏览器中打开 buttonState.html 文件，状态样式按钮效果如图 7-8 所示。

图7-8　状态样式按钮效果

7.2.5　组合样式按钮

Bootstrap 中可以使用组合样式类将一组具有相同功能或类别的按钮进行组合，形成按钮组。通过将按钮组合在一起，可以方便地管理和展示不同种类的按钮。按钮组可以以水平或垂直的方式显示一组按钮。常用的组合样式类如表 7-4 所示。

表 7-4　常用的组合样式类

类	描述
.btn-group	用于设置按钮组，包裹一组按钮
.btn-group-vertical	用于设置垂直按钮组
.btn-toolbar	用于设置工具栏按钮组，包裹多个按钮组
.btn-group-lg	用于设置大尺寸按钮组
.btn-group-sm	用于设置小尺寸按钮组

表 7-4 中，.btn-group-lg 类和.btn-group-sm 类通常与.btn-group 类一起使用，用于设置按钮组的大小。

下面通过案例来讲解如何使用按钮组件的组合样式类实现组合样式按钮效果，具体实现步骤如下。

① 创建 buttonGroup.html 文件，在该文件中创建基础 HTML5 文档结构并引入 bootstrap.min.css 文件。

② 编写按钮组的页面结构，具体代码如下。

```
1 <body>
2   <h5>按钮组</h5>
3   <div class="btn-group mb-2">
4     <button type="button" class="btn btn-primary">新建</button>
5     <button type="button" class="btn btn-info">打开</button>
6     <button type="button" class="btn btn-success">保存</button>
7   </div>
8   <h5>工具栏按钮组</h5>
9   <div class="btn-toolbar">
10    <div class="btn-group btn-group-lg me-2">
11      <button type="button" class="btn btn-info">复制</button>
12      <button type="button" class="btn btn-info">剪切</button>
13      <button type="button" class="btn btn-info">粘贴</button>
14    </div>
15    <div class="btn-group btn-group-sm">
16      <button type="button" class="btn btn-primary">1</button>
17      <button type="button" class="btn btn-primary">2</button>
18      <button type="button" class="btn btn-primary">3</button>
19      <button type="button" class="btn btn-primary">4</button>
20    </div>
21  </div>
22  <h5>垂直按钮组</h5>
23  <div class="btn-group-vertical mb-2">
24    <button type="button" class="btn btn-light">首页</button>
25    <button type="button" class="btn btn-light">产品</button>
26    <button type="button" class="btn btn-light">关于我们</button>
27    <button type="button" class="btn btn-light">联系我们</button>
28  </div>
29 </body>
```

在上述代码中，第 3～7 行代码使用.btn-group 类定义了一个基础按钮组，内容为新建、打开和保存；第 9～21 行代码使用.btn-toolbar 类定义了一个工具栏按钮组，其中第 10～14 行代码使用.btn-group 类和.btn-group-lg 类定义了一个大尺寸按钮组，内容为复制、剪切和粘贴；第 15～20 行代码使用.btn-group 类和.btn-group-sm 类定义了一个小尺寸按钮组，内容为 1、2、3 和 4；第 23～28 行代码使用.btn-group-vertical 类定义了一个垂直按钮组，内容为首页、产品、关于我们和联系我们。

保存上述代码，在浏览器中打开 buttonGroup.html 文件，组合样式按钮效果如图 7-9 所示。

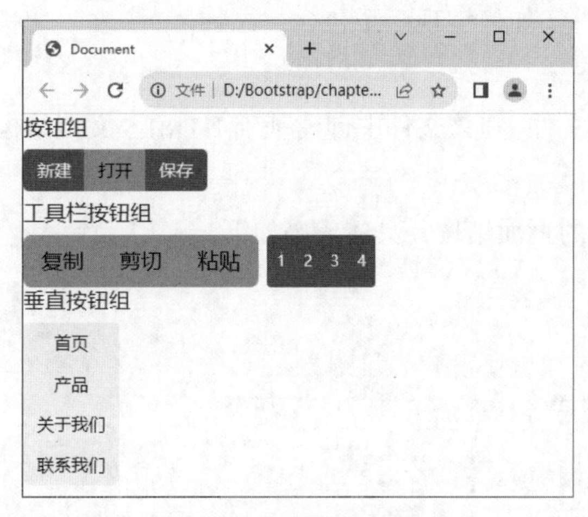

图7–9　组合样式按钮效果

7.3　导航组件

导航是网页中常见的元素，用于引导和帮助用户到网站的不同部分。在 Bootstrap 中，使用导航组件可以创建各种类型的导航。例如，基础导航、标签式导航、胶囊式导航和面包屑导航。本节将详细讲解如何使用导航组件实现上述导航。

7.3.1　基础导航

基础导航是最简单的导航菜单形式，使用导航组件实现基础导航的基本方法如下。

（1）创建导航容器

通常使用<ul>标签或<ol>标签定义导航容器，并添加.nav 类，以便应用导航容器的样式。

（2）添加导航项

在导航容器中，使用<li>标签定义导航项，并添加.nav-item 类，以便应用导航项的样式。

（3）添加导航链接

在导航项中，使用<a>标签定义导航链接，并添加.nav-link 类，以便应用导航链接的样式。

默认情况下，导航项在导航中水平左对齐。若要设置导航项为其他对齐方式，可以在列表样式标签上应用以下类。

① .justify-content-center 类：设置导航项水平居中对齐。

② .justify-content-end 类：设置导航项水平右对齐。

③ .flex-column 类：设置导航项垂直排列。

下面通过案例来讲解如何实现一个包含“添加”“修改”“删除”“编辑”的基础导航，具体实现步骤如下。

① 创建 nav.html 文件，在该文件中创建基础 HTML5 文档结构并引入 bootstrap.min.css 文件。

② 编写基础导航的页面结构，具体代码如下。

```
1  <body>
2    <ul class="nav">
3      <li class="nav-item">
4        <a class="nav-link" href="#">添加</a>
5      </li>
6      <li class="nav-item">
7        <a class="nav-link" href="#">修改</a>
8      </li>
9      <li class="nav-item">
10       <a class="nav-link" href="#">删除</a>
11     </li>
12     <li class="nav-item">
13       <a class="nav-link" href="#">编辑</a>
14     </li>
15   </ul>
16 </body>
```

在上述代码中，第 3～14 行代码定义了 4 个导航项，并分别添加了导航链接，其内容分别为“添加”“修改”“删除”“编辑”。

保存上述代码，在浏览器中打开 nav.html 文件，基础导航效果如图 7-10 所示。

图7-10 基础导航效果

从图 7-10 所示页面可以看出，导航项在默认情况下呈水平方向排列。

③ 修改步骤②的第 2 行代码，在.nav 类后添加.flex-column 类，将导航项的排列方向改为垂直方向，具体代码如下。

```
<ul class="nav flex-column">
```

保存上述代码，刷新浏览器页面，垂直导航效果如图 7-11 所示。

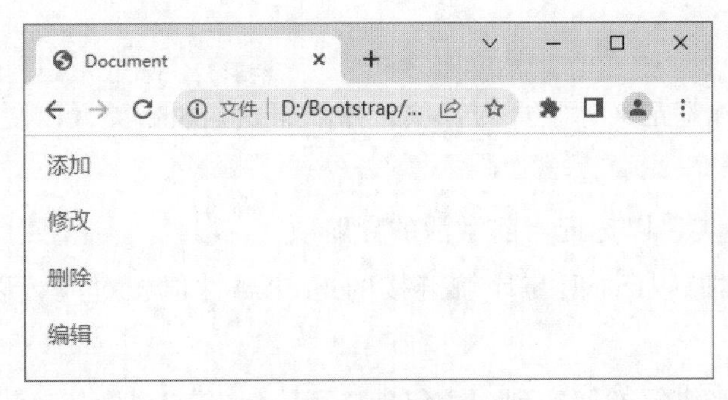

图7-11 垂直导航效果

7.3.2 标签式导航

标签式导航是在基础导航的基础上实现的，通过为每个导航项添加标签页，实现不同标签页展示不同的内容的效果。使用标签式导航可以在不刷新页面的情况下，切换展示的内容，类似浏览器的标签页。要实现标签页切换，需要在页面中引入 bootstrap.min.js 文件，以实现交互效果。

使用导航组件实现标签式导航的基本方法如下。

（1）创建导航容器

通常使用<ul>标签或<ol>标签定义导航容器，并添加.nav 类和.nav-tabs 类，以便应用标签式导航容器的样式。

（2）添加导航项

在标签式导航容器中，使用<li>标签定义导航项，并添加.nav-item 类，以便应用导航项的样式。

（3）添加切换标签页内容项的导航链接

在导航项中，添加导航链接并设置其具有切换标签页的功能，基本步骤如下。

① 使用<a>标签定义导航链接，并添加.nav-link 类，以便应用导航链接的样式。

② 设置 data-bs-toggle 属性，并将属性值设置为 tab，以实现单击导航链接时自动切换到与该导航链接相关联的标签页内容项。

③ 添加.active 类，以标记当前激活的导航项。

④ 设置 href 属性，其属性值以#开头，属性值指向的元素对应标签页内容项的 id 属性值，这样单击导航链接可以显示对应的标签页内容项。

（4）创建标签页内容容器

使用<div>标签定义标签页内容容器，并添加.tab-content 类，以便应用标签页内容容器的样式。

（5）添加标签页内容项

在标签页内容容器中，添加标签页内容项，设置标签页内容项与导航链接相关联，基本步骤如下。

① 使用<div>标签定义标签页内容项，并添加.tab-pane 类，以便应用标签页内容项的样式。

② 添加.active 类，以标记当前激活的导航项。

③ 设置 id 属性，属性值与导航链接的 href 属性值相对应，以便与导航链接相关联。

下面通过案例来讲解如何实现一个包含“商品介绍”“规格与包装”“售后保障”“商品评价”的标签式导航，并实现动态切换效果，具体实现步骤如下。

① 创建 navTab.html 文件，在该文件中创建基础 HTML5 文档结构并引入 bootstrap.min.css 文件和 bootstrap.min.js 文件。

② 编写标签式导航的页面结构，具体代码如下。

```
1  <body>
2    <ul class="nav nav-tabs">
3      <li class="nav-item">
4        <a class="nav-link active" data-bs-toggle="tab" href="#introduce">商品介绍</a>
5      </li>
6      <li class="nav-item">
7        <a class="nav-link" data-bs-toggle="tab" href="#specifications">规格与包装</a>
8      </li>
9      <li class="nav-item">
10       <a class="nav-link" data-bs-toggle="tab" href="#sales">售后保障</a>
11     </li>
12     <li class="nav-item">
13       <a class="nav-link" data-bs-toggle="tab" href="#evaluate">商品评价</a>
14     </li>
15   </ul>
16   <div class="tab-content">
17     <div class="tab-pane active" id="introduce">商品介绍</div>
18     <div class="tab-pane" id="specifications">规格与包装</div>
19     <div class="tab-pane" id="sales">售后保障</div>
20     <div class="tab-pane" id="evaluate">商品评价</div>
21   </div>
22 </body>
```

在上述代码中，第 4 行、第 7 行、第 10 行和第 13 行代码为导航链接设置了 href 属性，属性值分别为#introduce、#specifications、#sales 和#evaluate。

第 17～20 行代码的 id 属性值分别与第 4 行、第 7 行、第 10 行和第 13 行代码中的 href 属性值相对应。

保存上述代码，在浏览器中打开 navTab.html 文件，标签式导航效果如图 7-12 所示。

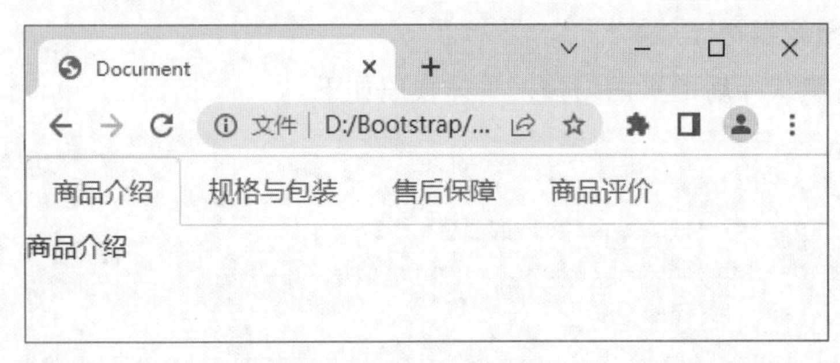

图7-12　标签式导航效果

图 7-12 展示了当前所处的导航链接为“商品介绍”及其对应的标签页内容。读者可以尝试单击不同的导航链接观察每个导航链接及其对应的标签页内容切换效果。

7.3.3　胶囊式导航

胶囊式导航是在基础导航的基础上实现的，可以通过为每个导航项添加对应的标签页，实现每个标签页展示不同的内容。胶囊式导航的形状类似胶囊，看起来更加美观。

实现胶囊式导航的基本方法与实现标签式导航的基本方法类似，但需要注意以下两点。

① 将导航容器上的.nav-tabs 类修改为.nav-pills 类，以便应用胶囊式导航容器的样式。

② 将导航链接上的 data-bs-toggle 属性的属性值 tab 修改为 pills。

基础导航、标签式导航和胶囊式导航的宽度通常是固定的，不会根据不同设备自动调整宽度。如果想使导航实现响应式效果，则可以在.nav 类后添加.nav-fill 类或.nav-justified 类，两者的区别如下。

① .nav-fill 类：导航项的宽度按照比例分配，填满整个导航栏，各个导航项的宽度会根据其内容的长度而有所不同。例如，在有两个导航项的情况下，第 1 个导航项的内容较短，第 2 个导航项的内容较长，那么第 2 个导航项所占的宽度相对更宽，这样能更好地适应较长的内容。

② .nav-justified 类：导航项的宽度平均分配整个导航栏的宽度，实现等宽效果。每个导航项的宽度相等，不会根据内容的长度而有所变化。这意味着无论导航项的内容长度如何，它们都会占据相同的宽度。

下面通过案例来讲解如何实现一个包含“红楼梦”“水浒传”“三国演义”“西游记”的胶囊式导航，并实现动态切换效果，具体实现步骤如下。

① 创建 navPill.html 文件，在该文件中创建基础 HTML5 文档结构并引入 bootstrap.min.css 文件和 bootstrap.min.js 文件。

② 复制本章配套源代码中的 images 文件夹并放在 chapter07 目录下，该文件夹保存了本章所有的图像素材。

③ 编写胶囊式导航的页面结构，具体代码如下。

```
1  <body>
2    <div class="container">
3      <h2 class="text-center">四大名著</h2>
4      <ul class="nav nav-pills nav-justified">
5        <li class="nav-item">
6          <a class="nav-link active" data-bs-toggle="pill" href="#book1">红楼
梦</a>
7        </li>
8        <li class="nav-item">
9          <a class="nav-link" data-bs-toggle="pill" href="#book2">水浒传</a>
10       </li>
11       <li class="nav-item">
12         <a class="nav-link" data-bs-toggle="pill" href="#book3">三国演义</a>
13       </li>
14       <li class="nav-item">
15         <a class="nav-link" data-bs-toggle="pill" href="#book4">西游记</a>
16       </li>
17     </ul>
18     <div class="tab-content">
19       <div class="tab-pane active" id="book1">
20         <h5>《红楼梦》</h5>
21         <img src="images/book1.jpg" alt="">
22       </div>
23       <div class="tab-pane" id="book2">
24         <h5>《水浒传》</h5>
25         <img src="images/book2.png" alt="">
26       </div>
27       <div class="tab-pane" id="book3">
28         <h5>《三国演义》</h5>
29         <img src="images/book3.png" alt="">
30       </div>
31       <div class="tab-pane" id="book4">
32         <h5>《西游记》</h5>
33         <img src="images/book4.jpg" alt="">
34       </div>
35     </div>
36   </div>
37 </body>
```

在上述代码中，第 6 行、第 9 行、第 12 行和第 15 行代码为导航链接设置了 href 属性，其属性值分别为#book1、#book2、#book3 和#book4。

第 19～34 行代码定义了 4 个标签页内容项，其中，第 19 行、第 23 行、第 27 行和第 31 行代码中的 id 属性值分别与第 6 行、第 9 行、第 12 行和第 15 行代码的 href 属性值相对应。

保存上述代码，在浏览器中打开 navPill.html 文件，胶囊式导航效果如图 7-13 所示。

图7-13　胶囊式导航效果

图 7-13 展示了当前所处的导航链接为“红楼梦”及其对应的标签页内容。读者可以尝试单击不同的导航链接观察每个导航链接及其对应的标签页内容切换效果。

7.3.4　面包屑导航

在网页设计中，面包屑导航用于展示用户当前所在的位置，并提供返回上级页面的快捷链接，例如“首页 / 分类 / 子分类 / 产品名称”。面包屑导航可以提升用户体验，让用户更加方便地浏览网站内容。

使用导航组件实现面包屑导航的基本方法如下。

（1）创建导航容器

通常使用<ul>标签或<ol>标签定义导航容器，并添加.breadcrumb 类，以便应用面包屑导航容器的样式。

（2）添加导航项

在面包屑导航容器中，使用<li>标签定义导航项，并添加.breadcrumb-item 类，以便应用导航项的样式；添加.active 类以标记当前激活的导航项。

（3）设置导航项分隔符

默认情况下，面包屑导航使用正斜杠符号“/”作为导航项的分隔符。如果想要自定义分隔符，需要手动在导航容器的外层结构中使用样式属性--bs-breadcrumb-divider 定义该分隔符的样式，例如“--bs-breadcrumb-divider: '*'; ”表示将分隔符设置为“*”。

下面通过案例来讲解如何实现一个包含“首页 > 分类 > 子分类 > 产品名称”的面包屑导航，具体实现步骤如下。

① 创建 navBreadcrumb.html 文件，在该文件中创建基础 HTML5 文档结构并引入 bootstrap.min.css 文件。

② 编写面包屑导航的页面结构，具体代码如下。

```
1  <body>
2    <nav style="--bs-breadcrumb-divider: '>';">
3      <ol class="breadcrumb">
4        <li class="breadcrumb-item"><a href="#">首页</a></li>
5        <li class="breadcrumb-item"><a href="#">分类</a></li>
6        <li class="breadcrumb-item"><a href="#">子分类</a></li>
7        <li class="breadcrumb-item active">产品名称</li>
8      </ol>
9    </nav>
10 </body>
```

在上述代码中，第 2 行代码给<nav>标签添加了一个样式属性--bs-breadcrumb-divider，将分隔符设置为“>”；第 4～7 行代码定义了 4 个导航项，其中第 4～6 行为导航项添加了导航链接，导航项内容分别为“首页”“分类”“子分类”，第 7 行代码为导航项添加了.active 类，将“产品名称”设置为激活状态。

保存上述代码，在浏览器中打开 navBreadcrumb.html 文件，面包屑导航效果如图 7-14 所示。

图7-14　面包屑导航效果

7.4　导航栏组件

导航栏是网页中常见的元素，用于展示网页的导航结构和提供网页导航功能。通过在导航栏中添加链接，用户可以方便地访问网站的不同页面或使用网站的不同功能。导航栏通常被放置在页面的顶部或侧边栏，以便用户轻松找到和使用导航功能，从而提高网站的可用性和可访问性。在 Bootstrap 中，使用导航栏组件可以创建各种类型的导航栏，例如基础导航栏和带有折叠按钮的导航栏。本节将详细讲解如何使用导航栏组件实现上述导航栏。

7.4.1 基础导航栏

基础导航栏通常包含品牌标识和导航菜单两部分内容。其中，品牌标识用于展示网站或应用程序的品牌名称或标志；导航菜单用于展示不同的导航链接。

使用导航栏组件实现基础导航栏的基本方法如下。

（1）创建导航栏容器

通常使用<div>标签或<nav>标签定义导航栏容器，并添加.navbar类，以便应用导航栏容器的样式。添加.navbar-expand-{sm|md|lg|xl|xxl}类指定导航栏在不同设备中的展开方式。例如，.navbar-expand-sm类用于指定导航栏在超小型设备（视口宽度<576px）中以垂直堆叠的方式展示，在其他设备中水平排列。

（2）添加品牌标识

在导航栏容器中，通常使用<a>标签定义导航栏的品牌标识，并添加.navbar-brand类，以便应用品牌标识的样式。如果品牌标识是纯文本，则会使文字稍微放大显示。

（3）创建导航菜单容器

在导航栏容器中，通常使用<div>标签创建导航菜单容器，并添加.navbar-collapse类，以控制导航菜单项在不同设备中的展示方式。当视口宽度不满足展开条件时，导航菜单项会以垂直堆叠的方式展示。

（4）创建导航菜单列表

创建导航菜单列表的基本实现步骤如下。

① 在导航菜单容器中，通常使用<ul>标签或<ol>标签创建导航菜单列表，并添加.navbar-nav类，以便应用导航菜单列表的样式。

② 在导航菜单列表中，使用<li>标签来创建导航菜单项，并添加.nav-item类，以便应用导航菜单项的样式。

③ 在导航菜单项中，使用<a>标签来定义导航链接，并添加.nav-link类，以便应用导航链接的样式。

下面通过案例来讲解如何实现一个保护环境的基础导航栏，具体实现步骤如下。

① 创建navbar.html文件，在该文件中创建基础HTML5文档结构并引入bootstrap.min.css文件。

② 编写基础导航栏的页面结构，具体代码如下。

```
1  <body>
2    <nav class="navbar navbar-expand-md navbar-dark bg-dark">
3      <div class="container-fluid">
4        <a class="navbar-brand" href="#">保护环境</a>
5        <div class="navbar-collapse">
```

```
6         <ul class="navbar-nav me-auto">
7           <li class="nav-item active">
8             <a class="nav-link" href="#home">首页</a>
9           </li>
10          <li class="nav-item">
11            <a class="nav-link" href="#about">关于我们</a>
12          </li>
13          <li class="nav-item">
14            <a class="nav-link" href="#example">环保案例</a>
15          </li>
16          <li class="nav-item">
17            <a class="nav-link" href="#news">动态要闻</a>
18          </li>
19          <li class="nav-item">
20            <a class="nav-link" href="#technology">核心技术</a>
21          </li>
22        </ul>
23        <ul class="navbar-nav">
24          <li class="nav-item">
25            <a class="nav-link" href="#login">登录</a>
26          </li>
27          <li class="nav-item">
28            <a class="nav-link" href="#register">注册</a>
29          </li>
30        </ul>
31      </div>
32    </div>
33  </nav>
34 </body>
```

在上述代码中，第 2 行代码使用了.navbar-expand-md 类，该类用于在中型以下设备（视口宽度<768px）中，将导航菜单项垂直堆叠展示；第 4 行代码定义了品牌标识；第 5～31 行代码定义了导航菜单的内容。

保存上述代码，在浏览器中打开 navbar.html 文件，基础导航栏在中型及以上设备（视口宽度≥768px）中的效果如图 7-15 所示。

图7-15　基础导航栏在中型及以上设备中的效果

基础导航栏在中型以下设备（视口宽度<768px）中会垂直堆叠，如图 7-16 所示。

图7-16　基础导航栏在中型以下设备中的效果

7.4.2　带有折叠按钮的导航栏

通过对 7.4.1 节的学习可知，当浏览器窗口缩小到一定宽度时，菜单项内容会以垂直堆叠的方式展示。考虑到有些网站的导航栏内容较多，在小型设备中会占据大量的空间，因此 Bootstrap 为导航栏提供了折叠按钮。当视口宽度过小时，导航栏会自动折叠，并出现一个折叠按钮，用户单击该按钮可以展开导航菜单，再次单击可以收起导航菜单。

在基础导航栏的基础上，实现带有折叠按钮的导航栏时，需要注意以下两点。

（1）添加折叠按钮

在导航栏容器中添加一个折叠按钮，基本实现步骤如下。

① 使用<a>标签或<button>标签定义折叠按钮，并添加.navbar-toggler 类，以便应用折叠按钮的样式。

② 设置 data-bs-toggle 属性，并将其属性值设置为 collapse，指定单击该元素将触发折叠内容的展开或折叠行为。

③ 设置 data-bs-target 属性，并将其属性值设置为导航菜单容器的 id 属性，指定单击折叠按钮后要展开或折叠的目标元素。

（2）设置导航菜单容器与折叠按钮相关联

当单击折叠按钮时，相关的导航菜单容器会展开或折叠，基本实现步骤如下。

① 在导航菜单容器的.navbar-collapse 类后添加一个.collapse 类，以便应用导航菜单容器折叠或展开时的样式。

② 为导航菜单容器设置唯一的 id 属性，并将其属性值设置为与折叠按钮的 data-bs-target 属性值相对应，以将导航菜单容器与折叠按钮相关联。

下面通过案例来讲解如何在中型以下设备（视口宽度<768px）中设置带有折叠按钮

的导航栏，单击折叠按钮可以展开或折叠导航菜单，具体实现步骤如下。

① 创建 navbarResponsive.html 文件，在该文件中创建基础 HTML5 文档结构并引入 bootstrap.min.css 文件和 bootstrap.min.js 文件。

② 编写带有折叠按钮的导航栏的页面结构，具体代码如下。

```
1  <body>
2    <nav class="navbar navbar-expand-md navbar-dark bg-dark">
3      <div class="container-fluid">
4        <a class="navbar-brand" href="#">保护环境</a>
5        <button class="navbar-toggler" type="button" data-bs-toggle=
"collapse" data-bs-target="#nav">
6          <span class="navbar-toggler-icon"></span>
7        </button>
8        <div class="navbar-collapse collapse" id="nav">
9          <ul class="navbar-nav me-auto">
10           <li class="nav-item active">
11             <a class="nav-link" href="#home">首页</a>
12           </li>
13           <li class="nav-item">
14             <a class="nav-link" href="#about">关于我们</a>
15           </li>
16           <li class="nav-item">
17             <a class="nav-link" href="#example">环保案例</a>
18           </li>
19           <li class="nav-item">
20             <a class="nav-link" href="#news">动态要闻</a>
21           </li>
22           <li class="nav-item">
23             <a class="nav-link" href="#technology">核心技术</a>
24           </li>
25         </ul>
26         <ul class="navbar-nav">
27           <li class="nav-item">
28             <a class="nav-link" href="#login">登录</a>
29           </li>
30           <li class="nav-item">
31             <a class="nav-link" href="#register">注册</a>
32           </li>
33         </ul>
34       </div>
35     </div>
36   </nav>
37 </body>
```

在上述代码中，第 2 行代码添加了.navbar-expand-md 类用于在中型以下设备（视口宽度<768px）中垂直堆叠导航栏；第 5～7 行代码定义了一个折叠按钮，其中 data-bs-target 属性指定了折叠按钮要控制的元素是 id 属性值为 nav 的元素；第 8 行代码中为<div>标签添加了一个 id 属性，并将其值设置为 nav。

保存上述代码，在浏览器中打开 navbarResponsive.html 文件，带有折叠按钮的导航栏在中型以下设备（视口宽度<768px）中的效果如图 7-17 所示。

图7-17　带有折叠按钮的导航栏在中型以下设备中的效果

图 7-17 所示页面中，导航菜单被折叠了，并且网页右上角出现了折叠按钮“☰”。单击折叠按钮即可展开导航菜单，如图 7-18 所示。

图7-18　展开导航菜单

7.5　下拉菜单组件

在网页中使用下拉菜单可以让用户轻松地在多个选项中进行选择。下拉菜单适用于悬浮菜单、下拉框、筛选框等需要显示或隐藏内容的场景。Bootstrap 中的下拉菜单是独立的组件，可以灵活地应用在需要下拉菜单的场景中，它可以与按钮、导航栏等组件结合使用。例如，与按钮组件结合使用可以实现下拉菜单按钮，用户单击该按钮后会显示下拉菜单；与导航栏组件结合使用可以实现下拉菜单导航栏，单击该导航项会出现下拉菜单。本节将详细讲解如何使用下拉菜单组件实现下拉菜单按钮和下拉菜单导航栏。

7.5.1 下拉菜单按钮

下拉菜单按钮通常由按钮和下拉菜单两部分组成。使用下拉菜单组件实现下拉菜单按钮的基本方法如下。

（1）创建下拉菜单按钮容器

创建下拉菜单按钮容器，并设置下拉菜单的弹出方式，具体实现步骤如下。

① 通常使用<div>标签定义下拉菜单按钮容器。在不添加特定类的情况下，下拉菜单默认为向下弹出，这与为容器添加.dropdown 类的效果相同。

② 设置下拉菜单的弹出方式，可以使用.dropdown-center 类（使其向下弹出且水平居中）、.dropup 类（使其向上弹出）、.dropstart 类（使其向左弹出）、.dropend 类（使其向右弹出）、.dropup-center 类（使其向上弹出且水平居中）。

（2）添加下拉菜单按钮

在下拉菜单容器中添加一个按钮，控制下拉菜单的触发，基本实现步骤如下。

① 通常使用<button>标签或<a>标签定义下拉菜单按钮。

② 添加.dropdown-toggle 类，以便应用下拉菜单按钮的样式。

③ 设置 data-bs-toggle 属性，并将其属性值设置为 dropdown，用于控制下拉菜单的触发。

（3）添加下拉菜单

在下拉菜单容器中添加一个下拉菜单，并设置它的对齐方式，基本实现步骤如下。

① 通常使用<ul>标签或<ol>标签定义下拉菜单，并添加.dropdown-menu 类，以便应用下拉菜单的样式。

② 在添加.dropdown-menu 类之后，可以进一步添加.dropdown-menu-end 类，以设置展开的下拉菜单沿着按钮的右侧对齐的效果，默认为沿着按钮的左侧对齐。

③ 使用<li>标签创建每个菜单项。

④ 使用<a>标签定义链接，并添加.dropdown-item 类，以便应用链接的样式。

除此之外，还可以为菜单项添加一些类来细化下拉菜单列表的样式，具体介绍如下。

- 使用.dropdown-header 类设置分组标题，用于标记不同的内容。
- 使用.dropdown-divider 类设置分隔线，用于分隔相关菜单项。
- 使用.disabled 类设置禁用状态，用于禁用菜单项，使其不可单击。

下面通过案例来讲解如何实现单击按钮显示或隐藏下拉菜单，具体实现步骤如下。

① 创建 dropdown.html 文件，在该文件中创建基础 HTML5 文档结构并引入 bootstrap.min.css 文件和 bootstrap.bundle.min.js 文件。

② 编写下拉菜单按钮的页面结构，具体代码如下。

```
1  <body>
2    <div class="dropdown">
```

```
3     <button class="btn btn-secondary dropdown-toggle" type="button"
data-bs-toggle="dropdown">
4       关于
5     </button>
6     <ul class="dropdown-menu">
7       <li><a class="dropdown-item" href="#">常见问题</a></li>
8       <li><a class="dropdown-item" href="#">团队</a></li>
9       <li><a class="dropdown-item" href="#">版本发布</a></li>
10      <li><a class="dropdown-item" href="#">社区指南</a></li>
11      <li><a class="dropdown-item" href="#">行为规范</a></li>
12      <li><a class="dropdown-item" href="#">纪录片</a></li>
13    </ul>
14  </div>
15 </body>
```

在上述代码中，第 3～5 行代码定义了一个下拉菜单按钮，并添加了.btn 类、.btn-secondary 类和.dropdown-toggle 类，此外，该按钮还添加了 data-bs-toggle 属性，并将该属性的值设置为 dropdown，表示单击该按钮将触发下拉菜单的显示或隐藏；第 6～13 行代码定义了下拉菜单的内容部分。

保存上述代码，在浏览器中打开 dropdown.html 文件，下拉菜单按钮效果如图 7-19 所示。

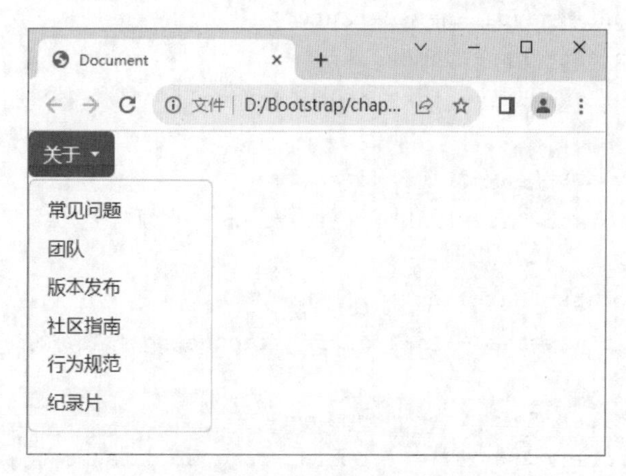

图7-19　下拉菜单按钮效果

7.5.2　下拉菜单导航栏

下拉菜单导航栏通常由导航栏和下拉菜单两部分组成，使用下拉菜单组件实现下拉菜单导航栏的基本方法如下。

（1）为导航菜单项添加下拉菜单

确定要为哪个导航菜单项添加下拉菜单，然后在该导航菜单项的.nav-item 类后添加.dropdown 类，以便应用下拉菜单的样式。

（2）在导航菜单项中添加下拉菜单切换类和属性

在导航菜单项内的导航链接的.nav-link 类后添加一个.dropdown-toggle 类，同时添加 data-bs-toggle 属性，并将其属性值设置为 dropdown。

（3）创建下拉菜单

在导航菜单项内创建一个下拉菜单，具体实现方式参考 7.5.1 小节。

下面通过案例来讲解如何实现单击导航栏中的某个导航链接时，切换下拉菜单的显示或隐藏，具体实现步骤如下。

① 创建 navbarDropdown.html 文件，在该文件中创建基础 HTML5 文档结构并引入 bootstrap.min.css 文件和 bootstrap.bundle.min.js 文件。

② 编写下拉菜单导航栏的页面结构，具体代码如下。

```
1  <body>
2    <nav class="navbar navbar-expand-md navbar-dark bg-dark">
3      <div class="container-fluid">
4        <a class="navbar-brand" href="#">Bootstrap</a>
5        <button class="navbar-toggler" type="button" data-bs-toggle=
"collapse" data-bs-target="#nav">
6          <span class="navbar-toggler-icon"></span>
7        </button>
8        <div class="navbar-collapse collapse" id="nav">
9          <ul class="navbar-nav me-auto">
10           <li class="nav-item">
11             <a class="nav-link" href="#example">文档</a>
12           </li>
13           <li class="nav-item">
14             <a class="nav-link" href="#news">视频教程</a>
15           </li>
16           <li class="nav-item">
17             <a class="nav-link" href="#technology">演练场</a>
18           </li>
19           <li class="nav-item dropdown">
20             <a class="nav-link dropdown-toggle" data-bs-toggle="dropdown">
21               生态系统
22             </a>
23             <ul class="dropdown-menu">
24               <li class="dropdown-header">资源</li>
25               <li><a class="dropdown-item" href="#">合作伙伴</a></li>
26               <li><a class="dropdown-item" href="#">主题</a></li>
27               <li class="dropdown-divider"></li>
28               <li class="dropdown-header">帮助</li>
29               <li><a class="dropdown-item" href="#">版本发布</a></li>
```

```
30                <li><a class="dropdown-item" href="#">社区指南</a></li>
31                <li><a class="dropdown-item disabled" href="#">行为规范
</a></li>
32              </ul>
33            </li>
34          </ul>
35          <ul class="navbar-nav">
36            <li class="nav-item">
37              <a class="nav-link" href="#login">登录</a>
38            </li>
39            <li class="nav-item">
40              <a class="nav-link" href="#register">注册</a>
41            </li>
42          </ul>
43        </div>
44      </div>
45    </nav>
46  </body>
```

在上述代码中，第 20 行代码定义了一个导航链接，并添加了 data-bs-toggle 属性，其属性值为 dropdown，表示单击该链接将触发下拉菜单的显示或隐藏。

第 23～32 行代码定义下拉菜单的内容部分。其中：第 24 行和第 28 行代码为<li>标签添加了.dropdown-header 类，分别设置分组标题为“资源”和“帮助”；第 27 行代码为<li>标签添加了.dropdown-divider 类，设置“资源”和“帮助”之间的分隔线；第 31 行代码为<li>标签添加了.disabled 类，用于禁用该菜单项，使其不可被单击。

保存上述代码，在浏览器中打开 navbarDropdown.html 文件，下拉菜单导航栏效果如图 7-20 所示。

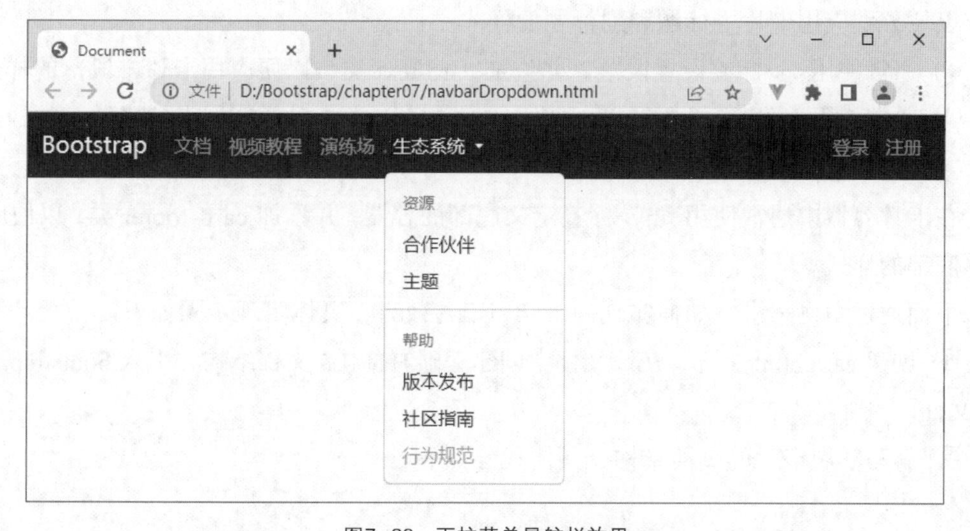

图7-20　下拉菜单导航栏效果

7.6 卡片组件

卡片组件是灵活且可扩展的内容容器，支持多种内容类型，包括文本、图像、按钮和链接等。卡片组件提供样式定制功能，以适应不同的设计需求和视觉效果。例如，改变卡片的颜色、边框、圆角等属性。同时，卡片组件还提供了卡片组合功能，可以将多个卡片组件进行组合，以保持良好的布局和视觉效果。此外，卡片组件还可以用于展示不同的信息内容，例如商品信息、文章列表、用户资料等。本节将详细讲解如何使用卡片组件实现基础卡片、图文卡片和背景图卡片。

7.6.1 基础卡片

基础卡片通常由头部、主体和底部 3 部分组成，使用卡片组件实现基础卡片的基本步骤如下。

（1）创建卡片容器

通常使用<div>标签定义卡片容器，并添加.card 类，以便应用卡片容器的样式。

（2）添加卡片头部

在卡片容器中通常使用<div>标签定义卡片头部的容器，并添加.card-header 类，以便应用卡片头部的样式。

（3）添加卡片主体

卡片主体可以包含标题、段落和链接等，基本实现步骤如下。

① 通常使用<div>标签定义卡片主体的容器，并添加.card-body 类，以便应用卡片主体的样式。

② 通常使用<hl>到<h6>标签设置主标题和副标题，并添加.card-title 类或.card-subtitle 类，以便分别应用卡片主标题和副标题的样式。

③ 通常使用<p>标签设置段落，并添加.card-text 类，以便应用卡片中段落的样式。

④ 通常使用<a>标签设置链接，并添加.card-link 类，以便应用卡片中链接的样式。

（4）添加卡片底部

在卡片容器中通常使用<div>标签定义底部的容器，并添加.card-footer 类，以便应用卡片底部的样式。

下面通过案例来讲解如何实现一个学习卡片效果，具体实现步骤如下。

① 创建 card.html 文件，在该文件中创建基础 HTML5 文档结构并引入 bootstrap.min.css 文件。

② 编写学习卡片的页面结构，具体代码如下。

```
1  <body>
2    <div class="container mt-2">
3      <div class="card" style="width: 20rem;">
```

```
4        <div class="card-header">Bootstrap 介绍</div>
5        <div class="card-body">
6          <p class="card-text">Bootstrap 是一款很受欢迎的前端组件库，用于开发响应式布局、移动设备优先的 Web 项目。</p>
7          <a href="#" class="card-link">点此进入学习！</a>
8        </div>
9        <div class="card-footer text-center">Bootstrap 学习网站</div>
10     </div>
11   </div>
12 </body>
```

在上述代码中，第 4 行代码定义了卡片的头部；第 5～8 行代码定义了卡片的主体，主体包含段落和链接；第 9 行代码定义了卡片的底部。

保存上述代码，在浏览器中打开 card.html 文件，学习卡片效果如图 7-21 所示。

图7-21　学习卡片效果

7.6.2 图文卡片

图文卡片是一种将图像和卡片主体进行组合的卡片，其实现了图文混排的展示方式。

在基础卡片的基础上实现图文卡片，可以根据需要将图像放置在卡片主体的上方或下方，并添加相应的类实现圆角效果，具体介绍如下。

① 当图像位于卡片主体的上方时，可以为<img>标签添加.card-img-top 类，使图像的左上角和右上角呈现圆角效果。

② 当图像位于卡片主体的下方时，可以为<img>标签添加.card-img-bottom 类，使图像的左下角和右下角呈现圆角效果。

此外，还可以为<img>标签添加.card-img 类，使图像的 4 个角都呈现圆角效果。

下面通过案例来讲解如何实现一个图书列表，在其每个列表项中分别显示图书的封面、名称、作者、简介和一个“点此进入学习！”的链接，具体实现步骤如下。

① 创建 cardImg.html 文件，在该文件中创建基础 HTML5 文档结构并引入 bootstrap.min.css 文件。

② 编写图文卡片的页面结构，具体代码如下。

```
1  <body>
2    <div class="container mt-2">
3      <div class="row">
4        <div class="col">
5          <div class="card">
6            <img class="card-img-top" src="images/web1.jpg" alt="">
7            <div class="card-body text-center">
8              <h5 class="text-truncate">《Laravel 框架开发实战》</h5>
9              <h6 class="text-muted">作者：黑马程序员</h6>
10             <p class="card-text">本书面向具有 PHP、MySQL 数据库基础的人群，讲解了
Laravel 框架的使用。</p>
11             <a href="#" class="btn btn-primary">点此进入学习！</a>
12           </div>
13         </div>
14       </div>
15       <div class="col">
16         <div class="card">
17           <img class="card-img-top" src="images/web2.jpg" alt="">
18           <div class="card-body text-center">
19             <h5 class="text-truncate">《微信小程序开发实战（第 2 版）》</h5>
20             <h6 class="text-muted">作者：黑马程序员</h6>
21             <p class="card-text">本书是针对 Web 前端开发者编写的一本快速掌握
微信小程序开发的教程。</p>
22             <a href="#" class="btn btn-primary">点此进入学习！</a>
23           </div>
24         </div>
25       </div>
26       <div class="col">
27         <div class="card">
28           <img class="card-img-top" src="images/web3.jpg" alt="">
29           <div class="card-body text-center">
30             <h5 class="text-truncate">《Bootstrap 响应式 Web 开发》</h5>
31             <h6 class="text-muted">作者：黑马程序员</h6>
32             <p class="card-text">本书是面向移动 Web 开发学习者的一本入门教材，讲解
Bootstrap 的开发技术。</p>
33             <a href="#" class="btn btn-primary">点此进入学习！</a>
34           </div>
35         </div>
36       </div>
37     </div>
38   </div>
39 </body>
```

在上述代码中，第 5～13 行代码定义了一个卡片容器，该容器包含图像和卡片主体。其中，第 6 行代码定义了一个图像，并添加了.card-img-top 类，以设置图像的左上角和右上角为圆角，该图像位于卡片主体的上方；第 7～12 行代码定义了卡片主体的内容，包含图书的名称、作者、简介和一个“点此进入学习！”的链接。第 16～24 行代码与第 27～35 行代码的解释参考第 5～13 行代码。

③ 编写图文卡片的页面样式，具体代码如下。

```
1  <style>
2    img {
3      height: 290px;
4      object-fit: contain;
5    }
6    .card-text {
7      overflow: hidden;
8      display: -webkit-box;
9      -webkit-line-clamp: 2;
10     -webkit-box-orient: vertical;
11   }
12 </style>
```

在上述代码中，第 2～5 行代码为 img 元素设置了高度，并设置该元素在保持其宽高比的同时，可以进行缩放以适应其容器的尺寸；第 6～11 行代码将具有.card-text 类的元素设置为文本超过两行时被截断，并显示省略号。

保存上述代码，在浏览器中打开 cardImg.html 文件，图文卡片效果如图 7-22 所示。

图7-22　图文卡片效果

7.6.3　背景图卡片

在组合图像和卡片主体的情况下，可以将图像设置为卡片的背景，使主体内容显示在图像的上面。若想将图像设置为卡片的背景，在.card-body 类后添加.card-img-overlay 类即可。

需要注意的是，主体内容的高度不应大于背景图的高度，否则内容将会显示在背景图的外部，影响卡片的美观。

下面通过案例来讲解如何实现一个图书列表，将图书的封面当作卡片的背景图，并在该背景图的上方显示图书的名称、作者和“点此进入学习！”的链接，具体实现步骤如下。

① 创建 cardBg.html 文件，在该文件中创建基础 HTML5 文档结构并引入 bootstrap.min.css 文件。

② 编写背景图卡片的页面结构，具体代码如下。

```
1  <body>
2    <div class="container mt-2">
3      <div class="row text-white text-center">
4        <div class="col col-sm-4">
5          <div class="card">
6            <img src="images/web1_bg.png" alt="" class="card-img">
7            <div class="card-body card-img-overlay">
8              <h5 class="text-truncate">《Laravel 框架开发实战》</h5>
9              <h6>作者：黑马程序员</h6>
10             <a href="#" class="btn btn-primary">点此进入学习！</a>
11           </div>
12         </div>
13       </div>
14       <div class="col col-sm-4">
15         <div class="card bg-dark">
16           <div class="bg-light">
17             <img src="images/web2_bg.png" class="card-img" alt="">
18             <div class="card-body card-img-overlay">
19               <h5 class="text-truncate">《微信小程序开发实战（第 2 版）》</h5>
20               <h6>作者：黑马程序员</h6>
21               <a href="#" class="btn btn-primary">点此进入学习！</a>
22             </div>
23           </div>
24         </div>
25       </div>
26       <div class="col col-sm-4">
27         <div class="card">
28           <img src="images/web3_bg.png" class="card-img" alt="">
29           <div class="card-body card-img-overlay">
30             <h5 class="text-truncate">《Bootstrap 响应式 Web 开发》</h5>
```

```
31              <h6>作者：黑马程序员</h6>
32              <a href="#" class="btn btn-primary">点此进入学习！</a>
33            </div>
34          </div>
35        </div>
36      </div>
37    </div>
38  </body>
```

在上述代码中，第 6 行、第 17 行和第 28 行代码分别在<img>标签中添加了一个.card-img 类，用于设置图像的 4 个角为圆角；第 7 行、第 18 行和第 29 行代码分别在.card-body 类后添加了一个.card-img-overlay 类，用于设置卡片的主体内容覆盖在卡片图像的上方，以突出图书的名称、简介和“点此进入学习!”的链接。

③ 编写背景图卡片的页面样式，具体代码如下。

```
1  <style>
2    .card {
3      color: #fff;
4    }
5    .card-body {
6      margin-top: 40%;
7    }
8  </style>
```

在上述代码中，第 2～4 行代码将具有.card 类的元素的字体颜色设置为白色；第 5～7 行代码将具有.card-body 类的元素的上边距设置为百分比形式，表示占用其上方空间的 40%。

保存上述代码，在浏览器中打开 cardBg.html 文件，背景图卡片效果如图 7-23 所示。

图7-23　背景图卡片效果

7.7 轮播组件

轮播图是一种常见的网页元素，用于展示多个图像或内容，类似幻灯片放映效果，它可以循环播放图像、内嵌框架、视频或其他任何类型的内容。轮播图广泛应用于新闻网站、电子商务网站以及博客等，以吸引用户的注意力并进行更多信息的展示。在 Bootstrap 中，可以使用轮播组件创建轮播图。轮播组件提供了丰富的功能和选项，可以自定义轮播图的样式和行为。本节将详细讲解轮播图功能分析以及基础轮播图。

7.7.1 轮播图功能分析

在开始实现轮播图之前，以京东商城首页的轮播图为例，分析轮播图的功能。

在浏览器中打开京东商城，结果如图 7-24 所示。

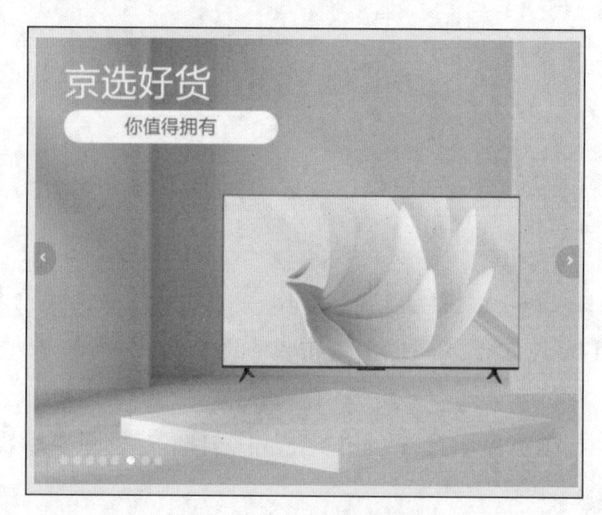

图7-24 京东商城轮播图

图 7-24 展示了轮播图的页面效果，读者可以在浏览器中自行查看。

基础轮播图通常包括轮播项、指示器和左右切换按钮 3 部分。其中，轮播项用于展示活动信息；指示器用于控制当前图像的播放顺序；左右切换按钮用于切换到上一张或下一张图像。

轮播图的主要交互效果如下。

① 当鼠标指针移到图像上时，图像停止自动切换。

② 当单击图像左侧的按钮时，可以切换到上一张图像。

③ 当单击图像右侧的按钮时，可以切换到下一张图像。

④ 当单击轮播图指示器时，可以显示当前图像的展示状态。

⑤ 当鼠标指针移出图像时，图像开始自动切换。

7.7.2 基础轮播图

使用轮播组件实现基础轮播图的基本步骤如下。

（1）创建轮播容器

在实现基础轮播图时，我们可以创建轮播容器，以实现过渡和动画效果、自动轮播以及控制轮播的时间间隔，具体实现步骤如下。

① 通常使用<div>标签定义轮播容器，并添加.carousel 类，以便应用轮播容器的样式。

② 设置唯一的 id 属性值，以便后续代码引用。

③ 添加.slide 类，以实现切换图像的过渡和动画效果。

④ 设置 data-bs-ride 属性，并将其属性值设置为 carousel，用于在加载页面时启动轮播。

⑤ 设置 data-bs-interval 属性，其属性值为一个毫秒数，用于设置轮播的时间间隔。

⑥ 设置 data-bs-wrap 属性，其属性值为 false 时表示轮播图不自动循环，属性值为 true 时表示轮播图自动循环，默认值为 true。

（2）添加轮播项

在轮播容器中添加轮播项，其中可以包含轮播图像和字幕内容等，具体实现步骤如下。

① 通常使用<div>标签定义轮播项容器，并添加.carousel-inner 类，以便应用轮播项容器的样式。

② 在轮播项容器中，通常使用<div>标签定义每个轮播项，并添加.carousel-item 类，以便应用轮播项的样式。

③ 为轮播项添加.active 类，以标记当前轮播项为激活状态。

④ 在轮播项中，使用<img>标签定义轮播图像，并添加.d-block 类和.w-100 类，将图像显示为块级元素并设置图像宽度为 100%。

⑤ 在轮播项中，通常使用<div>标签定义字幕内容，并添加.carousel-caption 类，以便应用字幕内容的样式。

（3）添加指示器

在轮播容器中添加指示器，具体实现步骤如下。

① 通常使用<div>标签定义指示器容器，并添加.carousel-indicators 类，以便应用指示器容器的样式。

② 在指示器容器中，通常使用<button>标签定义每个指示器项，并添加 data-bs-target 属性，其属性值为#id，id 为轮播容器的 id 属性值；添加 data-bs-slide-to 属性，其属性值为对应轮播项的索引值。索引值从 0 开始，0 表示第 1 个轮播项，1 表示第 2 个轮播项，以此类推。

③ 为指示器项添加.active 类，以标记当前指示器项为激活状态。

（4）添加左切换按钮

在轮播容器中添加左切换按钮，具体实现步骤如下。

① 通常使用<button>标签定义左切换按钮。

② 添加.carousel-control-prev 类，以便应用左切换按钮的样式。

③ 设置 data-bs-target 属性，并将其属性值设置为#id，id 表示轮播容器的 id 属性值，用于指定要触发轮播的轮播图。

④ 设置 data-bs-slide 属性，并将其属性值设置为 prev，表示单击左切换按钮时滑动到前一个轮播项。

⑤ 在<button>标签中，通常使用<span>标签定义左切换按钮的图标，并添加.carousel-control-prev-icon 类，以便应用左切换按钮的图标的样式。

（5）添加右切换按钮

在轮播容器中添加右切换按钮，具体实现步骤如下。

① 通常使用<button>标签定义右切换按钮。

② 添加.carousel-control-next 类，以便应用右切换按钮的样式。

③ 设置 data-bs-target 属性，并将其属性值设置为#id，id 为轮播容器的 id 属性值，用于指定要触发轮播的轮播图。

④ 设置 data-bs-slide 属性，并将其属性值设置为 next，表示单击右切换按钮时滑动到下一个轮播项。

⑤ 在<button>标签中，通常使用<span>标签定义右切换按钮的图标，并添加.carousel-control-next-icon 类，以便应用右切换按钮的图标的样式。

下面通过案例来讲解如何实现横幅图像的轮播效果，并且可以手动或自动切换图像，具体实现步骤如下。

① 创建 carousel.html 文件，在该文件中创建基础 HTML5 文档结构并引入 bootstrap.min.css 文件和 bootstrap.min.js 文件。

② 编写基础轮播图的页面结构，具体代码如下。

```
1  <body>
2    <div id="carouselSlide" class="carousel slide" data-bs-ride="carousel"
data-bs-interval="2000" data-bs-wrap="false">
3      <!-- 轮播项 -->
4      <div class="carousel-inner">
5        <!-- 这里插入轮播项的内容 -->
6      </div>
7      <!-- 指示器 -->
8      <div class="carousel-indicators">
9        <!-- 这里插入指示器的内容 -->
```

```
10      </div>
11      <!-- 左右切换按钮 -->
12      <button></button>
13      <button></button>
14    </div>
15  </body>
```

③ 在步骤②的第 5 行代码下编写轮播项的内容，具体代码如下。

```
1  <div class="carousel-item active">
2    <img src="images/slide_01.jpg" class="d-block w-100" alt="">
3  </div>
4  <div class="carousel-item">
5    <img src="images/slide_02.jpg" class="d-block w-100" alt="">
6  </div>
7  <div class="carousel-item">
8    <img src="images/slide_03.jpg" class="d-block w-100" alt="">
9    <div class="carousel-caption d-none d-md-block">
10     <h5>科技的力量</h5>
11     <p>未来可期</p>
12   </div>
13 </div>
```

在上述代码中，第 1 行代码为轮播项添加了.active 类，用于标记该轮播项为激活状态；在第 9～12 行代码中，使用.carousel-caption 类定义字幕容器，并在其中添加标题和段落文本。

④ 在步骤②的第 9 行代码下编写指示器的内容，具体代码如下。

```
1  <button type="button" data-bs-target="#carouselSlide" data-bs-slide-to=
"0" class="active"></button>
2  <button type="button" data-bs-target="#carouselSlide" data-bs-slide-to=
"1"></button>
3  <button type="button" data-bs-target="#carouselSlide" data-bs-slide-to=
"2"></button>
```

在上述代码中，第 1～3 行代码定义了 3 个按钮，并为每个按钮添加了两个关键属性。其中，data-bs-target 属性的值为#carouselSlide，指定要触发的轮播图元素；data-bs-slide-to 属性的值为对应轮播项的索引值。

⑤ 在步骤②的第 12～13 行代码中编写左右切换按钮代码，具体代码如下。

```
1  <button class="carousel-control-prev" type="button" data-bs-target=
"#carouselSlide" data-bs-slide="prev">
2    <span class="carousel-control-prev-icon"></span>
3  </button>
4  <button class="carousel-control-next" type="button" data-bs-target=
"#carouselSlide" data-bs-slide="next">
5    <span class="carousel-control-next-icon"></span>
6  </button>
```

在上述代码中，第 1～3 行代码定义了一个左切换按钮；第 4～6 行代码定义了一个右切换按钮。其中，data-bs-target 属性的值为#carouselSlide，指定了要触发 id 属性值为 carouselSlide 的元素。

保存上述代码，在浏览器中打开 carousel.html 文件，基础轮播图效果如图 7-25 所示。

图7-25　基础轮播图效果

图 7-25 显示了左右切换按钮、指示器以及轮播项中的图像和字幕。读者可以单击指示器或左右切换按钮，查看轮播效果。

7.8　提示组件

提示组件用于在页面中向用户展示不同类型的消息和提示，可以帮助用户获得更好的用户体验，提供更直接、更具体的信息。例如，查看某个元素的功能、说明或者更详细的内容；帮助用户理解某些功能或操作的意义和目的；在完成某些操作后提供反馈，告知用户操作是否成功、失败，以及相应原因等。本节将详细讲解如何使用提示组件实现工具提示框、弹出提示框和警告框。

7.8.1　工具提示框

工具提示框通常用于鼠标指针悬停在目标元素上时，为用户提供更详细的信息或解释，以提高用户体验和网页的易用性。工具提示框可以用于各种类型的页面元素，例如按钮、链接、图像等。

使用提示组件实现工具提示框的基本步骤如下。

（1）确定目标元素

选择需要添加工具提示框的目标元素，可以是任意 HTML 元素。

（2）添加工具提示框功能

为目标元素设置 data-bs-toggle 属性，并将其属性值设置为 tooltip，表示使用工具提示框功能。

（3）指定工具提示框的标题

为目标元素设置 title 属性，用于指定工具提示框的标题。

（4）指定展示位置

为目标元素设置 data-bs-placement 属性，用于指定工具提示框的展示位置，其属性值包括 top（默认值）、bottom、left、right 和 auto，分别表示在目标元素的顶部、底部、左侧、右侧和自动选择位置展示工具提示框。

（5）指定触发方式

为目标元素设置 data-bs-trigger 属性，用于指定工具提示框的触发方式，其属性值包括 hover（默认值）、click、focus 和 manual，分别表示当鼠标指针悬停、单击、获取焦点或手动控制时触发工具提示框。可以在 data-bs-trigger 属性中设置多种触发方式，多个属性值之间使用空格分隔。注意，manual 不能与其他触发方式同时使用。

（6）指定延迟时间

为目标元素设置 data-bs-delay 属性，用于指定工具提示框显示和隐藏的延迟时间，单位为毫秒。

（7）HTML 解析和渲染

为目标元素设置 data-bs-html 属性，用于指定是否对工具提示框的标题进行 HTML 解析和渲染，默认值为 false，表示工具提示框的标题将被视为纯文本，不会进行 HTML 解析和渲染；设置为 true 时，表示可以进行 HTML 解析和渲染。

（8）引入依赖文件

工具提示框依赖于 Popper.js 文件，需要在使用 bootstrap.min.js 文件之前引入 Popper.js 文件。另外，也可以直接使用 bootstrap.bundle.min.js 文件，其中包含 Popper.js 文件的功能。

（9）初始化工具提示框

工具提示框需要进行初始化才可以生效。在 Bootstrap 中，可以使用 JavaScript 或 jQuery 两种方式对工具提示框进行初始化。

下面讲解如何使用 JavaScript 方式和 jQuery 方式完成工具提示框的初始化，具体如下。

① 使用 JavaScript 方式初始化工具提示框，示例代码如下。

```
1  <script>
2    var tooltipTriggerList = [].slice.call(document.querySelectorAll
('[data-bs-toggle="tooltip"]'));
3    var tooltipList = tooltipTriggerList.map(function (tooltipTriggerEl) {
4      return new bootstrap.Tooltip(tooltipTriggerEl);
5    });
6  </script>
```

在上述示例代码中，第 2 行代码用于查询页面中所有具有 data-bs-toggle 属性且属性值为 tooltip 的元素，然后将这些元素存储到 tooltipTriggerList 数组中；第 3～5 行代码使用 map()方法遍历数组中的元素，其中，第 4 行代码为每个元素创建一个新的工具提示框实例，然后将其添加到 tooltipList 数组中。

② 使用 jQuery 方式初始化工具提示框，示例代码如下。

```
1  <script src="js/jquery-3.3.1.js"></script>
2  <script>
3    $(document).ready(function (){
4      $('[data-bs-toggle="tooltip"]').tooltip();
5    });
6  </script>
```

在上述代码中，第 1 行代码用于引入 jQuery 文件；第 4 行代码用于查询页面中所有具有 data-bs-toggle 属性且属性值为 tooltip 的元素，并调用 tooltip()方法将 tooltip 功能应用到指定的元素上。

下面通过案例来讲解如何实现用户鼠标指针悬停在“查看详情”链接上时，给出提示信息“跳转到详情页”，具体实现步骤如下。

① 创建 tooltip.html 文件，在该文件中创建基础 HTML5 文档结构并引入 bootstrap.min.css 文件和 bootstrap.bundle.min.js 文件。

② 编写工具提示框的页面结构，具体代码如下。

```
1  <body>
2    <div class="container mt-3">
3      <div class="card" style="width: 20rem">
4        <img src="images/orange.png" class="card-img-top" alt="">
5        <div class="card-body">
6          <h5 class="card-title">商品名称</h5>
7          <p>商品价格：￥100.00</p>
8          <p>商品销量：200</p>
9          <p>商品评价：4.8 分</p>
10         <a href="#" class="btn btn-primary">加入购物车</a>
11         <a href="#" class="btn btn-primary" data-bs-toggle="tooltip"
data-bs-placement="right" title="跳转到<u>详情页</u>" data-bs-html="true">查看详
情</a>
12       </div>
13     </div>
14   </div>
15 </body>
```

在上述代码中，第 11 行代码定义了一个链接，并添加了 4 个关键属性。其中，data-bs-toggle 属性的值为 tooltip，表示使用工具提示框功能；data-bs-placement 属性的值为 right，表示工具提示框在目标元素的右侧展示；title 属性的值使用<u>标签创建下划线；data-bs-html 属性的值为 true，表示允许对提示框标题的<u>标签进行 HTML 解析和渲染。

③ 在步骤②的第 14 行代码下编写初始化工具提示框的页面逻辑，具体代码如下。

```
1  <script>
2    var tooltipTriggerList = [].slice.call(document.querySelectorAll
('[data-bs-toggle="tooltip"]'));
3    var tooltipList = tooltipTriggerList.map(function (tooltipTriggerEl) {
4      return new bootstrap.Tooltip(tooltipTriggerEl);
5    });
6  </script>
```

保存上述代码，在浏览器中打开 tooltip.html 文件，当鼠标指针悬停在“查看详情”链接上时，工具提示框效果如图 7-26 所示。

图7-26 工具提示框效果

7.8.2 弹出提示框

弹出提示框通常用于向用户传达重要信息，或者询问用户是否要执行某种操作，需要用户进行确认或取消等交互操作。弹出提示框可以用于各种类型的页面元素，例如按钮、链接、图像等。

使用提示组件实现弹出提示框的基本步骤如下。

（1）确定目标元素

选择需要添加弹出提示框的目标元素，可以是任意 HTML 元素。

（2）添加弹出提示框功能

为目标元素设置 data-bs-toggle 属性，并将其属性值设置为 popover，表示使用弹出提示框功能。

（3）指定弹出提示框的标题

为目标元素设置 title 属性，用于指定弹出提示框的标题。

（4）指定弹出提示框的内容

为目标元素设置 data-bs-content 属性，用于指定弹出提示框的内容。

（5）指定展示位置

为目标元素设置 data-bs-placement 属性，用于指定弹出提示框的展示位置，该属性的取值同 7.8.1 小节工具提示框中的 data-bs-placement 属性，区别在于弹出提示框该属性的默认值为 right。

（6）指定触发方式

为目标元素设置 data-bs-trigger 属性，用于指定弹出提示框的触发方式，该属性的取值同 7.8.1 小节工具提示框中的 data-bs-trigger 属性，区别在于弹出提示框该属性的默认值为 click。

（7）指定延迟时间

为目标元素设置 data-bs-delay 属性，用于指定弹出提示框显示和隐藏的延迟时间，单位为毫秒。

（8）HTML 解析和渲染

为目标元素设置 data-bs-html 属性，用于指定是否对弹出提示框的标题和内容进行 HTML 解析和渲染，默认值为 false，表示弹出提示框的标题和内容将被视为纯文本，不会进行 HTML 解析和渲染；设置为 true 时，表示可以进行 HTML 解析和渲染。

（9）引入依赖文件

弹出提示框的依赖文件的引入方式同 7.8.1 小节的工具提示框。

（10）初始化弹出提示框

弹出提示框需要进行初始化才可以生效，在 Bootstrap 中，可以使用 JavaScript 或 jQuery 两种方式对弹出提示框进行初始化。

下面讲解如何使用 JavaScript 方式和 jQuery 方式完成弹出提示框的初始化，具体如下。

① 使用 JavaScript 方式初始化弹出提示框，示例代码如下。

```
1  <script>
2    var popoverTriggerList = [].slice.call(document.querySelectorAll
('[data-bs-toggle="popover"]'));
3    var popoverList = popoverTriggerList.map(function (popoverTriggerEl) {
4      return new bootstrap.Popover(popoverTriggerEl);
5    });
6  </script>
```

在上述示例代码中，第 2 行代码用于查询页面中所有具有 data-bs-toggle 属性且属性值为 popover 的元素，然后将这些元素存储到 popoverTriggerList 数组中；第 3～5 行代码使用 map()方法遍历数组中的元素，其中，第 4 行代码为每个元素创建新的弹出提示框实例，然后将其添加到 popoverList 数组中。

② 使用 jQuery 方式初始化弹出提示框，示例代码如下。

```
1  <script src="js/jquery-3.3.1.js"></script>
2  <script>
3    $(document).ready(function () {
4      $('[data-bs-toggle="popover"]').popover();
5    });
6  </script>
```

在上述代码中，第 1 行代码用于引入 jQuery 文件；第 4 行代码用于查询页面中所有具有 data-bs-toggle 属性且属性值为 popover 的元素，并调用 popover()方法将 popover 功能应用到指定的元素上。

下面通过案例来讲解如何实现用户单击按钮时弹出确认提示框，根据用户的选择执行相应的操作，具体实现步骤如下。

① 创建 popover.html 文件，在该文件中创建基础 HTML5 文档结构并引入 bootstrap.min.css 文件、bootstrap.bundle.min.js 和 jquery-3.3.1.js 文件。

② 编写弹出提示框的页面结构，具体代码如下。

```
1  <body>
2    <div class="container mt-5">
3      <div class="item">
4        <button class="btn btn-danger delete-btn" data-bs-toggle=
"popover">删除</button>
5        <div class="popover-content d-none">
6          <p>您确定要删除这个项目吗？</p>
7          <button class="btn btn-primary confirm-btn">确定</button>
8          <button class="btn btn-secondary cancel-btn">取消</button>
9        </div>
10     </div>
11   </div>
12 </body>
```

在上述代码中，第 4 行代码使用<button>标签定义了一个“删除”按钮，并添加了 data-bs-toggle 属性，其属性值为 popover，表示使用弹出提示框功能；第 5～9 行代码定义了弹出提示框的内容，包含“您确定要删除这个项目吗？”提示信息、“确定”按钮和“取消”按钮。

③ 编写弹出提示框的页面样式，具体代码如下。

```
1  <style>
2    .item {
3      position: relative;
4      display: inline-block;
```

```
5   }
6   .popover-content {
7     background-color: #e1e1e1;
8     padding: 10px;
9     text-align: center;
10  }
11 </style>
```

在上述代码中，第 2～5 行代码将具有.item 类的元素设置为相对定位的内联块元素；第 6～10 行代码为具有.popover-content 类的元素设置背景色、内边距和对齐方式。

④ 在步骤②的第 11 行代码下编写弹出提示框的页面逻辑，具体代码如下。

```
1  <script>
2    $(document).ready(function (){
3      var popoverTriggerList = [].slice.call(document.querySelectorAll
('[data-bs-toggle="popover"]'));
4      var popoverList = popoverTriggerList.map(function (popoverTriggerEl) {
5        return new bootstrap.Popover(popoverTriggerEl);
6      });
7      $('.delete-btn').on('click', function () {
8        $(this).siblings('.popover-content').toggleClass('d-none');
9      });
10     $('.confirm-btn').on('click', function () {
11       $(this).closest('.item').remove();
12       $(this).parents('.popover-content').toggleClass('d-none');
13       var popover = bootstrap.Popover.getInstance(document.
querySelector('[data-bs-toggle="popover"]'));
14       popover.hide();
15     });
16     $('.cancel-btn').on('click', function () {
17       $(this).parents('.popover-content').toggleClass('d-none');
18       var popover = bootstrap.Popover.getInstance(document.querySelector
('[data-bs-toggle="popover"]'));
19       popover.hide();
20     });
21   });
22 </script>
```

在上述代码中，第 3～6 行代码用于初始化弹出提示框；第 7～9 行代码用于给具有.delete-btn 类的元素绑定单击事件，当单击该元素时，会触发单击事件，从而显示或隐藏弹出提示框。

第 10～15 行代码用于给具有.confirm-btn 类的元素绑定单击事件。当单击该元素时，首先使用 closest()方法找到离该元素最近的具有.item 类的父元素，并使用 remove()方法将其从文档对象模型（Document Object Model，DOM）中移除；然后查找所有具有.popover-content 类的父元素，切换其 d-none 类名，用于隐藏或显示元素；最后，使用

hide()方法将关联的弹出提示框隐藏起来。

第 16～20 行代码用于给具有.cancel-btn 类的元素绑定单击事件。当单击该元素时，查找所有具有.popover-content 类的父元素，切换其 d-none 类名，用于隐藏或显示元素。同时，使用 hide()方法将关联的弹出提示框隐藏起来。

保存上述代码，在浏览器中打开 popover.html 文件，当单击“删除”按钮时，弹出提示框效果如图 7-27 所示。

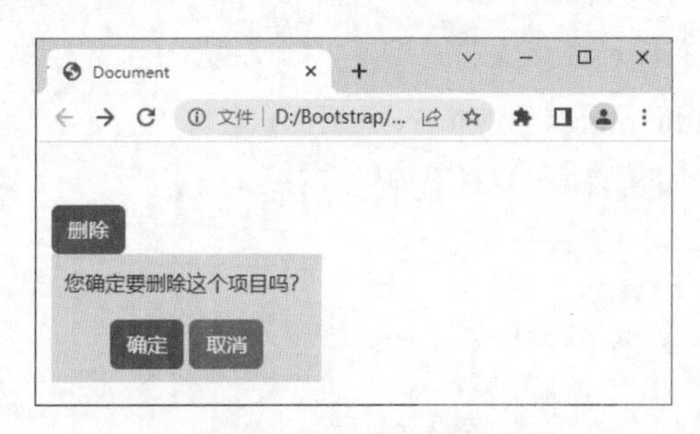

图7–27　弹出提示框效果

图 7-27 所示页面中，在用户单击“确定”按钮时，同时隐藏了弹出提示框和“删除”按钮；而在用户单击“取消”按钮时，只隐藏了弹出提示框。

7.8.3　警告框

警告框通常用于向用户发出警告或提示信息，其中的文本内容可以为任何长度，并且在警告框中可以放置任意的 HTML 内容，例如文本、链接、图标等。

使用提示组件实现警告框的基本步骤如下。

（1）创建警告框容器

通常使用<div>标签定义警告框容器，并添加.alert 类，以便应用警告框容器的样式。

（2）设置警告框的样式和类型

通过为警告框容器的<div>标签添加不同的 CSS 类，可以设置不同的样式和类型。Bootstrap 提供了多种设置警告类型的类，为警告框指定特定的颜色和样式。例如，.alert-primary 类、.alert-danger 类、.alert-secondary 类、.alert-success 类、.alert-info 类、.alert-warning 类、.alert-light 类和.alert-dark 类。

（3）添加“×”按钮

警告框中可以定义一个“×”按钮，使用户可以手动关闭警告框，基本实现步骤如下。

① 通常使用<button>标签创建一个“×”按钮，作为触发“×”按钮的元素。

② 设置 data-bs-dismiss 属性，并将其属性值设置为 alert，这将告诉浏览器该元素会触发一个警告框关闭事件。

③ 添加.btn-close 类，以便应用“×”按钮的样式。

（4）设置“×”按钮的位置

向警告框容器的<div>标签中添加.alert-dismissible 类，“×”按钮会放置在警告框的右侧。

下面通过案例来讲解如何使用警告框实现用户提交信息后的反馈。如果用户输入的用户名和密码正确，将显示一个“成功”的警告信息；如果用户输入的用户名或密码错误，将显示一个“失败”的警告信息，具体实现步骤如下。

① 创建 alert.html 文件，在该文件中创建基础 HTML5 文档结构并引入 bootstrap.min.css 文件、bootstrap.bundle.min.js 和 jquery-3.3.1.js 文件。

② 编写警告框的页面结构，具体代码如下。

```
1  <body>
2    <div class="container mt-5">
3      <div class="alert alert-success alert-dismissible" role="alert" 
style="display:none;">
4        <strong>成功!</strong> 表单提交成功。
5        <button type="button" class="btn-close" data-bs-dismiss=
"alert"></button>
6      </div>
7      <div class="alert alert-danger alert-dismissible" role="alert" style=
"display:none;">
8        <strong>失败!</strong> 提交表单时出错。
9        <button type="button" class="btn-close" data-bs-dismiss="alert">
</button>
10     </div>
11     <form id="myForm">
12       <div class="row mb-4">
13         <label for="inputName" class="col-sm-2 col-form-label">用户名:
</label>
14         <div class="col-sm-8">
15           <input type="text" class="form-control" id="inputName">
16         </div>
17       </div>
18       <div class="row mb-4">
19          <label for="inputPassword" class="col-sm-2 col-form-label">密码:
</label>
20         <div class="col-sm-8">
21           <input type="password" class="form-control" id="inputPassword">
22         </div>
23       </div>
24       <div class="text-center">
25         <button type="submit" class="btn btn-primary">提交</button>
26       </div>
27     </form>
28   </div>
29 </body>
```

在上述代码中，第 3～6 行代码用于设置表单提交成功时的警告框内容；第 7～10 行代码用于设置提交失败时的警告框内容；第 5 行代码和第 9 行代码用于定义“×”按钮；第 3 行代码和第 7 行代码使用.alert-dismissible 类，将“×”按钮放置在警告框右侧。

③ 在步骤②的第 28 行代码下编写警告框的页面逻辑，具体代码如下。

```
1  <script>
2    $('#myForm').on('submit', function (event) {
3      event.preventDefault();
4      var name = $('#inputName').val();
5      var password = $('#inputPassword').val();
6      $('.alert-success').hide();
7      $('.alert-danger').hide();
8      if (name === 'admin' && password === '123456'){
9        $('.alert-success').show();
10     } else {
11       $('.alert-danger').show();
12     }
13   });
14 </script>
```

在上述代码中，第 4 行用于获取 id 属性值为 inputName 的元素的值，并将其存储到 name 变量中；第 5 行代码用于获取 id 属性值为 inputPassword 的元素的值，并将其存储到 password 变量中；第 8～12 行代码用于当 name 变量的值为 admin 且 password 变量的值为 123456 时，请求成功，执行第 9 行代码并显示一个提交成功的警告框；否则执行第 11 行代码显示一个提交失败的警告框。

保存上述代码，在浏览器中打开 alert.html 文件，在“用户名”文本框中输入 admin，在“密码”文本框中输入 123456 后，单击“提交”按钮，提交成功的警告框效果如图 7-28 所示。

图7-28 提交成功的警告框效果

当输入错误的用户名或密码时，登录失败。例如，在“用户名”文本框中输入 admin，在“密码”文本框中输入 1234567 后，单击“提交”按钮，提交失败的警告框效果如图 7-29 所示。

图7-29　提交失败的警告框效果

7.9　模态框组件

模态框用于在当前页面上创建新的覆盖层，通常以弹出窗口的形式显示。常应用于登录、注册、操作提示和用户说明等场景。模态框具有自定义大小、位置、背景和展示内容的功能，并且可以通过 JavaScript 代码激活并控制其行为，主要作用是增强用户体验、提升页面交互效果、强化页面功能和增加网页的美观程度。

使用模态框组件实现模态框的基本步骤如下。

（1）创建触发模态框的按钮或链接

创建按钮或链接，用于触发模态框的显示，基本实现步骤如下。

① 通常使用<button>标签或<a>标签定义链接或按钮。

② 设置 data-bs-toggle 属性，并将其属性值设置为 modal，这将告诉浏览器该元素会触发模态框。

③ 设置 data-bs-target 属性，并将其属性值设置为与模态框容器的 id 属性相匹配的值，以确保单击按钮或链接时正确触发模态框的显示或隐藏。

（2）创建模态框容器

创建模态框容器，用于包裹模态框的内容，基本实现步骤如下。

① 通常使用<div>标签定义模态框容器。为了方便后续代码引用，为模态框容器设置唯一的 id 属性值。

② 添加.modal 类，以便应用模态框容器的样式。

③ 在模态框容器内部，使用另一个<div>标签定义模态框的第二层容器，并添

加.modal-dialog类，以控制模态框的显示或隐藏。

④ 在第二层容器内部，使用另一个<div>标签定义模态框的第三层容器，并添加.modal-content类，用于设置模态框的边框、背景、边距等样式。

（3）添加模态框头部

在模态框的内容中，通常使用<div>标签定义头部容器，并添加.modal-header类，用于设置头部容器的样式。头部容器可以包含标题、“×”按钮等。

（4）添加模态框主体

在模态框的内容中，通常使用<div>标签定义主体容器，并添加.modal-body类，以便应用主体容器的样式。

（5）添加模态框底部

在模态框的内容中，通常使用<div>标签定义底部容器，并添加.modal-footer类，以便应用底部容器的样式。

下面通过案例来讲解如何实现用户单击按钮时弹出一个模态框，具体实现步骤如下。

① 创建modal.html文件，在该文件中创建基础HTML5文档结构并引入bootstrap.min.css文件和bootstrap.min.js文件。

② 定义模态框的页面结构，具体代码如下。

```
1  <body>
2    <button type="button" class="btn btn-primary" data-bs-toggle="modal"
data-bs-target="#myModal">
3      新增商品
4    </button>
5    <div class="modal" id="myModal">
6      <div class="modal-dialog">
7        <div class="modal-content">
8          <div class="modal-header">
9            <h4 class="modal-title">新增商品</h4>
10           <button type="button" class="btn-close" data-bs-dismiss=
"modal"></button>
11         </div>
12         <div class="modal-body">
13           <form>
14             <div class="mb-3 mt-3">
15               <input type="text" class="form-control" id="productId"
placeholder="请输入商品编号！" name="productId">
16             </div>
17             <div class="mb-3">
18               <input type="text" class="form-control" id="productName"
placeholder="请输入商品名称！" name="productName">
19             </div>
```

```
20            </form>
21          </div>
22          <div class="modal-footer">
23            <button type="button" class="btn btn-secondary"
data-bs-dismiss="modal">关闭</button>
24            <button type="button" class="btn btn-primary">提交</button>
25          </div>
26        </div>
27      </div>
28    </div>
29 </body>
```

在上述代码中，第 2 行代码定义了一个按钮，并添加了.btn 类和.btn-primary 类。此外，该按钮还添加了两个属性，其中，data-bs-toggle 属性的值为 modal，表示该按钮将触发模态框的显示或隐藏；data-bs-target 属性的值为#myModal，指定要触发的模态框是 id 属性值为 myModal 的元素。第 5～28 行代码定义了一个模态框容器，其中，第 8～11 行定义了模态框头部，包含标题和“×”按钮；第 12～21 行代码定义了模态框主体，包含一个表单；第 22～25 行代码定义了模态框底部，包含一个“关闭”按钮和一个“提交”按钮。

保存上述代码，在浏览器中打开 modal.html 文件，单击“新增商品”按钮时的模态框效果如图 7-30 所示。

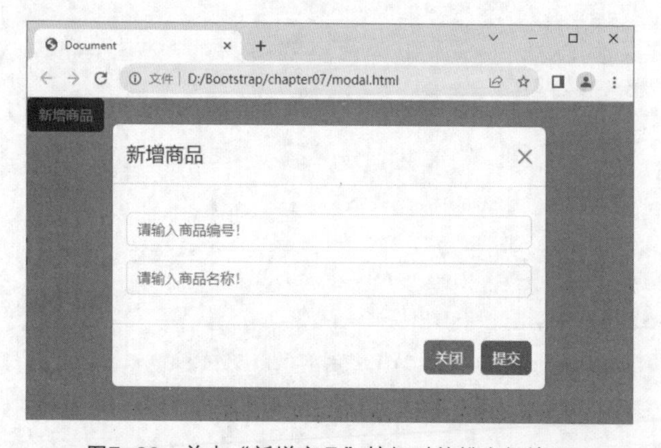

图7-30 单击“新增商品”按钮时的模态框效果

图 7-30 所示页面中，单击“×”按钮、“关闭”按钮或模态框以外的区域可以将模态框关闭。

除了使用 JavaScript 的方式实现模态框的方式外，还可以使用 jQuery 的方式实现模态框，使用这种方式时需要导入 jQuery 文件。

下面通过案例来使用 jQuery 方式重新实现上述模态框效果，具体实现步骤如下。

① 复制 modal.html 文件，并将其重命名为 modalJq.html，在该文件中引入 jquery-3.3.1.js 文件。

② 修改触发模态框的按钮，将<button>标签中的 data-bs-target 属性删除，同时添加一个 id 属性，并将其属性值设置为 btn。

③ 编写逻辑代码，具体代码如下。

```
1  <script>
2    $(document).ready(function () {
3      $('#btn').click(function () {
4        $('#myModal').modal('show');
5      });
6    });
7  </script>
```

在上述代码中，第 3～5 行代码用于为 id 属性值为 btn 的元素添加单击事件，用于实现单击该元素后，显示 id 属性值为 myModal 的模态框。

保存上述代码，在浏览器中打开 modalJq.html 文件，模态框效果如图 7-30 所示。

Bootstrap 内置了大量的组件，我们可以根据实际需求选择和使用这些组件。这些组件的源代码对外开放，读者可以通过分析组件的源代码，理解其背后的实现原理，进一步提升自己的编程能力。

本章小结

本章对 Bootstrap 常用组件进行了讲解。首先讲解的内容是初识组件，包括组件和 Bootstrap 组件的基本使用方法，然后讲解了按钮组件、导航组件、导航栏组件、下拉菜单组件、卡片组件、轮播组件、提示组件和模态框组件的基本使用方法。学习本章内容，读者能够根据实际需要灵活运用组件实现相应的效果。

课后练习

一、填空题

1. 在 Bootstrap 中使用______类可以定义一个主要按钮。
2. 在 Bootstrap 中使用______类可以定义工具栏按钮组。
3. 在 Bootstrap 中使用______类可以定义导航项水平居中对齐。
4. 在 Bootstrap 中使用______类设置导航栏在超小型设备（视口宽度<576px）中的垂直堆叠效果。
5. 在 Bootstrap 中使用______类可以定义卡片头部的样式。

二、判断题

1. Bootstrap 中的组件支持响应式设计。(　　)

2. 默认情况下，导航组件中的导航项会水平右对齐。(　　)

3. 下拉菜单组件中使用.dropdown-header 类设置分组标题。(　　)

4. 按钮组件中使用.disabled 类可以设置按钮为禁用状态。(　　)

5. 导航组件中使用.nav-pills 类可以实现标签样式的导航。(　　)

三、选择题

1. 下列关于 Bootstrap 中组件优势的说法中，错误的是（　　）。

   A. 组件易于使用　　B. 组件支持响应式设计

   C. 组件支持定制　　D. 提高代码的耦合程度

2. 下列选项中，用于定义成功按钮的类为（　　）。

   A. .btn-success　　B. .btn-danger　　C. .btn-primary　　D. .btn-warning

3. 下列选项中，可以调整按钮尺寸的类有（　　）。（多选）

   A. .btn-lg　　B. .mx-auto　　C. .btn-sm　　D. .btn-xs

4. 下列选项中，导航组件不包含的类型是（　　）。

   A. 基础导航　　B. 标签式导航　　C. 面包屑导航　　D. 顶部导航

5. 下列关于卡片组件的说法，正确的是（　　）。（多选）

   A. 使用.card-body 类可以设置卡片主体的样式

   B. 使用.card-title 类可以设置卡片副标题的样式

   C. 使用.card-text 类可以设置卡片段落的样式

   D. 使用.card-link 类可以设置卡片链接的样式

四、简答题

1. 请简述 Bootstrap 中按钮组件提供的基础样式类有哪些。

2. 请简述 Bootstrap 中使用导航组件实现标签式导航的基本方法。

五、操作题

利用组件，实现单击“切换夜间模式”按钮切换到夜间模式主题，单击“切换白天模式”按钮切换到白天模式主题，白天模式主题效果如图 7-31 所示。

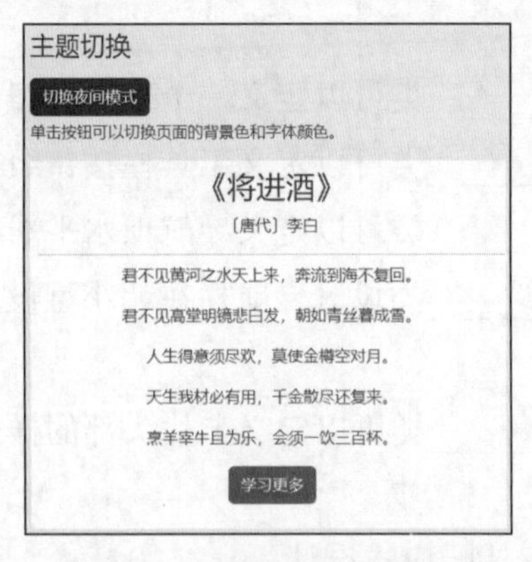

图7-31　白天模式主题效果

夜间模式主题效果如图 7-32 所示。

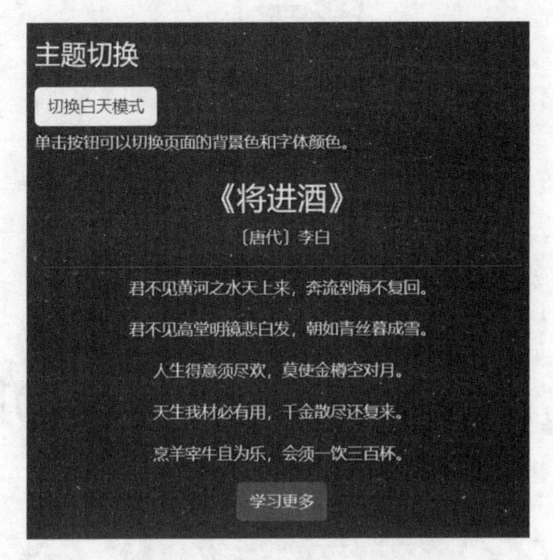

图7-32　夜间模式主题效果

第8章

项目实战——基于Bootstrap的在线学习平台

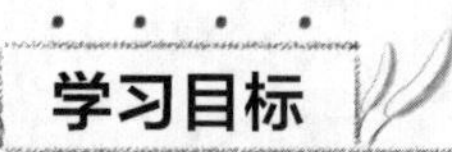

◆ 熟悉项目目录结构，能够归纳各个目录和文件的作用

◆ 掌握导航栏模块的开发，能够独立完成导航栏模块的代码编写

◆ 掌握轮播图模块的开发，能够独立完成轮播图模块的代码编写

◆ 掌握视频教程模块的开发，能够独立完成视频教程模块的代码编写

◆ 掌握学习路线模块的开发，能够独立完成学习路线模块的代码编写

◆ 掌握热门学习工具模块的开发，能够独立完成热门学习工具模块的代码编写

◆ 掌握版权模块的开发，能够独立完成版权模块的代码编写

通过对前面章节的学习，相信读者已经掌握了移动 Web 开发和 Bootstrap 的核心知识。本章将以项目实战的方式引领读者应用所学内容，完成基于 Bootstrap 的在线学习平台首页的响应式页面制作。本书在配套资源中提供了项目的源代码，读者可以配合源代码进行学习。

8.1 项目介绍

随着互联网的高速发展和智能设备的普及，在线教育成为一种受欢迎的学习方式。在线教育不受时间和地点的限制，使人们可以在空闲时间和合适的地点进行学习，无论是学生还是在职员工，都可以获得教育资源，并自主选择学习的速度和方式。此外，教育机构和教育者也可以通过在线教育平台广泛地传播知识和技能，惠及更多的学习者。

在这样的背景下，在线学习平台同时作为在线教育平台，致力于为用户提供高质量的学习资源和教程，以满足不同用户的学习需求和兴趣。通过提供方便的浏览、搜索和访问方式，在线学习平台能够帮助用户拓宽知识储备、提升技能水平，并在不断发展的“数字化时代”保持竞争优势。本节将详细讲解在线学习平台的页面效果和具体的实现思路。

8.1.1　项目展示

本项目的页面支持不同类型设备的自适应，读者可以选择任意一种类型的设备查看项目的页面效果。在开发过程中，可以使用 Chrome 浏览器中的开发者工具，测试页面在不同设备中的显示效果。

项目首页在特大型及以上设备（视口宽度≥1200px）中的页面效果如图 8-1 和图 8-2 所示。

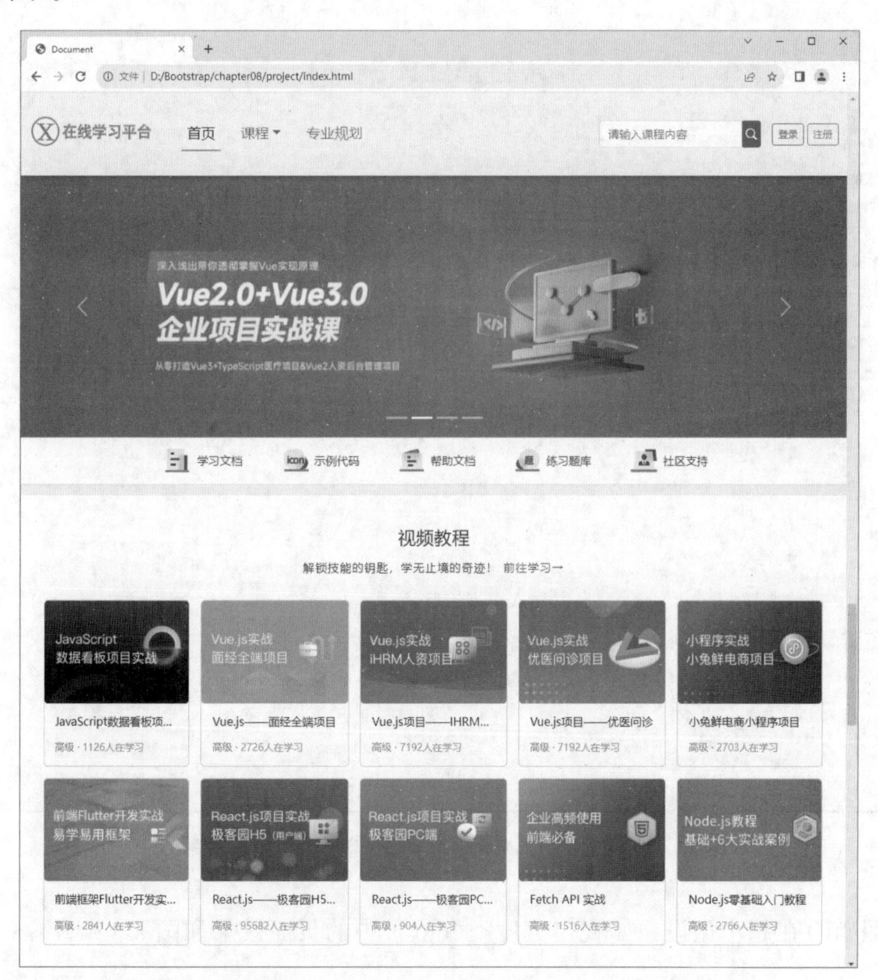

图8-1　项目首页在特大型及以上设备中的页面效果（上半部分）

图8-2　项目首页在特大型及以上设备中的页面效果（下半部分）

项目首页在超小型设备（视口宽度<576px）中的页面效果如图 8-3～图 8-5 所示。

图8-3　项目首页在超小型设备中的页面效果（上部分）

图8-4　项目首页在超小型设备中的页面效果（中间部分）

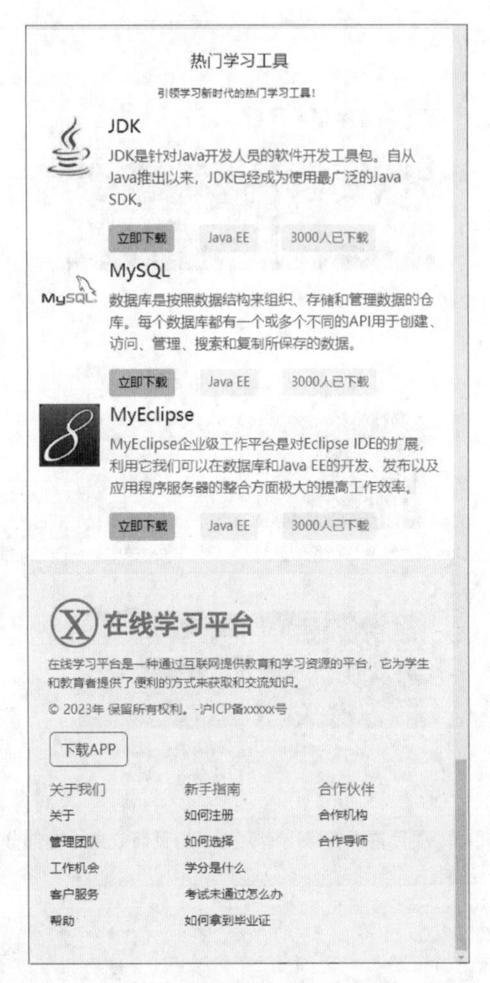

图8-5　项目首页在超小型设备中的页面效果（下部分）

8.1.2　项目分析

在熟悉项目的页面效果后，接下来对项目进行分析。项目首页主要由 6 个模块组成，从上到下依次为导航栏模块、轮播图模块、视频教程模块、学习路线模块、热门学习工具模块和版权模块，如图 8-6 所示。

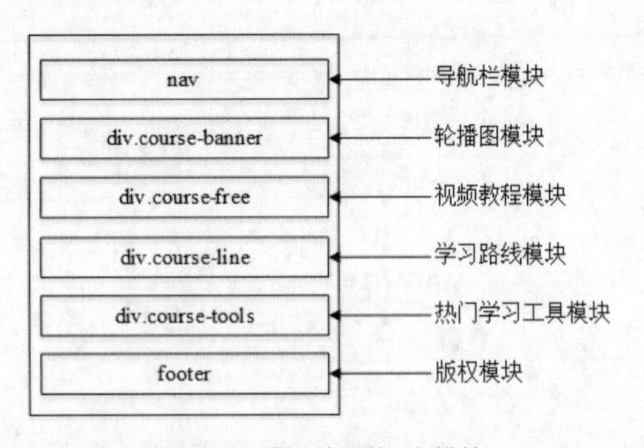

图8-6　项目首页的6个模块

下面对项目首页的 6 个模块分别进行简要介绍。

① 导航栏模块主要用于实现网站页面的导航和跳转。在响应式设计中，导航栏会根据设备类型显示不同的布局。

② 轮播图模块主要用于展示在线学习平台的活动信息，通常设置一组轮播的图像。在移动设备上，用户可以通过触摸滑动手势切换轮播图。

③ 视频教程模块主要用于展示视频课程的信息，其可以根据设备类型展示不同列数的视频课程列表。

④ 学习路线模块主要用于展示不同学科的学习路线，并提供标签页切换功能。在较小的视口宽度下，会出现一个水平滚动条，以便用户可以查看所有标签。

⑤ 热门学习工具模块主要用于展示学习工具的简介、下载链接和下载人数等信息。

⑥ 版权模块主要用于展示网站的版权信息、关于我们、新手指南和合作伙伴等内容。在较大视口宽度下，版权模块通常显示为 4 列；在较小视口宽度下，版权信息列会单独占据一行显示，而其他列在另一行显示。

8.1.3 项目目录结构

为了方便读者进行项目搭建，本书提供了在线学习平台项目的初始代码，读者可以在此基础上开发项目。

在线学习平台的目录结构如图 8-7 所示。

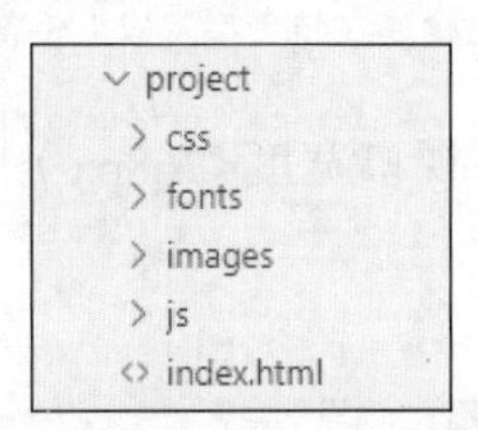

图8–7　在线学习平台的目录结构

图 8-7 中各个目录和文件的具体说明如下。

① project：项目根目录，项目中所有文件都存放在此目录下。

② css：CSS 目录，在该目录下有 3 个文件，分别为 bootstrap.min.css、index.css 和 media.css，这 3 个文件的说明如下。

- bootstrap.min.css 是 Bootstrap 的核心样式文件。
- index.css 是自定义的样式文件。
- media.css 是自定义的媒体查询文件。

③ fonts：字体图标文件目录，用于存放项目引用的字体图标文件。

④ images：图像文件目录，用于存放项目引用的图像文件。

⑤ js：JavaScript 文件目录，在该目录下有两个文件，分别为 bootstrap.min.js、bootstrap.

bundle.min.js，这两个文件的说明如下。

- bootstrap.min.js 是 Bootstrap 的核心 JavaScript 文件，包含 Bootstrap 框架所需的所有 JavaScript 功能，包括一些常用的组件和插件。
- bootstrap.bundle.min.js 用于实现 Bootstrap 的弹出式组件，例如下拉菜单、弹出框和模态框等。

⑥ index.html：项目的首页文件。

8.2 导航栏模块

导航栏模块位于页面顶部，用于展示网页的导航结构和提供网页导航功能。本节将详细讲解导航栏模块的实现。

8.2.1 导航栏模块效果展示

导航栏模块使用导航栏组件实现，导航栏模块在特大型及以上设备（视口宽度≥1200px）中的页面效果如图 8-8 所示。

图8-8　导航栏模块在特大型及以上设备中的页面效果

导航栏模块在中型以下设备（视口宽度<768px）中会自动折叠，并出现一个“☰”按钮，其页面效果如图 8-9 所示。

图8-9　导航栏模块在中型以下设备中的页面效果

在图 8-9 所示页面中，单击“☰”按钮可以展开导航菜单，再次单击可以收起导航菜单，导航菜单展开的页面效果如图 8-10 所示。

图8-10　导航菜单展开的页面效果

8.2.2　导航栏模块结构分析

整个导航栏模块可以分为 3 部分，包括品牌标识区域、折叠按钮区域和导航菜单区域，该模块结构设计如图 8-11 所示。

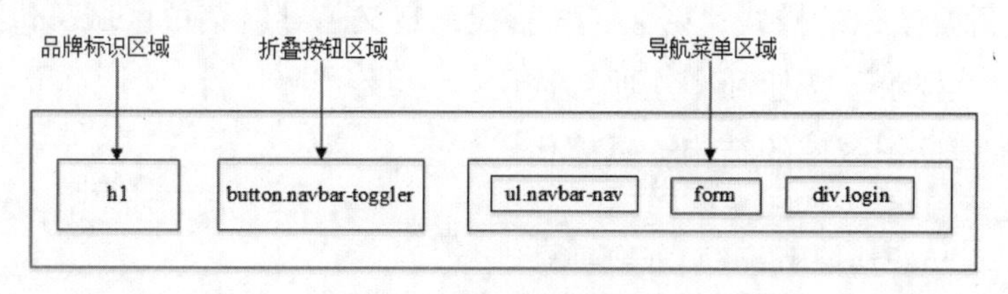

图8-11　导航栏模块结构设计

图 8-11 中，导航栏模块的实现细节说明如下。

① 品牌标识区域：包含一个品牌标识的图像。

② 折叠按钮区域：包含一个折叠按钮，用于控制折叠内容的展开或折叠行为。

③ 导航菜单区域：包含导航菜单列表、搜索表单、“登录”按钮和“注册”按钮。

8.2.3　导航栏模块代码实现

了解导航栏模块的页面结构之后，编写代码实现该部分效果。

① 创建 D:\Bootstrap\chapter08 目录，并使用 VS Code 编辑器打开该目录。

② 复制本章配套源代码中的 css、fonts、images 和 js 文件夹，以及 index.html 文件并放在 chapter08 目录下。

③ 在 index.html 文件中，编写导航栏模块的结构，具体代码如下。

```
1  <nav class="navbar navbar-expand-md bg-light fixed-top">
2    <div class="container-fluid nav-container">
3      <!-- 品牌标识区域 -->
4      <h1></h1>
5      <!-- 折叠按钮区域 -->
6      <button class="navbar-toggler"></button>
7      <!-- 导航菜单区域 -->
8      <div class="collapse navbar-collapse" id="navbar">
9        <!-- 导航菜单列表-->
10       <ul class="navbar-nav"></ul>
11       <!-- 搜索表单 -->
12       <form></form>
13       <!-- “登录”按钮和“注册”按钮 -->
14       <div class="login"></div>
15     </div>
16   </div>
17 </nav>
```

在上述代码中，第 1 行代码为<nav>标签添加了多个类。其中，.navbar-expand-md

类用于在中型以下设备上折叠导航栏，.bg-light 类用于将导航栏背景设置为浅色，.fixed-top 类用于将导航栏固定在顶部。

第 4 行代码定义了品牌标识区域；第 6 行代码定义了折叠按钮区域，通过添加.navbar-toggler 类设置折叠按钮的样式；第 8～15 行代码定义了导航菜单区域，包括导航菜单列表、搜索表单、“登录”按钮和“注册”按钮。

④ 编写品牌标识区域的结构，具体代码如下。

```
1  <h1 class="title">
2    <a class="navbar-brand" href="#">
3      <img src="images/logo.png" alt="logo" width="210" height="55">
4    </a>
5  </h1>
```

在上述代码中，第 1～5 行代码使用<h1>标签定义标题，使用.title 类对标题进行样式设置。其中：第 2 行代码使用<a>标签定义了品牌标识，并添加.navbar-brand 类对品牌标识进行样式设置；第 3 行代码使用<img>标签定义了图像，并将该图像作为品牌标识。

⑤ 编写折叠按钮区域的结构，具体代码如下。

```
1  <button class="navbar-toggler" type="button" data-bs-target="#navbar"
data-bs-toggle="collapse">
2    <span class="navbar-toggler-icon"></span>
3  </button>
```

在上述代码中，第 1～3 行代码定义了一个折叠按钮。其中 data-bs-target 属性的值为#navbar，表示单击该折叠按钮时折叠或展开 id 属性值为 navbar 的元素；data-bs-toggle 属性的值为 collapse，用于指定单击该元素触发折叠内容的展开或折叠行为。

⑥ 编写导航菜单区域的结构，具体代码如下。

```
1  <div class="collapse navbar-collapse" id="navbar">
2    <!-- 导航菜单列表 -->
3    <ul class="navbar-nav ms-5 me-auto">
4      <li class="nav-item"><a class="nav-link active" href="#">首页</a></li>
5      <li class="nav-item dropdown">
6        <a class="nav-link dropdown-toggle" href="#" data-bs-toggle=
"dropdown">课程</a>
7        <ul class="dropdown-menu">
8          <li><a class="dropdown-item" href="#">Java EE</a></li>
9          <li><a class="dropdown-item" href="#">前端开发</a></li>
10         <li><a class="dropdown-item" href="#">大数据</a></li>
11         <li><a class="dropdown-item" href="#">人工智能</a></li>
12         <li><a class="dropdown-item" href="#">UI 设计</a></li>
13         <li><a class="dropdown-item" href="#">软件测试</a></li>
14         <li><a class="dropdown-item" href="#">产品经理</a></li>
```

```
15        </ul>
16      </li>
17      <li class="nav-item"><a class="nav-link" href="#">专业规划</a></li>
18    </ul>
19    <!-- 搜索表单 -->
20    <form action="" class="submit ms-auto me-3">
21      <div class="input-group">
22        <input type="text" class="form-control" placeholder="请输入课程内容">
23        <button class="text-white bg-primary border-0 rounded-1"><i class=
"bi bi-search"></i></button>
24      </div>
25    </form>
26    <!-- 登录和注册按钮 -->
27    <div class="login">
28      <a href="#" class="btn btn-outline-primary btn-sm">登录</a>
29      <a href="#" class="btn btn-outline-secondary btn-sm">注册</a>
30    </div>
31  </div>
```

在上述代码中，第 4～17 行代码定义了导航菜单项内容，分别为首页、课程和专业规划，其中课程显示为一个下拉菜单，包含 Java EE、前端开发、大数据、人工智能、UI 设计、软件测试和产品经理；第 20～25 行代码定义了一个搜索表单，包括一个输入文本框和一个搜索按钮；第 28～29 行代码定义了一个“登录”按钮样式的链接和一个“注册”按钮样式的链接。

⑦ 在 style.css 文件中，编写导航栏模块的样式，具体代码如下。

```
1  nav, article, footer {
2    display: block;
3  }
4  a {
5    text-decoration: none;
6    color: #333;
7  }
8  body {
9    background-color: #f3f5f7;
10 }
11 nav {
12   box-shadow: 0px 0px 10px rgba(0, 0, 0, 0.5);
13  }
14 .nav-container {
15   min-height: 100px;
16 }
17 .nav-link {
18   font-size: 20px;
```

```
19 }
20 .nav-link.active {
21   border-bottom: 2px solid #00a4ff;
22 }
```

在上述代码中，第 11～13 行代码为 nav 元素添加了一个无水平偏移、无垂直偏移、模糊半径为 10px 和透明度为 0.5 的黑色阴影；第 20～22 行代码将具有.nav-link 类和.active 类的元素的下边框设置为 2px、颜色为#00a4ff 的实线。

⑧ 在 media.css 文件中，编写导航栏模块的媒体查询的样式，具体代码如下。

```
1  @media (max-width: 767px) {
2   .nav-container {
3      min-height: 70px;
4    }
5    .navbar-collapse {
6      position: absolute;
7      width: 100%;
8      top: 80px;
9      left: 0;
10     margin-top: 0;
11     background-color: #f1f1f1;
12     backdrop-filter: blur(8px);
13   }
14   .navbar-nav {
15     margin-left: 0 !important;
16     padding: 0 20px;
17   }
18   .nav-link, .nav-link.active {
19     font-size: 16px;
20     border-bottom: 1px solid #fff;
21   }
22   .submit, .login {
23     margin: 15px 0;
24     padding: 0 20px;
25   }
26 }
27 @media (min-width: 768px) and (max-width: 991px) {
28   .navbar-brand img {
29     width: 160px;
30     height: auto;
31   }
32   .navbar-nav {
33     margin-left: 0.5rem !important;
34   }
35   .nav-link {
```

```
36      font-size: 16px;
37    }
38  }
39  @media (min-width: 992px) and (max-width: 1199px) {
40    .navbar-brand img {
41      width: 170px;
42      height: auto;
43    }
44    .navbar-nav {
45      margin-left: 1rem !important;
46    }
47    .navbar-nav li {
48      padding-right: 20px;
49    }
50    .nav-link {
51      font-size: 18px;
52      padding: 0 10px;
53    }
54  }
55  @media (min-width: 1200px) and (max-width: 1399px) {
56    .navbar-brand img {
57      width: 180px;
58      height: auto;
59    }
60    .navbar-nav {
61      margin-left: 1.5rem !important;
62    }
63    .navbar-nav li {
64      padding-right: 20px;
65    }
66  }
```

在上述代码中，设置了导航栏模块在不同视口宽度下的媒体查询样式。

8.3 轮播图模块

轮播图模块位于导航栏模块的下方，用于展示多个图像或内容，并以滑动、淡入淡出等动画效果进行切换。本节将详细介绍轮播图模块的实现。

8.3.1 轮播图模块效果展示

轮播图模块使用轮播组件实现，其在特大型及以上设备（视口宽度≥1200px）中的页面效果如图 8-12 所示。

图8-12　轮播图模块在特大型及以上设备中的页面效果

轮播图模块在超小型设备（视口宽度<576px）中的页面效果如图 8-13 所示。

图8-13　轮播图模块在超小型设备中的页面效果

8.3.2　轮播图模块结构分析

轮播图模块可以分为上下两部分，其中，上半部分包含指示器区域、轮播项目区域和左右切换按钮区域；下半部分为学习资源区域，该模块结构设计如图 8-14 所示。

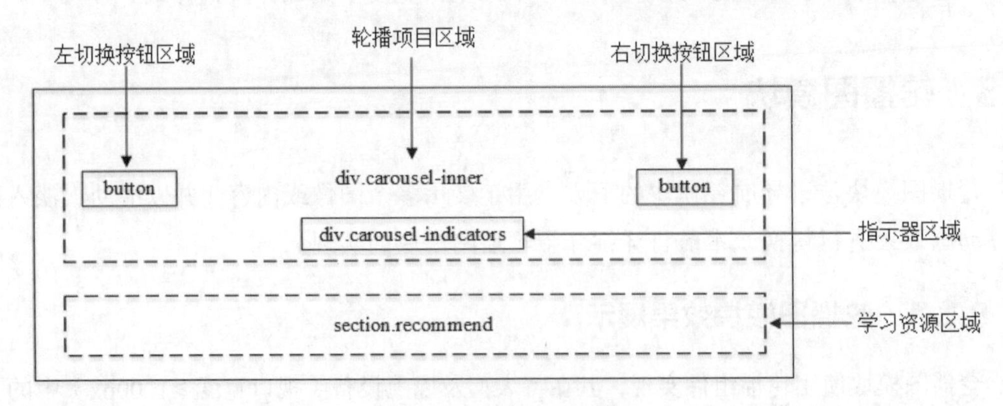

图8-14　轮播图模块结构设计

图 8-14 中轮播图模块的实现细节说明如下。

① 指示器区域：包含多个指示器项目，用于控制轮播图播放顺序。

② 轮播项目区域：包含多个轮播项目，用于展示轮播的图像。

③ 左切换按钮区域、右切换按钮区域：包含左切换按钮和右切换按钮，用于切换到上一张或下一张图像。

④ 学习资源区域：包含多个学习列表项，每个列表项带有一个图标。

8.3.3　轮播图模块代码实现

了解轮播图模块的页面结构之后，编写代码实现该部分效果。

① 在 index.html 文件中，编写轮播图模块的结构，具体代码如下。

```
1  <div class="course-banner">
2    <div id="carousel" class="carousel slide" data-bs-ride="carousel"
data-bs-interval="2000">
3      <!-- 指示器区域 -->
4      <div class="carousel-indicators"></div>
5      <!-- 轮播项目区域 -->
6      <div class="carousel-inner"></div>
7      <!-- 左切换按钮区域 -->
8      <button type="button"></button>
9      <!-- 右切换按钮区域 -->
10     <button type="button"></button>
11   </div>
12   <!-- 学习资源区域 -->
13   <section class="recommend"></section>
14 </div>
```

在上述代码中，第 2 行代码使用<div>标签定义了一个轮播图容器，该容器的 id 属性值为 carousel；第 4 行代码定义了指示器区域；第 6 行代码定义了轮播项目区域；第 8 行代码定义了左切换按钮区域；第 10 行代码定义了右切换按钮区域；第 13 行代码定义了学习资源区域。

② 编写指示器区域的结构，具体代码如下。

```
1  <div class="carousel-indicators">
2    <button type="button" data-bs-target="#carousel" data-bs-slide-to="0"
class="active"></button>
3    <button type="button" data-bs-target="#carousel" data-bs-slide-to=
"1"></button>
4    <button type="button" data-bs-target="#carousel" data-bs-slide-to=
"2"></button>
5    <button type="button" data-bs-target="#carousel" data-bs-slide-to=
"3"></button>
6  </div>
```

在上述代码中，第 2～5 行代码中的 data-bs-target 属性值必须与轮播图容器的 id 属性值相对应。

③ 编写轮播项目区域的结构，具体代码如下。

```
1  <div class="carousel-inner">
2    <div class="carousel-item active">
3      <img src="images/banner01.png" class="d-block w-100" alt="">
4    </div>
5    <div class="carousel-item">
6      <img src="images/banner02.png" class="d-block w-100" alt="">
7    </div>
8    <div class="carousel-item">
9      <img src="images/banner03.png" class="d-block w-100" alt="">
10   </div>
11   <div class="carousel-item">
12     <img src="images/banner04.png" class="d-block w-100" alt="">
13   </div>
14 </div>
```

在上述代码中，定义了 4 张用于轮播的图像。

④ 编写左切换按钮区域的结构，具体代码如下。

```
1  <button type="button" class="carousel-control-prev" href="#carousel"
data-bs-slide="prev" data-bs-target="#carousel">
2    <span class="carousel-control-prev-icon"></span>
3  </button>
```

在上述代码中，定义了一个左切换按钮，其中，href 属性值必须与轮播图容器的 id 属性值相对应。data-bs-target 属性的值为#carousel，指定要触发 id 属性值为 carousel 的元素。

⑤ 编写右切换按钮区域的结构，具体代码如下。

```
1  <button type="button" class="carousel-control-next" href="#carousel"
data-bs-slide="next" data-bs-target="#carousel">
2    <span class="carousel-control-next-icon"></span>
3  </button>
```

在上述代码中，定义了一个右切换按钮，其中，href 属性值必须与轮播图容器的 id 属性值相对应。data-bs-target 属性的值为#carousel，指定要触发 id 属性值为 carousel 的元素。

⑥ 编写学习资源区域的结构，具体代码如下。

```
1  <section class="recommend container-fluid">
2    <div class="align-self-center">
3      <ul class="list-unstyled list-inline d-flex flex-wrap justify-
content-center">
4        <li class="list-inline-item"><a class="nav-link" href="#"><i></i>学习
```

```
文档</a></li>
 5        <li class="list-inline-item fathli2"><a class="nav-link" href=
"#"><i></i>示例代码</a></li>
 6        <li class="list-inline-item fathli3"><a class="nav-link" href=
"#"><i></i>帮助文档</a></li>
 7        <li class="list-inline-item fathli4"><a class="nav-link" href=
"#"><i></i>练习题</a></li>
 8        <li class="list-inline-item fathli5"><a class="nav-link" href=
"#"><i></i>社区支持</a></li>
 9      </ul>
 10   </div>
 11 </section>
```

在上述代码中，第 3 行代码为<ul>标签添加了.list-unstyled 类和.list-inline 类，分别用于去除默认的列表样式和设置列表项在一行中显示，并添加了.d-flex 类、.flex-wrap 类和.justify-content-center 类，用于设置列表项水平居中对齐；第 4～8 行代码使用<li>标签定义列表项，每个列表项包含一个<a>标签，在<a>标签内部添加<i>标签和说明文字，<i>标签用于设置背景图像。

⑦ 在 style.css 文件中，编写轮播图模块的样式，具体代码如下。

```
 1  .course-banner {
 2    margin-top: 116px;
 3  }
 4  .course-banner .recommend {
 5    background-color: #fff;
 6    box-shadow: 1px 1px 2px 0px rgba(211, 211, 211, 0.5);
 7  }
 8  .course-banner .recommend a {
 9    padding: 20px;
 10   font-size: 16px;
 11   color: #333;
 12   border-radius: 5px;
 13 }
 14 .course-banner .recommend a i {
 15   float: left;
 16   width: 38px;
 17   height: 33px;
 18   margin: -5px 8px;
 19   background: url("../images/pic.png") no-repeat 0 0;
 20 }
 21 .course-banner .recommend ul li.fathli2 i {
 22   background-position: -38px 0;
 23 }
 24 .course-banner .recommend ul li.fathli3 i {
 25   background-position: -80px 0;
```

```
26 }
27 .course-banner .recommend ul li.fathli4 i {
28   background-position: -120px 0;
29 }
30 .course-banner .recommend ul li.fathli5 i {
31   background-position: -160px 0;
32 }
33 .course-banner .recommend ul li:hover {
34   background-color: #f3f5f7;
35 }
```

在上述代码中，第 1～3 行代码将具有.course-banner 类的元素的上外边距设置为 116px，以确保在导航栏下方给轮播图模块留出空间，避免轮播图模块被导航栏遮挡。

⑧ 在 media.css 文件中，编写轮播图模块的媒体查询的样式，具体代码如下。

```
1  @media (max-width: 767px) {
2    .course-banner {
3      margin-top: 86px;
4    }
5    .carousel-indicators {
6      bottom: -10px;
7    }
8    .course-banner .recommend a {
9      padding: 20px 10px 40px;
10     font-size: 0;
11   }
12 }
13 @media (min-width: 768px) and (max-width: 991px) {
14   .course-banner .recommend a {
15     padding: 20px 10px;
16   }
17 }
```

在上述代码中，设置了轮播图模块在不同视口宽度下的媒体查询样式。

8.4 视频教程模块

视频教程模块位于轮播图模块的下方，用于展示视频教程的信息，包含封面图像、标题和描述等。本节将详细讲解视频教程模块的实现。

8.4.1 视频教程模块效果展示

视频教程模块使用栅格系统和卡片组件实现，其在特大型及以上设备（视口宽度≥1200px）中的页面效果如图 8-15 所示。

图8-15　视频教程模块在特大型及以上设备中的页面效果

视频教程模块在中型以下设备（视口宽度<768px）中显示为一行两列的布局，页面效果如图 8-16 所示。

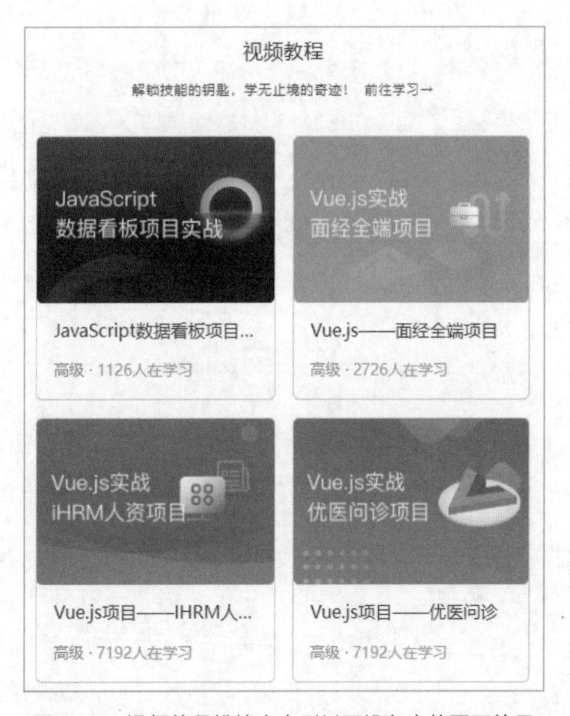

图8-16　视频教程模块在中型以下设备中的页面效果

8.4.2　视频教程模块结构分析

视频教程模块可以分为两部分，包括标题区域和内容区域，该模块结构设计如图 8-17 所示。

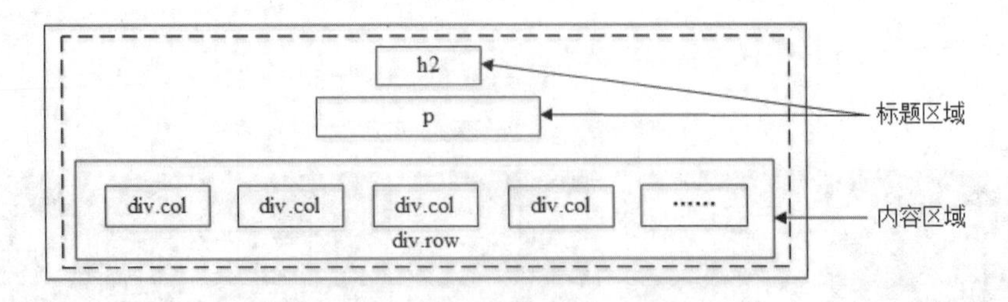

图8-17　视频教程模块结构设计

图 8-17 中，视频教程模块的实现细节说明如下。

① 标题区域：包含视频教程模块的标题和说明文字。

② 内容区域：包含多个视频教程列表项，每个列表项包含封面图像、简介、级别和使用人数。

8.4.3　视频教程模块代码实现

了解视频教程模块的页面结构之后，编写代码实现该部分效果。

① 在 index.html 文件中，编写视频教程模块的内容，具体代码如下。

```
1  <div class="course-free bg-body py-4 py-lg-5">
2    <div class="container">
3      <h2 class="title">视频教程</h2>
4      <p class="title-text mb-4 mt-3">解锁技能的钥匙，学无止境的奇迹！<a href="#"
class="startLearning ms-2">前往学习→</a></p>
5       <div class="row row-cols-2 row-cols-sm-2 row-cols-md-3 row-cols-lg-4
row-cols-xl-5 row-cols-xxl-5 g-3 pt-lg-2">
6        <div class="col">
7          <a href="#">
8            <div class="card">
9              <img class="card-img" src="images/course01.png" alt="">
10             <div class="card-body">
11               <h6 class="text-truncate">JavaScript 数据看板项目实战</h6>
12               <p class="card-text pt-2"><span>高级</span> · <i>1126</i>人在学
习</p>
13             </div>
14           </div>
15         </a>
16       </div>
17       ……（此处省略多个 div.col）
18     </div>
19   </div>
20 </div>
```

上述代码中，第 3 行代码使用<h2>标签定义了一个标题；第 4 行代码使用<p>标签定义了一个段落，用于对标题添加文字描述；第 9 行代码设置视频教程的封面图像，该图像显示在主体的上方；第 10～13 行代码定义了卡片的主体内容，包含视频教程的简介、级别和使用人数。

② 在 style.css 文件中，编写视频教程模块的样式，具体代码如下。

```
1  .course-free .col p {
2    font-size: 14px;
3    line-height: 20px;
4    color: #999;
5  }
6  .course-free .col p span {
7    color: #fa6400;
8  }
9  .course-free .col p i {
10   font-style: normal;
11 }
12 .title {
13   font-size: calc(0.8rem + 1vw);
14   text-align: center;
15   letter-spacing: 1px;
16 }
17 .title-text {
18   font-size: calc(0.5rem + 0.7vw);
19   text-align: center;
20   letter-spacing: 1px;
21   color: #333;
22 }
23 .title-text .startLearning {
24   color: red;
25 }
```

在上述代码中，第 13 行代码和第 18 行代码使用了 vw 单位来计算字号，使字号能够自适应视口宽度。

8.5 学习路线模块

学习路线模块位于视频教程模块的下方，用于展示不同学科的学习路线，并提供标签页切换功能。本节将详细讲解学习路线模块的实现。

8.5.1 学习路线模块效果展示

学习路线模块使用导航组件实现，其在特大型及以上设备（视口宽度≥1200px）中的页面效果如图 8-18 所示。

图8-18　学习路线模块在特大型及以上设备中的页面效果

学习路线模块在中型设备（768px≤视口宽度<992px）中，导航项区域会出现一个水平滚动条，标签页内容呈两列显示，其页面效果如图 8-19 所示。

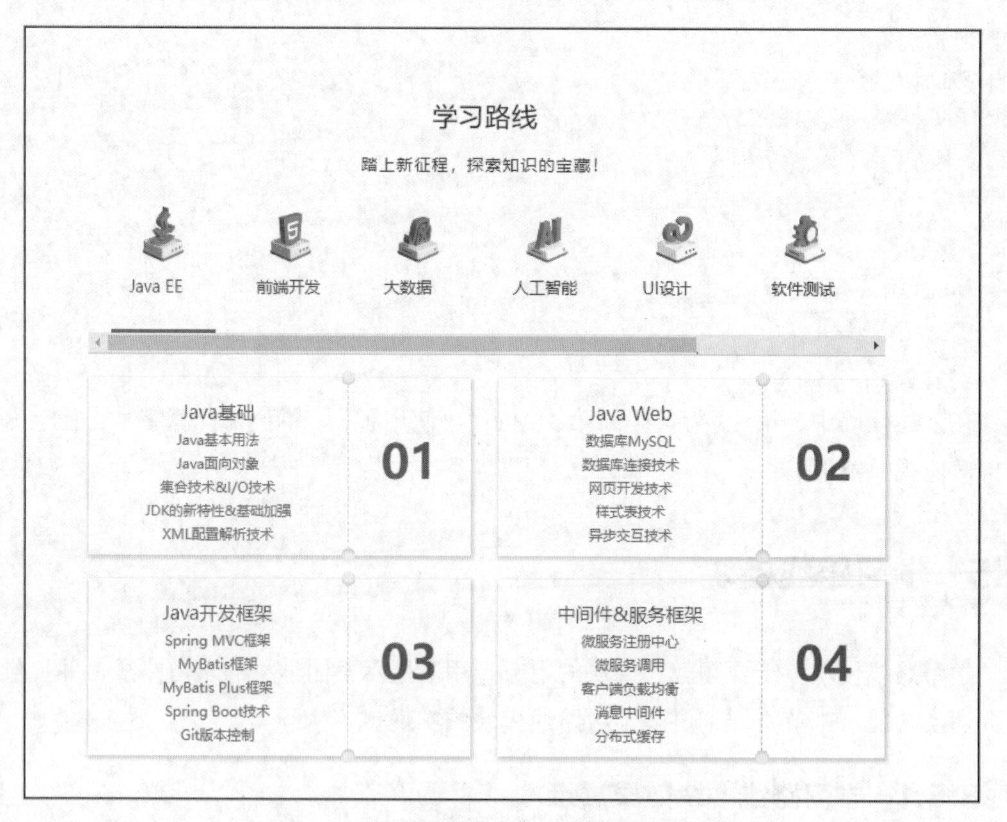

图8-19　学习路线模块在中型设备中的页面效果

学习路线模块在中型以下设备（视口宽度<768px）中，导航项区域会出现一个水平滚动条，标签页内容呈一列显示，其页面效果如图 8-20 所示。

图8-20　学习路线模块在中型以下设备中的页面效果

8.5.2　学习路线模块结构分析

学习路线模块可以分为 3 部分，包括标题区域、导航区域和标签页内容区域，该模块结构设计如图 8-21 所示。

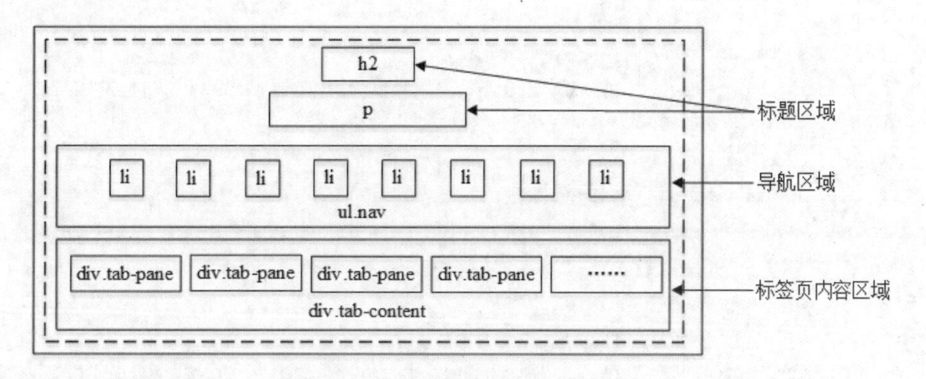

图8-21　学习路线模块结构设计

图 8-21 中，学习路线模块的实现细节说明如下。

① 标题区域：包含学习路线模块的标题和说明文字。

② 导航区域：包含多个导航项，每个导航项带有一个图标。

③ 标签页内容区域：包含多个标签页内容项。

8.5.3 学习路线模块代码实现

了解学习路线模块的页面结构之后，编写代码实现该部分效果。

① 在 index.html 文件中，编写学习路线模块的结构，具体代码如下。

```
1  <div class="course-line bg-body py-4 py-lg-5 mt-3">
2    <div class="container">
3      <h2 class="title">学习路线</h2>
4      <p class="title-text mb-2 mt-3">踏上新征程，探索知识的宝藏！</p>
5      <!-- 导航区域 -->
6      <ul class="nav course-tabs d-flex justify-content-between pt-lg-2">
</ul>
7      <!-- 标签页内容区域 -->
8      <div class="tab-content"></div>
9    </div>
10 </div>
```

在上述代码中，第 6 行代码为<ul>标签添加了.nav 类，定义了一个导航容器；第 8 行代码为<div>标签添加了.tab-content 类，定义了一个标签页内容容器。

② 编写导航区域的结构，具体代码如下。

```
1  <ul class="nav course-tabs d-flex justify-content-between pt-lg-2">
2    <li class="nav-item">
3      <a class="nav-link active" href="#product_tab_01" data-bs-toggle=
"tab"><span class="icon-container"><i></i></span>Java EE</a>
4    </li>
5    <li class="nav-item icon-web">
6      <a class="nav-link" href="#product_tab_02" data-bs-toggle="tab">
<span class="icon-container"><i></i></span>前端开发</a>
7    </li>
8    <li class="nav-item icon-python">
9      <a class="nav-link" href="#product_tab_03" data-bs-toggle="tab">
<span class="icon-container"><i></i></span>大数据</a>
10   </li>
11   <li class="nav-item icon-ai">
12     <a class="nav-link" href="#product_tab_04" data-bs-toggle="tab">
<span class="icon-container"><i></i></span>人工智能</a>
13   </li>
14   <li class="nav-item icon-ui">
15     <a class="nav-link" href="#product_tab_05" data-bs-toggle="tab">
<span class="icon-container"><i></i></span>UI 设计</a>
16   </li>
17   <li class="nav-item icon-test">
18     <a class="nav-link" href="#product_tab_06" data-bs-toggle="tab">
<span class="icon-container"><i></i></span>软件测试</a>
19   </li>
20   <li class="nav-item icon-xmt">
```

```
21     <a class="nav-link" href="#product_tab_07" data-bs-toggle="tab">
<span class="icon-container"><i></i></span>产品经理</a>
22   </li>
23   <li class="nav-item icon-pm">
24     <a class="nav-link" href="#product_tab_08" data-bs-toggle="tab">
<span class="icon-container"><i></i></span>新媒体</a>
25   </li>
26 </ul>
```

在上述代码中，第 2～25 行代码通过 8 个<li>标签定义了 8 个导航项，在每个导航项中使用<a>标签定义导航链接。其中，导航链接的 href 属性值与标签页内容项的 id 属性值对应。

③ 在 style.css 文件中，编写导航区域的样式，具体代码如下。

```
1  .course-line {
2    padding: 30px 0;
3  }
4  .course-line .course-tabs {
5    border-bottom: 1px solid #ccc;
6    flex-wrap: nowrap;
7    overflow-x: auto;
8  }
9  .course-tabs li {
10   padding-left: 20px;
11   flex: 0 0 108px;
12 }
13 .course-tabs li a {
14   color: #333;
15   padding-bottom: 25px;
16   font-size: 14px;
17 }
18 .course-tabs li a:hover,
19 .course-tabs li a.active {
20   color: red;
21   border-bottom: 3px solid #E92322;
22 }
23 .icon-container {
24   align-items: center;
25   justify-content: center;
26 }
27 .course-tabs li a i {
28   float: left;
29   width: 60px;
30   height: 60px;
31   margin: -5px 8px;
```

```
32   background: url("../images/anijavaee.png") no-repeat 0 0;
33   background-size: 60px;
34   margin: 0 auto 8px;
35 }
36 .course-tabs li.icon-web i {
37   background-image: url("../images/aniweb.png");
38 }
39 .course-tabs li.icon-python i {
40   background-image: url("../images/anipython.png");
41 }
42 .course-tabs li.icon-ai i {
43   background-image: url("../images/aniai.png");
44 }
45 .course-tabs li.icon-ui i {
46   background-image: url("../images/aniui.png");
47 }
48 .course-tabs li.icon-test i {
49   background-image: url("../images/anitest.png");
50 }
51 .course-tabs li.icon-xmt i {
52   background-image: url("../images/anixmt.png");
53 }
54 .course-tabs li.icon-pm i {
55   background-image: url("../images/anipm.png");
56 }
```

在上述代码中，第 27～35 行代码为 i 元素设置了背景图像的样式；第 36～56 行代码为具有特定类.icon-web、.icon-python、.icon-ai、.icon-ui、.icon-test、.icon-xmt、.icon-pm 的 i 元素设置了不同的背景图像。

④ 编写标签页内容区域的结构，具体代码如下。

```
1  <div class="tab-content">
2    <div class="tab-pane fade show active" id="product_tab_01">
3      <div class="row">
4        <div class="col-md-6 col-lg-4">
5          <div class="course-box">
6            <div class="course-box-right">
7              <p><b>01</b></p>
8            </div>
9            <div class="course-box-left">
10             <h3 class="text-center">Java 基础</h3>
11             <div class="text-center">
12               <p>Java 基本用法</p>
13               <p>Java 面向对象</p>
14               <p>集合技术&I/O 技术</p>
```

```
15                <p>JDK 的新特性&基础加强</p>
16                <p>XML 配置解析技术</p>
17              </div>
18            </div>
19          </div>
20        </div>
21        ……（此处省略多个 div.col-md-6）
22      </div>
23    </div>
24    <div class="tab-pane fade" id="product_tab_02">前端开发</div>
25    <div class="tab-pane fade" id="product_tab_03">大数据</div>
26    <div class="tab-pane fade" id="product_tab_04">人工智能</div>
27    <div class="tab-pane fade" id="product_tab_05">UI 设计</div>
28    <div class="tab-pane fade" id="product_tab_06">软件测试</div>
29    <div class="tab-pane fade" id="product_tab_07">产品经理</div>
30    <div class="tab-pane fade" id="product_tab_08">新媒体</div>
31 </div>
```

在上述代码中，第 2 行代码和第 24～30 行代码中 id 属性值对应导航链接的 href 属性值。

⑤ 在 style.css 文件中，编写标签页内容区域的样式，具体代码如下。

```
1  .course-box {
2    height: 150px;
3    background: #fff;
4    box-shadow: 1px 2px 3px 1px #d8d8d8;
5    margin-top: 20px;
6    font-size: 12px;
7    color: #666;
8  }
9  .course-box p {
10   margin-bottom: 2px;
11 }
12 .course-box .course-box-left h3 {
13   font-size: 16px;
14   padding: 20px 0 5px;
15   margin: 0;
16   color: red;
17 }
18 .course-box .course-box-right {
19   float: right;
20   width: 108px;
21   height: 100%;
22   text-align: center;
```

```
23  position: relative;
24  border-left: 1px dashed #ccc;
25 }
26 .course-box .course-box-right::before,
27 .course-box .course-box-right::after {
28  content: "";
29  position: absolute;
30  left: -6px;
31  width: 12px;
32  height: 12px;
33  border-radius: 6px;
34  background: #f5f5f5;
35 }
36 .course-box .course-box-right::before {
37  top: -6px;
38  box-shadow: 0 -2px 2px #d8d8d8 inset;
39 }
40 .course-box .course-box-right::after {
41  bottom: -6px;
42  box-shadow: 0 2px 2px #d8d8d8 inset;
43 }
44 .course-box.active .course-box-right p {
45  color: #fff;
46 }
47 .course-box-right p:first-of-type {
48  margin-bottom: 0;
49  margin-top: 40px;
50  color: #E92322;
51 }
52 .course-box-right p:first-of-type b {
53  font-size: 40px;
54 }
```

在上述代码中，第 26～43 行代码为.course-box 类内部的.course-box-right 类的元素的上方和下方设置伪元素样式；第 47～51 行代码为.course-box-right 类的元素内部的第一个段落设置样式，包括下外边距为 0，上外边距为 40px，文本颜色为红色。

8.6 热门学习工具模块

热门学习工具模块位于学习路线模块的下方，用于展示学习工具的简介、下载链接和下载人数等信息。本节将详细讲解热门学习工具模块的实现。

8.6.1 热门学习工具模块效果展示

热门学习工具模块使用栅格系统实现，其模块在特大型及以上设备（视口宽度≥1200px）中的页面效果如图 8-22 所示。

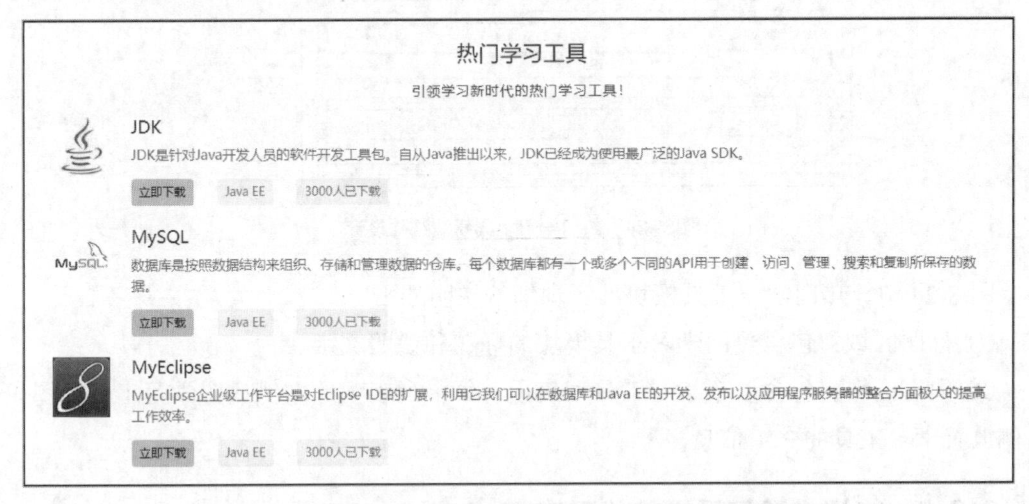

图8-22　热门学习工具模块在特大型及以上设备中的页面效果

热门学习工具模块在超小型设备（视口宽度<576px）中的页面效果如图 8-23 所示。

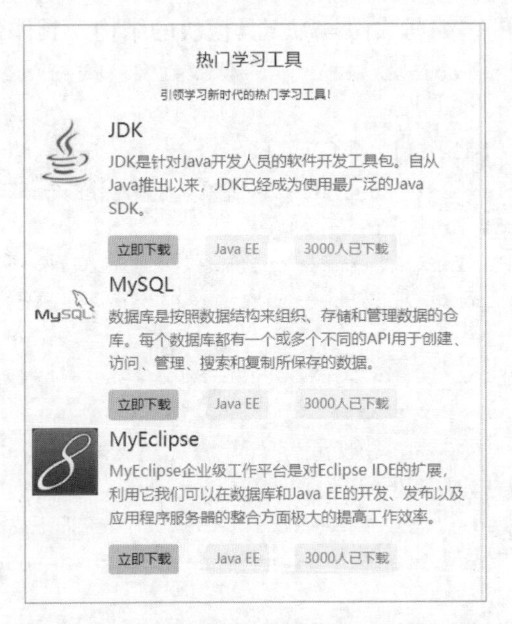

图8-23　热门学习工具模块在超小型设备中的页面效果

8.6.2 热门学习工具模块结构分析

热门学习工具模块可以分为两部分，包括标题区域和内容区域，该模块结构设计如图 8-24 所示。

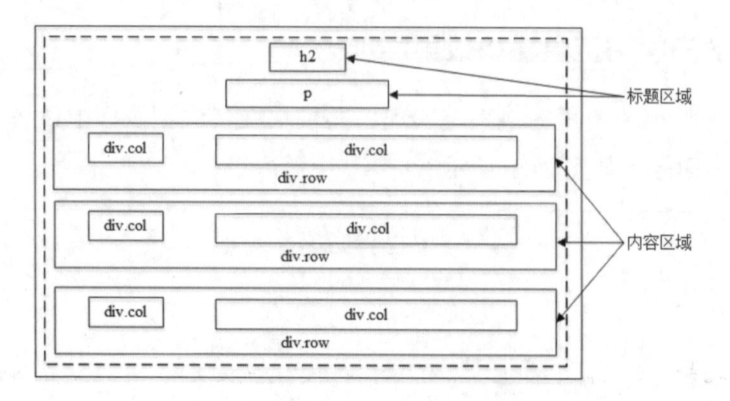

图8-24 热门学习工具模块结构设计

图 8-24 中，热门学习工具模块的实现细节说明如下。

① 标题区域：包含热门学习工具模块的标题和说明文字。

② 内容区域：包含多个学习工具列表项，每个列表项的左侧放置学习工具的图像，右侧放置学习工具的介绍信息。

8.6.3 热门学习工具模块代码实现

了解热门学习工具模块的页面结构之后，编写代码实现该部分效果。

在 index.html 文件中，编写热门学习工具模块的结构，具体代码如下。

```
1  <div class="course-tools bg-body py-4 py-lg-5 mt-3">
2    <div class="container">
3      <h2 class="title">热门学习工具</h2>
4      <p class="title-text mb-2 pt-2">引领学习新时代的热门学习工具！</p>
5      <div class="row pt-2 pt-lg-2">
6        <div class="col-2 col-sm-2 col-md-2 col-lg-1">
7          <img src="images/tools1.jpg" class="img-fluid" alt="">
8        </div>
9        <div class="col-10 col-sm-10 col-md-10 col-lg-11">
10         <h5>JDK</h5>
11         <p class="text-muted">JDK 是针对 Java 开发者的软件开发工具包。自从 Java 推出
以来，JDK 已经成为使用最广泛的 Java SDK。</p>
12         <button class="btn btn-warning btn-sm">立即下载</button>
13         <button class="btn btn-light btn-sm text-secondary mx-4">Java
EE</button>
14         <button class="btn btn-light btn-sm text-secondary">3000 人已下载
</button>
15       </div>
16     </div>
17     ……（此处省略多个 div.row）
18   </div>
19 </div>
```

在上述代码中，第 7 行代码使用<img>标签定义了学习工具的图像；第 9～15 行代码定义了学习工具的介绍信息。

8.7 版权模块

版权模块位于热门学习工具模块的下方，用于展示网站的版权信息、关于我们、新手指南和合作伙伴等信息。本节将详细讲解版权模块的实现。

8.7.1 版权模块效果展示

版权模块使用栅格系统来实现，版权模块在特大型及以上设备（视口宽度≥1200px）中的页面效果如图 8-25 所示。

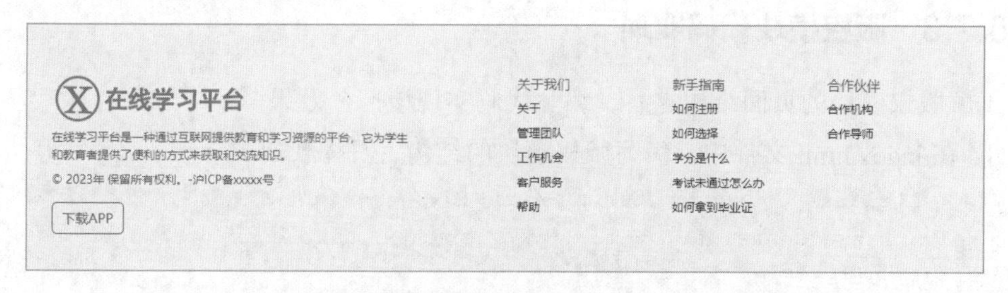

图8-25　版权模块在特大型及以上设备中的页面效果

版权模块在中型及以下设备（视口宽度<992px）中显示上下两部分，并且让第一列的内容呈一行显示，其余 3 列在同一行显示，其页面效果如图 8-26 所示。

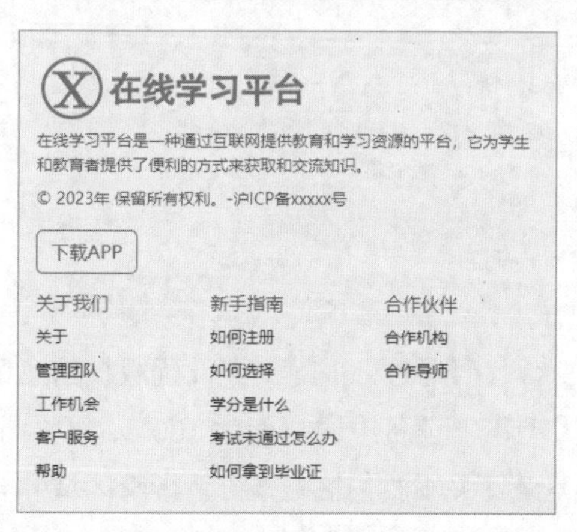

图8-26　版权模块在中型及以下设备中的页面效果

8.7.2 版权模块结构分析

版权模块可以分为 4 部分，包括版权信息区域、关于我们区域、新手指南区域和合作伙伴区域，该模块结构设计如图 8-27 所示。

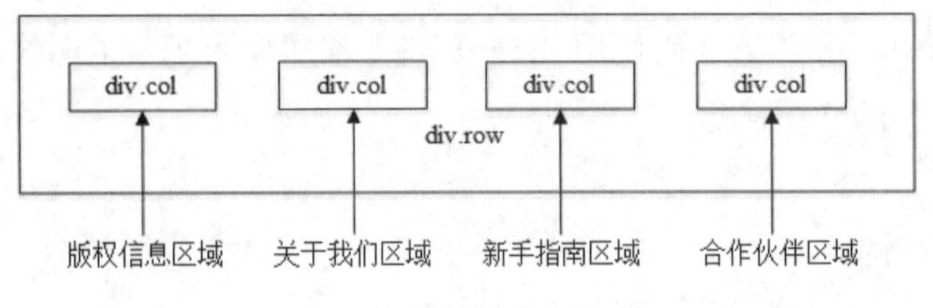

图8-27 版权模块结构设计

图 8-27 中，版权模块的具体实现细节说明如下。

① 版权信息区域：容纳 Logo 图像和版权所有权，包括版权、备案号等。

② 关于我们区域：容纳关于我们列表的内容。

③ 新手指南区域：容纳新手指南列表的内容。

④ 合作伙伴区域：容纳合作伙伴列表的内容。

8.7.3 版权模块代码实现

了解版权模块的页面结构之后，编写代码实现该部分效果。

① 在 index.html 文件中，编写版权模块的结构，具体代码如下。

```
1  <footer class="course-footer py-4 py-lg-5 bg-light mt-3">
2    <div class="container py-md-3 px-4 px-md-3 text-body-secondary">
3      <div class="row">
4        <!-- 版权信息区域 -->
5        <div class="col-lg-5 mb-3"></div>
6        <!-- 关于我们区域 -->
7        <div class="col-4 col-lg-2 offset-lg-1"></div>
8        <!-- 新手指南区域 -->
9        <div class="col-4 col-lg-2"></div>
10       <!-- 合作伙伴区域 -->
11       <div class="col-4 col-lg-2"></div>
12     </div>
13   </div>
14 </footer>
```

在上述代码中，第 5 行代码通过.col-lg-5 类设置版权信息区域在大型及以上设备中的宽度为 41.67%，而在大型以下设备中的宽度为 100%；第 7 行、第 9 行和第 11 行代码通过.col-4 类和.col-lg-2 类设置关于我们区域、新手指南区域和合作伙伴区域在大型及以上设备中的宽度为 16.67%，而在大型以下设备中的宽度为 33.33%。

② 编写版权信息区域的结构，具体代码如下。

```
1  <div class="col-lg-5 mb-3">
2    <a class="d-inline-flex align-items-center mb-2 text-body-secondary
text-decoration-none" href="" aria-label="Bootstrap">
3      <img src="images/logo.png" alt="">
```

```
4     </a>
5     <ul class="list-unstyled small">
6       <li class="mb-2">在线学习平台是一种通过互联网提供教育和学习资源的平台，它为学生和教育者提供了便利的方式来获取和交流知识。</li>
7       <li>© 2023 年 保留所有权利。-沪 ICP 备 xxxxx 号</li>
8     </ul>
9     <button class="btn btn-outline-primary">下载 APP</button>
10  </div>
```

在上述代码中，第 3 行代码定义了一个 Logo 图像；第 5～8 行代码定义了一个无序列表；第 9 行代码定义了一个“下载 APP”按钮。

③ 编写关于我们区域的结构，具体代码如下。

```
1   <div class="col-4 col-lg-2 offset-lg-1">
2     <h5>关于我们</h5>
3     <ul class="list-unstyled">
4       <li class="mb-2"><a href="#">关于</a></li>
5       <li class="mb-2"><a href="#">管理团队</a></li>
6       <li class="mb-2"><a href="#">工作机会</a></li>
7       <li class="mb-2"><a href="#">客户服务</a></li>
8       <li><a href="#">帮助</a></li>
9     </ul>
10  </div>
```

在上述代码中，第 2 行代码定义了一个标题；第 3～9 行定义了一个无序列表，用于展示“关于我们”的信息。

④ 编写新手指南区域的结构，具体代码如下。

```
1   <div class="col-4 col-lg-2">
2     <h5>新手指南</h5>
3     <ul class="list-unstyled">
4       <li class="mb-2"><a href="#">如何注册</a></li>
5       <li class="mb-2"><a href="#">如何选择</a></li>
6       <li class="mb-2"><a href="#">学分是什么</a></li>
7       <li class="mb-2"><a href="#">考试未通过怎么办</a></li>
8       <li><a href="#">如何拿到毕业证</a></li>
9     </ul>
10  </div>
```

在上述代码中，第 3～9 行定义了一个无序列表，用于展示新手指南的信息。

⑤ 编写合作伙伴区域的结构，具体代码如下。

```
1   <div class="col-4 col-lg-2">
2     <h5>合作伙伴</h5>
3     <ul class="list-unstyled">
4       <li class="mb-2"><a href="#">合作机构</a></li>
```

```
5      <li class="mb-2"><a href="#">合作导师</a></li>
6    </ul>
7  </div>
```

在上述代码中，第 3～6 行定义了一个无序列表，用于展示合作伙伴的信息。

以上讲述了学习在线平台项目的代码实现过程。在学习过程中，可能会面临各种问题和需求。为了应对这些挑战，需要培养灵活的思维和解决问题的能力。通过不断解决问题和改进项目，读者能逐渐提升编程能力，并能够将所学知识应用于实际情境中。

本章小结

本章综合运用了前面章节的知识，完成了在线学习平台项目首页的响应式页面的制作。通过学习本章项目，读者能够将所学的知识应用到实际项目开发中，并能够灵活运用这些知识设计和开发具有响应式特性的网页。